本书是陕西省社科基金重点项目"互联网新媒体伦理生态与治理研究"(2016M001)的研究成果

互联网新媒体伦理生态及治理研究

于孟晨 梁华平 王苏喜 著

中国社会科学出版社

图书在版编目(CIP)数据

互联网新媒体伦理生态及治理研究/于孟晨,梁华平,王苏喜著.
—北京:中国社会科学出版社,2019.10
ISBN 978-7-5203-4973-4

Ⅰ.①互⋯ Ⅱ.①于⋯②梁⋯③王⋯ Ⅲ.①互联网络—伦理学—研究 Ⅳ.①B82-057

中国版本图书馆 CIP 数据核字(2019)第 191184 号

出 版 人	赵剑英
责任编辑	王莎莎
责任校对	张爱华
责任印制	张雪娇

出　　版	中国社会科学出版社
社　　址	北京鼓楼西大街甲 158 号
邮　　编	100720
网　　址	http://www.csspw.cn
发 行 部	010-84083685
门 市 部	010-84029450
经　　销	新华书店及其他书店
印刷装订	环球东方(北京)印务有限公司
版　　次	2019 年 10 月第 1 版
印　　次	2019 年 10 月第 1 次印刷

开　　本	710×1000　1/16
印　　张	19.5
插　　页	2
字　　数	258 千字
定　　价	108.00 元

凡购买中国社会科学出版社图书,如有质量问题请与本社营销中心联系调换
电话:010-84083683
版权所有　侵权必究

目 录

引言 …………………………………………………………………（1）

第一章　互联网新媒体伦理及治理研究综述 ……………………（1）
　第一节　国内外互联网新媒体伦理问题研究现状 ………………（1）
　第二节　国内外互联网新媒体治理问题研究现状 ………………（11）
　第三节　国内外研究述评 …………………………………………（20）

第二章　生态学：互联网新媒体伦理问题研究的新视角 ………（25）
　第一节　伦理生态基本理论概述 …………………………………（25）
　第二节　互联网新媒体伦理研究概况 ……………………………（34）

第三章　互联网新媒体伦理生态现状 ……………………………（42）
　第一节　互联网新媒体发展概况 …………………………………（43）
　第二节　互联网信息技术的发展带来的积极社会效应 …………（75）
　第三节　互联网新媒体的主要伦理困境 …………………………（81）

第四章　互联网新媒体伦理生态解析 ············ (134)

第一节　互联网新媒体产业链的伦理生态 ············ (134)

第二节　互联网新媒体载体可靠性的伦理评价 ········ (140)

第三节　互联网新媒体使用者的伦理生态 ············ (145)

第四节　互联网新媒体监管的伦理评价 ·············· (152)

第五节　互联网新媒体内容的伦理生态 ·············· (163)

第六节　互联网新媒体黑客病毒的伦理分析 ·········· (172)

第七节　互联网新媒体技术的伦理分析 ·············· (176)

第五章　互联网新媒体治理 ······················ (187)

第一节　互联网新媒体空间的法治化 ················ (188)

第二节　伦理建构 ································ (231)

第三节　技术规约 ································ (270)

参考文献 ·· (288)

后记 ·· (300)

引 言

当前,互联网极大地改变了人类交往交流的方式。网络的虚拟性、匿名性使得人们在网络上的行为具有隐蔽性,难以辨识、不易把握,因而网络伦理关系十分复杂。部分网民隐藏于网络背后,抛却道德外衣,违背公序良俗,甚至违背法律法规,游走在互联网虚拟世界,在网络上宣传色情、暴力,传播虚假广告,甚至进行诈骗犯罪行为,道德伦理失范问题严重,严重影响了经济社会的健康发展。因此,加强互联网环境的有效治理是当前具有重大理论和现实意义的课题。

党的十八大以来,以习近平同志为核心的党中央统筹协调政治、经济、文化、社会、军事等领域信息化和网络安全重大问题,不断推进理论创新和实践创新,不仅走出了一条中国特色治网之道,而且提出一系列新思想、新观点、新论断,这些思想为加快推进网络强国建设明确了前进方向,提供了根本遵循,具有重大而深远的意义。

2013 年 11 月党的十八届三中全会审议通过的《中共中央关于全面深化改革若干重大问题的决定》中提出:"坚持积极利用、科学发展、依法管理、确保安全的方针,加大依法管理网络力度,加快完善互联网管理领导体制,确保国家网络和信息安全。"[①]

[①] 《中共中央关于全面深化改革若干重大问题的决定》,人民出版社 2013 年版。

2015年9月23日,习近平主席在西雅图微软公司总部会见出席中美互联网论坛双方主要代表时发表讲话强调,当今时代,社会信息化迅速发展。从老百姓衣食住行到国家重要基础设施安全,互联网无处不在。一个安全、稳定、繁荣的网络空间,对一国乃至世界和平与发展越来越具有重大意义。如何治理互联网、用好互联网是各国都关注、研究、投入的大问题,没有人能置身之外。

2016年2月19日,习近平主席在党的新闻舆论工作座谈会上讲话指出:"管好用好互联网,是新形势下掌控新闻舆论阵地的关键。"同年4月19日,习近平主席主持召开网络安全和信息化工作座谈会发表重要讲话指出:"要建设网络良好生态,发挥网络引导舆论、反映民意的作用。网民来自老百姓,老百姓上了网,民意也就上了网。群众在哪儿,我们的领导干部就要到哪儿去。"2016年10月9日,习近平主席主持中共中央政治局第三十六次集体学习时指出:"随着互联网特别是移动互联网发展,社会治理模式正在从单向管理转向双向互动,从线下转向线上线下融合,从单纯的政府监管向更加注重社会协同治理转变。"同时强调:"加快提高网络管理水平,加快增强网络空间安全防御能力,加快用网络信息技术推进社会治理。"

在国际会议上,习近平主席也为互联网建设及治理贡献出了中国智慧。

2014年11月19日,习近平主席在首届互联网大会的贺词中指出:"中国愿意与世界各国携手努力,本着相互尊重、相互信任的原则,深化国际合作,尊重网络主权,维护网络安全,共同构建和平、安全、开放、合作的网络空间,建立多边、民主、透明的国际互联网治理体系。"在第二届互联网大会中他进一步提出网络空间命运共同体思想的"一个目标,两大支点",并且在此基础上提出"四项原则"以及"五点主张",为国际互联网治理提供了路径和选择。

近年来,中国互联网规模逐年扩大,网民人数不断增加。根据第

41次《中国互联网络发展状况统计报告》显示，截至2017年12月，我国网民规模达到7.72亿，普及率达到55.8%，使用手机上网的人数比率在2016年为95.1%，而2017年已经上升至97.5%，人均周上网时长为27小时。我国的网站数量多达533万个，移动互联网接入流量消费累计达212.1亿G，比上年同期累计增长158.2%。我国存在占人口总数一半以上的网络人口，网络活动本就是社会生活的重要组成部分，尤其随着互联网新媒体的不断出现，新的移动终端设备、新的网络载体、新的形式等使互联网使用的便利性进一步增加，互联网新媒体的关注度提高、参与性增强，而互联网世界以其特有的属性，其伦理问题更为突出。

第一章　互联网新媒体伦理及治理研究综述

第一节　国内外互联网新媒体伦理问题研究现状

一　国内研究现状

（一）互联网伦理的内涵

互联网伦理，又称网络伦理，对其内涵的界定是研究该问题的出发点。很多学者给出的定义有相同的地方，但也各有不同的侧重点。刘俊英、刘平认为："网络伦理是指人们在网络空间中应该遵循的行为道德准则和规范"[①]；苗伟伦认为："所谓网络伦理是指人们在网络空间中的行为所应该遵守的道德准则和规范的总和"[②]；郝凤英认为："网络伦理是指网络信息活动中被普遍认同的道德观念和应遵守的道德标准。"[③] 我们可以看出，学术界对互联网伦理的定义都包含"道德""规范"，这是对互联网伦理定义的共性。严耕等人在专著《网络伦理》中写道："信息时代，

---

① 刘俊英、刘平：《网络伦理难题与传统伦理资源的整合》，《烟台大学学报》2004年第1期。
② 苗伟伦：《网络伦理的初步构建》，《浙江海洋学院学报》2002年第3期。
③ 郝凤英：《网络信息资源管理问题探讨》，《四川图书馆学报》2002年第5期。

由网络构成一种与传统社会不同的'网络共同体'或'网络社会',这种新的社会交往方式必然引起道德关系的变化,产生新的道德关系,这就是网络伦理。"[1] 对于这个定义的理解,我们可以从两个方面去解读:首先,从狭义看,互联网伦理就是指道德在互联网这个虚拟的环境中所表现出来的形式、行为,可以认为侧重点是道德行为上。从广义看,互联网伦理还包括在互联网中的行为对整个社会(包括现实社会和虚拟社会)产生的作用、影响等,进而所形成关于伦理方面的关系的过程,可以认为侧重点是在整体性及结果上。周兴生在其著作《青年网络伦理》中对互联网伦理的定义写道:"网络伦理是指在信息产生和应用的整个过程中所形成的伦理规范及其伦理关系。"[2] 该定义主要侧重点在信息上,而非人的主体性上,更多关注的是信息的本身。湖南大学李伦教授也是将互联网伦理分广义上和狭义上两类,广义的互联网伦理是指"网络社会中对社会产生影响进而带来一系列的有关伦理类的问题",狭义的互联网伦理是指"网络社会中的伦理问题"[3],此定义不涉及是否对现实社会产生影响。

互联网伦理表现更多的应该是人们在互联网这个虚拟空间里所进行的一切活动,以及在活动的同时必须要遵守的符合一些基本的社会道德规范的集合。互联网伦理应该有着极其重要的地位,它既要被视作在互联网中建立道德规范(包括行为道德、内容道德等)的重要参考的来源,更要被看作是互联网立法的重要标志、标准。可以说,互联网伦理在以后的互联网活动中是一块基石,随着互联网的发展,它会变得越来越广阔,越来越标准,越来越完善。

(二) 互联网伦理的特征

互联网伦理可以被看作是传统伦理体系的延伸,它受到传统伦理与

---

[1] 严耕:《网络伦理》,北京出版社1998年版,第25—50页。
[2] 周兴生:《青年网络伦理》,光明日报出版社2011年版,第36页。
[3] 李伦:《网络传播伦理》,湖南师范大学出版社2007年版,第42页。

互联网技术发展的双重影响，梳理已有研究成果，其伦理特征主要表现在以下几个方面：

第一，开放性。互联网伦理的开放性，是由于互联网技术本身的开放性决定的。互联网将不同民族、种族、宗教信仰、历史文化区域的人们更加密切地联系起来；将风格迥异的风俗习惯、传统文化、生活方式等平面化地呈现在人们的面前。开放的网络中，不同的网络伦理道德也会相互碰撞，落后、不合理、非理性、反社会的伦理道德意识及行为与先进、合理、符合时代发展趋势的伦理道德并存。

第二，多元性。多元性是与传统伦理相较而言，互联网伦理呈现出多元化、多层次的趋势和特点，它亦具有明显的民族性、地域性等特征。互联网跨越了传统人文、地域的阻隔，把全世界的人联系在一起，但人与人、地区与地区、国家与国家之间在多个方面具有不同特点，个体的社会地位、社会需求、利益诉求各不相同，因此导致相关互联网伦理表现形式的多样性。

第三，自主性。由于网络社会的互联性和虚拟性，人们的交往范围扩大了，社会关系和道德关系却变得越来越复杂。随着社会交往的日趋复杂，人们的道德诉求也在增加，并且网络社会淡化了网络主体的社会背景，这就突出了网络主体的自律性。在自主型的网络道德体系下，网络主体要对自己负责任，要用严格的标准要求自己，要有主人翁意识，网络社会建立起来的新型的道德体系也是以自律为基础的，网络主体的道德自律成了维护网络空间风清气朗的主要内容之一。

第四，复杂性。所谓复杂性，即与传统伦理相较而言，互联网伦理呈现出隐蔽、难以界定、复杂的特点和趋势，它不仅仅是伦理道德应用范围的增加，亦是与网络技术相伴而生。由于技术的特征，互联网伦理道德问题更具隐蔽性、更难监督和管理。

(三) 互联网伦理的表现形式

关于互联网伦理的表现形式，学者们从不同的角度进行了研究。张文杰和姜素兰提出了"三要素论"①，从道德意识、道德规范和道德行为层面分析了互联网的伦理表现：在道德意识方面，表现为道德怀疑主义，虚无主义和个人主义；在道德规范方面，传统道德规范对人的约束力越来越弱，表现为道德规范运行机制失灵；在道德行为方面，网络上出现许多有悖于传统道德的行为，网络上不道德行为正在蔓延，有时超乎人们的想象。

李英姿提出了"工具理性角度论"②，认为网络信息技术对人性、对民族文化、对国家政治、对全球信息资源共享等具有全球伦理性质的方面构成了挑战：第一，网络使人的传统社会人格发生嬗变，使人的社交范围和社会责任感急剧萎缩；第二，网络的国际化趋势导致民族文化的萎缩，形成"文化霸权主义"；第三，网络的发展使主权国家保持本国的政治独立面临困难。

还有学者指出，网络信息技术的掌握和信息资源利用的不平等，使未来的"信息高速公路"有可能变为"信息高速私路"，从而在国际和国内分别形成信息贫富不均的国家和阶级，造成新的世界性贫富不均的现象，世界将进入一个新的信息资本主义时代。

唐一之、李伦提出了"生态伦理角度说"③，他们认为，"网络生态危机"使网络生态失调，危及网络安全，严重影响网络的运行。这主要表现为网络信息污染、网络安全危机、"网络私人空间危机"、信息膨

---

① 张文杰、姜素兰：《网络发展带来的伦理道德问题》，《北京联合大学学报》1998年第3期。
② 李英姿：《对科技时代伦理问题的思考》，《理论探索》2003年第2期。
③ 唐一之、李伦：《"网络生态危机"与网络生态伦理初探》，《湖南师范大学学报》（社会科学版）2000年第6期。

胀与信息短缺等方面。

从以上观点可以看出，网络技术为我们带来巨大便利性的同时，也凸显了许多伦理道德问题。关注网络伦理问题就需要寻找这些问题产生的根源，并找到解决问题的思路。

(四) 互联网伦理问题的成因

关于互联网伦理问题产生原因的研究，有几种比较有代表性的观点。

第一，王路军提出"技术层面说"[①]，他认为，互联网的广泛使用使整个社会分裂为电子空间和物理空间两种，从而浮现出两个不同的社会——互联网社会与现实社会。而网络的开放性、无中心、无国界，助长了人们互联网不道德思想和行为的泛滥。

第二，凌小萍等提出了"内外合力说"[②]，她认为，互联网伦理问题的普遍存在既与互联网技术及其运行的漏洞有关，也与互联网中人性的异化有关；既有互联网伦理自身的理论根源，也有网络运行的外部根源。

第三，李育红提出了"层次性说"[③]，她认为，互联网的基本特征是现实性与虚拟性的统一，互联网伦理规范具有高、中、低不同的层次性，其根源主要在于互联网自身的特征、人性本身的特点及网民自身的素质。

从已有的研究成果可以看出，互联网伦理问题产生的原因不仅有互联网技术的外部原因，也有互联网主体自身的原因。概括而言，主要有以下几方面的因素：

第一，互联网主体自治、自律意识不强，导致个人道德价值标准偏

---

① 王路军：《在虚拟空间与现实社会之间》，《人民日报》2001年第5期。
② 凌小萍、钟苹、郑勇杰：《论网络伦理问题产生的根源》，《南宁职业技术学院学报》2003年第1期。
③ 李育红：《网络伦理的层次性、根源与对策》，《科学·经济·社会》2005年第1期。

离是互联网伦理问题的主体因素。由于互联网环境的特殊性、不确定性、自由性,互联网主体可能不会用社会认同的伦理道德准则约束自己,人们在网络中的价值观是模糊的,很多人认为网络是一个无政府主义的自由空间,从而淡化了价值判断的重要性,这使得网络价值判断变得多元、相对和不确定。加之人们对网络空间的认识也有偏差,对于虚拟的网络世界,其自身的保护意识还不够。同时,相当部分网络上的不道德行为和不合伦理规范的现象也和经济有着密切的关联,许多网民的道德底线在巨大经济利益诱惑面前而动摇。

第二,互联网技术的不完善也是导致互联网伦理问题的重要因素。网络信息技术的不完善,在一定程度上为互联网伦理失范行为的产生提供了机会。在网络上,人们的一切交流通过数字化的数据传送所呈现,这些数字化的符号使人们不必在现实中直接接触,给人们提供了自由发挥的空间,人们在网络社会里可以感受到在现实社会里无法体验的自由感,从而造成了网络社会中过度的自由,网络伦理失范问题继而产生和发展。同时,由于网络的虚拟性和自由性,使得网络监管的实施具有一定困难。而且鉴于网络监管的执行难度大等原因,从而无形中纵容和助长了网络伦理失范行为、网络违法犯罪行为的发生。

第三,互联网本身的特性。网络社会具有虚拟性和开放性的特点,网络社会的虚拟性普遍体现在虚拟的网络空间或者网络主体可以隐瞒真实的社会信息,利用虚拟身份,在网络社会中进行人际交往。网络社会的开放性则体现在网络社会信息传播自由,不受限制。因此在网络社会中网络主体可以利用虚拟身份去传播不实信息,从而造成网络伦理失范问题的出现。

第四,法律体系与道德体系的不完善,是引发互联网伦理问题的外部因素。由于网络立法滞后,使网络违规行为难以得到及时有效惩治,由此在一定程度上产生了"负示范效应",助长了网络伦理问题的存在。

（五）互联网伦理建构的主要原则

通过梳理已有研究成果，互联网伦理的建构一般应坚持以下几个方面的原则：

1. 无害原则，即要求任何网络行为对他人、对社会是无害的。每一个网民，在网络空间中的言行都要有一定的节制，不能自由过度。

2. 公正原则，即网络是全人类的网络、共享的网络，网络人应该时刻关乎利益相关者的利益。具体来说，就是在不损害他人利益的前提下，合理使用网络，获取相关资源，愉悦用网。虽然网络社会是一个开放、自由、虚拟的信息世界，每个网民都可以在网络社会里，尽情地、充分地展示理想的自我、表达自己的思想，但网络的这种开放与自由，是建立在互惠互利的基础上，这种互惠互利的原则正是网络伦理规范所倡导的价值观。

3. 尊重原则，即网络的主体是人，网络应符合人的特性，网络主体之间应该彼此尊重，不能把对方看成是纯粹数字化的符号。不管网络如何技术化、如何虚拟化、如何发展，网络的主体始终是人，人是网络的核心和主导，技术、计算机始终是为人而服务的。人际交往中的相互尊重是反映社会文明、社会发展的重要标志之一。网络技术作为新时代高科技产物，作为人类文明发展的产物，同样需要人与人之间相互尊重的价值观。

4. 允许原则，即网络既是一个价值多元化的空间，又是一个全球一体化的空间，在这样的一个社会里，涉及他人行动的权威只能从别人的允许中得来，允许是道德权威的来源，尊重他人的权利是网络共同体可能性的必要条件。

5. 可持续发展原则，即在现代社会，人类在很大程度上依赖于互联网而生存，坚持互联网发展原则就是要求任何网络行为都必须以其健康持续发展为出发点和归宿。

（六）加强互联网伦理建设的对策研究

对于如何加强互联网伦理建设，已有的研究成果主要从以下几个方面展开：

1. "网络伦理精神说"

李伦认为，要重建人与自然的关系，以人的全面发展为元价值，关注人的全面发展，使技术与人的自由发展协调统一。① 黄健和王东莉都认为，"信息伦理更应该注重'慎独'为特征的道德自律"。② 黄东桂认为，网络价值标准中还应该包含融合了文化传统、时代精神与未来理想的历史尺度，将网络与人自身的可持续发展视为价值关怀的直接目标。③ 刘大椿、段伟文认为，在伦理道德方面要实现新的转变，要从个人伦理延伸至集体伦理，从信念伦理转向责任伦理。④

2. "借鉴说"

网络伦理的建设应借鉴国外较为成功的经验。由于西方发达国家的互联网建设起步较早，在某些方面发展较国内更快，对于互联网建设有部分可供借鉴的经验和举措，况且互联网领域的问题具有非常大的共性特征，国外学者对于互联网伦理或者互联网道德的研究成果更丰富。因此，他山之石可以攻玉，借鉴其有益的做法，探索我国互联网治理之道也是学界关注的问题之一。

3. "整合传统伦理资源说"

中国传统社会就是一个伦理型社会，伦理色彩浓厚，伦理资源丰富，伦理价值导向明确，并且长期以来这种伦理价值已经植根于社会的

---

① 李伦：《鼠标下的德性》，江西人民出版社2002年版，第100—130页。
② 黄健、王东莉：《数字化生存与人文操守》，《自然辩证法研究》2001年第10期。
③ 黄东桂：《关于网络社会的伦理思考》，《学术论坛》2000年第6期。
④ 刘大椿、段伟文：《科技时代伦理问题的新向度》，《新视野》2000年第1期。

细节，浸润了每一个国人的成长过程，传承这种优秀传统文化的基因和精髓，进行现代性转化和发扬，将是社会治理的应有内容，互联网治理当然也不例外。

二 国外研究现状

国外对互联网伦理的研究起始于20世纪80年代初，随着90年代国际互联网的快速普及以及随之而来的各种问题，学术界对互联网伦理问题的关注和研究成为热点问题。

（一）关于网络伦理的著作

"1985年，G.约翰逊的《计算机伦理学》以及约翰逊与W.斯耐普合著的《计算机应用中的伦理问题》相继出版。其中《计算机伦理学》一书影响巨大。该书从伦理学一般原理、计算机伦理学的职业职能、软件所有权等方面对计算机伦理学进行了详细阐述。该书现在已经被誉为计算机伦理学教学史上的标准教材"[1]。"1985年，美国著名哲学杂志《形而上学》10月同时发表了泰雷尔·贝奈姆的《计算机与伦理学》和杰姆斯·摩尔的《什么是计算机伦理学》两篇论文。这后来成为西方计算机伦理学兴起的重要理论标志。90年代以来西方计算机伦理学的研究有了很大的发展。一方面发表了大量的论文、专著和文集，计算机伦理学研究成为西方应用伦理学研究的一个新热点。其中较有影响的专著有：大卫·欧曼等著的《计算机、伦理与社会》（1990）、罗伊等著的《信息系统的伦理问题》（1991）、戴博拉·约翰逊的《计算机伦理学》（1994）、里查德·斯平内洛的《信息技术的伦理方面》（1995）、约翰·韦克特和道格拉斯·爱德尼的《信息与计算机伦理》（1997）"[2]。

---

[1] 王成兵、吴玉军：《西方计算机伦理学发展历程及其启示》，《学术论坛》2001年第2期。
[2] 王正平：《西方计算机伦理学研究概述》，《自然辩证法研究》2000年第10期。

（二）关于网络伦理研究的学会和组织

1992年开始，在美国华盛顿布鲁克林计算机伦理协会每年都会组织召开关于网络伦理的年会；加利福尼亚大学伯克利分校于1995年11月18日，举行了一次研讨会，本次研讨会以国际互联网的伦理学为主题。1996年起，英国德蒙福特大学计算机与社会责任中心每18个月举行一次国际会议，探讨信息通讯技术的社会和伦理问题，例如2001年在波兰举行的第六次会议，主题是"信息社会系统"，讨论信息系统对社会、组织和个人的伦理和社会影响，以及软件工程和系统开发、计算机伦理学教学、虚拟社区伦理和现实社会伦理等问题。1998年，FISP（国际哲学团体联合会）在美国波士顿举行了以"潘迪亚：培育人性的哲学"为主题的第20届世界哲学大会，学者们围绕信息技术和互联网对人类道德与伦理的影响而展开讨论。除此之外，国外的一些计算机、通讯及其他方面的一些专业组织内部都会特意设立专门负责研究网络伦理问题的分管部门，以便及时发现对网络伦理探索的新动态。如："美国佐治亚州律师协会计算机法律部就设有网络伦理委员会等。这些机构不仅为其成员制定了应该遵守的计算机和电子网络的道德标准和伦理规范，还针对出现的一些新的伦理问题组织广泛的讨论和研究。"[①] 这些研究和探讨对于深化网络伦理的研究起到了积极作用。

（三）关于网络伦理研究的内容

美国历史上最悠久的计算机科学及计算机教育机构——美国计算机协会（ACM）将扩大信息的科学面和艺术面、鼓励专业技术人员和社会大众自由交换信息、推广和发展个人在信息活动中公正和公平作为它的宗旨。其中，著名的"计算机伦理十诫"的制定就是为了使人们的

---

① 陆俊、严耕：《国外网络伦理问题研究综述》，《国外社会科学》1997年第2期。

行为更为道德,对其进行规范,指明人们在生活中的道德是非。其他各国也有自己代表性的原则制定,如英国计算机学会制定的《五条信息伦理准则》、日本电子网络集团制定的《网络服务伦理通用指南》。国外的一些机构还明确规定了一些网络行为是不合规范的,如在南加利福尼亚大学的网络伦理声明中强调,故意私自进入网络系统中,破坏网络运行,扰乱网络秩序,非法取得他人信息和资源等从而牟取巨大的经济利益;蛊惑公众,散布虚假信息,扰乱公众秩序;制造假信息欺骗他人等行为。因此,国外对于网络伦理的研究侧重于信息技术方面,他们重视对实际例证的分析,同时很重视对网络伦理规范的可操作性研究。

(四)关于网络伦理的教育实践

在各高校,越来越多的大学生、研究生开始学习网络伦理学课程,同时积极参加网络伦理相关的专题讲座会。这些学生不仅包括计算机网络专业的学生,也包括其他专业的学生。率先将计算机伦理的理论用于教学实践的是著名的应用伦理学家 W. 迈纳,他提出创立计算机伦理课程,并将计算机伦理学设为一门独立学科,美国杜克大学开设"伦理学与因特网"以及大学开设的"计算机伦理学"。由于信息化社会的不断发展,网络融入人们生活的各个角落,因此其他学校也陆续开设了相关的计算机伦理学课程,这一课程的开设意在解决计算机网络社会中的一系列伦理问题。

第二节 国内外互联网新媒体治理问题研究现状

一 国内研究现状

(一)互联网治理的内涵

对于互联网治理的研究已经历了较长的一段历程,但是至今理论界尚未形成具有共识性的一般理论，不同的学者基于不同的视角对互联网治理进行研究，因此，对其内涵的界定也存在着明显的差异性。

钱人瑜提出，网络治理应当是一种治理机制。网络治理包含三个基本要素：介入现有的关系形态、共识的建立和问题的解决。① 蒋力啸认为互联网治理是指政府、私人部门、公民社会以及技术专家，通过制定政策、规则以及争端解决程序，以解决互联网技术标准的确定、资源利益的分配以及网络安全事件的应对等问题。② 张显龙认为互联网治理是指为了维护公民、企业、社会组织、国家机构及国际组织的合法权益和正常的网络秩序，运用现代信息技术、科学理论和各种法律、法规等措施，促进网络空间的互动和协调，以确保网络空间的健康、安全、畅通与和谐发展。③

定义内容虽不完全相同，但肯定了互联网治理的一个基本特征在于"共治"，即多种主体共同参与治理并发挥各自的角色功能，形成治理的协同力和整体效应。主要包括两方面内容：一是从治理主体上看，强调党、国家机构、社会（企事业单位、人民团体、社会组织和广大人民群众）等不同网络参与主体的共同参与，但是各主体的治理权限、治理效力和治理责任存在差异；二是从治理方式上看，既实行法制化管理，又有行为主体之间的民主协商；既采取法律制度等他律性规则，又有行为主体自愿接受，并符合共同利益的非正式措施、自我约束等自律性规则，是综合运用法律、市场、技术、教育等多种方式建立网络规则和秩序的过程。

（二）互联网治理的目标、内容

孙国强提出网络治理目标包括三个方面：一是增进信任，防范"道

---

① 钱人瑜：《网络治理的研究综述与理论框架创新》，《商业经济研究》2015 年第 2 期。
② 蒋力啸：《试析互联网治理的概念、机制与困境》，《江南社会学院学报》2011 年第 9 期。
③ 张显龙：《中国互联网治理：原则与模式》，《新经济导刊》2013 年第 3 期。

德风险""搭便车"等机会主义行为;二是提高网络组织的运行质量,保证网络组织有序运作;三是促进结点协同互动,挖掘蕴藏在结点之间的潜在价值。因此,网络治理的终极目标不仅包括资源的优化配置、企业及市场运作效率的提升,还包括协同创新和创造共享价值。①

彭正银提出协调是网络治理的基本目标,网络治理的另一重要目标是要维护网络的整体功效、运作机能以及参与者间的交易与利益的均衡。②

从对网络治理目标的定义和研究可见,网络治理目标不仅包括治理过程目标,如信任的建立、协同效应的达成等,还包括网络组织运行结果目标,如资源配置的优化、共享价值的创造;同时,治理过程目标能够保证和促进治理结果目标的实现。

(三)互联网治理的结构、模式

在我国互联网治理模式的选择方面,学者们提出了几种具有代表性的观点。

第一,和谐治理模式。由政府主导其他各方参与协调配合、共同努力,通过立法、行政、技术等各种治理手段,实现互联网健康、平等、有序、安全又充满活力的持续发展,推动社会、经济、政治、文化等领域的全面和谐建设,最终实现多维和谐的治理目标。③

第二,共同管理模式。将互联网公共管理与私人管理(个人管理、集体管理、经济管理)相结合,政府权力仍然是互联网传播中的主导性力量,政府注重以行业自律和联合管制的方式来适应新的传播方式,并

---

① 孙国强:《关系、互动与协同:网络组织的治理逻辑》,《中国工业经济》2003年第11期。
② 彭正银:《网络治理理论探析》,《中国软科学》2002年第3期。
③ 王佳纬、屠瑾:《和谐社会视野下我国互联网治理的路径分析》,《南华大学学报》2007年第4期。

在治理中实行法治。①

第三,网络虚拟社会综合治理模式。在党委和政府的领导下,各网管部门、涉网职能部门或各类企事业单位协调一致、齐抓共管,依靠广大社会组织和社会公众的广泛参与,群策群力,协同合作,运用行政、道德、法律、技术、社会等多种手段,通过虚拟社会建设、网民教育引导、网络犯罪防控、网群事件治理等方式,系统、全面、综合地解决虚拟社会中的各种社会问题,维护虚拟社会的良性运行,确保虚拟社会的和谐发展。②

上述三种模式的共识性基础在于均肯定了我国互联网治理模式应当符合我国的国情,其核心表现在于我国互联网的治理体制应当坚持中国共产党的领导和发挥政府的主导性作用,这是由中国执政党的宪法地位以及中国特色社会主义政治制度所决定的。同时也是现实社会治理经验向网络虚拟社会的延伸适用。社会信息的日益分散化导致了以政府集中管理为特点的控制体系不仅成本高昂而且难以实现有效整合,这就需要新的力量参与其中,对新的社会问题进行整合和治理。因此,中国互联网治理模式还应当充分考虑互联网自身的技术逻辑以及不同主体的治理成本和效率。

(四) 互联网治理的路径、机制

互联网治理机制是指维护结点之间联系以促使网络有序、高效运作,对结点行为进行制约与调节的资源配置、激励约束等规则的综合,其作用是维护和协调网络合作,通过结点间互动与共享,提高网络整体的运作绩效。孙国强③在借鉴国外学者研究成果的基础上,提出网络治

---

① 蔡翔华:《我国互联网治理的新思路》,《青岛行政学院学报》2007年第1期。
② 谢俊贵:《中国特色虚拟社会管理综治模式引论》,《社会科学研究》2013年第5期。
③ 孙国强:《关系、互动与协同:网络组织的治理逻辑》,《中国工业经济》2003年第11期。

理的微观机制,包括学习创新、激励约束、决策协调和利益分配,他利用系统科学理论构建了以关系、互动与协同为主要内容的三维治理逻辑模型,并分析了治理机制与治理逻辑之间的关系,使网络组织的治理实践落脚到治理逻辑的平台之上,在该方面具有代表性。

对网络治理机制的研究大多数局限于理论和规范的分析和描述,实证分析也仅仅是对网络治理机制的探讨和归纳。未来的研究应该运用多种方法,比如案例研究、实证研究、比较分析以及模拟分析、实验分析等,对网络治理机制、治理结构和治理绩效之间的关系进行更深入的分析。

对于互联网治理的路径分析,学术界大体把互联网治理的路径分为四个方面:法治、政府、媒体、公民,也可称之为:从法治、政治、人治、德治四个维度综合考量。

(五) 互联网治理的绩效及评价

李维安等学者提出了网络组织运作绩效的概念,这个概念与孙国强界定的"网络组织治理绩效"的概念在内容上相同,只是概念的表述不同。如前所述,网络组织治理是具有自组织特性的自我治理,其运作过程是在网络组织成员共同遵守的约定或协议的基础上进行的自我运作,因此,"网络治理绩效"与"网络运作绩效"没有实质区别,正如李维安和孙国强将其定义为:不同市场主体在网络化协作的框架之内,相互依赖、相互补充、资源共享、风险共担,通过一系列协同互动的交互作用在一定时间内所增加和创造的价值总和,即协同效应的大小。

现有关于网络治理绩效和评价的研究通常都是从网络组织各具体模式展开的。叶飞、徐学军在其论文《基于虚拟企业的绩效协同模糊监控系统设计研究》中根据虚拟企业的特征,对虚拟企业成员企业的绩效进行研究,设计出一种动态的绩效考核方法——基于虚拟企业的绩效协同模糊监控系统。① 李维安在其专著《网络组织：组织发展新趋势》中从网络组织整体视角建立了基于"能力"的网络组织评价指标体系，从6个维度用27个指标进行了研究。② 林润辉等在论文《企业集团网络治理评价研究——基于宏基的案例分析》③ 中结合企业集团的特性和系统评价理论构建了企业集团网络治理评价指标体系，选取宏基集团为研究对象，用案例分析方法研究其网络化演进过程，综合评价宏基集团各阶段网络治理状况。孙国强、范建红从网络治理目标、治理结构、治理机制和治理环境四个方面对网络组织治理绩效的影响因素进行了实证检验。④

现有关于网络治理绩效和评价指标体系的研究多从网络治理不同模式的角度出发进行研究工作，从网络组织整体视角研究的较少，而且各指标体系研究的出发点不同，没有一个统一的指标建立规则。因此，不同模式是否具有相通的网络治理评价指标还有待进一步研究。

二 国外研究现状

当前，互联网已经成为全球重要的信息基础设施，互联网的跨地域性使互联网领域的国际协同治理显得尤为重要。当然，全球治理理念和行动的实施具有相当程度的挑战和难以协调，形成有效的全球治理机制需要一个过程。在此之前，各国相对成功的治理理念和实践可以为他国提供有益的借鉴和启发。

---

① 叶飞、徐学军：《基于虚拟企业的绩效协同模糊监控系统设计研究》，《当代财经》2001年第5期。
② 李维安：《网络组织：组织发展新趋势》，经济科学出版社2003年版，第64页。
③ 林润辉、张红娟、范建红、帅燕霞：《企业集团网络治理评价研究——基于宏基的案例分析》，《公司治理评论》2009年第4期。
④ 孙国强、范建红：《网络组织治理绩效影响因素的实证分析》，《数理统计与管理》2013年第31期。

互联网国际治理问题第一次在联合国层面进行深入讨论始于2003年的信息社会世界峰会（WSIS），并达成了若干基本共识。

第一，互联网治理包括技术和公共政策等问题，包括政府在内的各利益相关方均应参与治理；第二，互联网治理过程应是开放和包容的，是多边的、透明的、民主的；第三，与互联网治理有关的公共政策问题是各成员国主权范围内的事情，成员国政府有权和有责任对与互联网有关的国际公共政策事宜进行管理；第四，互联网国际治理涉及的公共政策问题可以归结为四类，即同基础设施以及关键互联网资源管理相关的问题，同互联网使用有关的问题，同互联网相关、但却比互联网本身有着更为广泛影响的问题，同互联网治理发展方面相关的问题，尤其是发展中国家的能力建设问题；第五，当前互联网治理模式不合理，需要改变，但改变并不等于把原有机制推翻重建，而应该突出在原有基础上进行革新，在进行体制革新的过程中必须将维护互联网的安全与稳定放在首位，互联网与传统的电信网有很大不同，不能以传统的管制模式管理互联网，不能妨碍互联网的活力和创新精神；第六，成立一个各利益相关方平等参与的全球互联网治理论坛，该论坛最好以某种形式与联合国链接。总体看来，维护一国和私营主导机制的观点已经占少数，而多数观点主张改变单边治理机制，建立多方共同参与的治理机制，而且政府参与互联网治理是必不可少的。

2017年6月12日，信息社会世界峰会论坛（WSIS）在瑞士日内瓦举行，其主题为"信息社会世界峰会行动方针：促进实现可持续发展目标的信息和知识型社会"。WSIS被认为确立了国家政府在互联网治理中的地位，还确立了政府、企业和社会等多方参与治理的"多利益相关方"模式，延续了联合国、国家电信联盟的工作思路和理念。WSIS影响了在互联网治理领域所关注的议题和对互联网治理的关注点，加大了发展中国家对成果文件和会议进程的影响力度。

尽管国际社会普遍认为应当对互联网进行国际治理并形成了若干基本共识，但尚未形成有效的治理机制。目前最具影响力的两套机制是互联网名称与数字地址分配机构和联合国系统下的三个机构——国际电信联盟、信息社会世界峰会和互联网治理论坛。但是前者的合法性不足，后者的有效性不够。其深层原因不仅在于网络安全问题本身的复杂性，还和国际体系转型过程中全球治理的困境密切相关，集中反映在一些矛盾上，如霸权国和国际社会的矛盾、国家行为体和非国家行为体之间的矛盾等。因此，目前对互联网治理具备合法性及有效性并且起主导性作用的仍然是主权国家或者特定地区，而法律已成为主权国家或者特定地区治理互联网的主要手段之一。

近年来世界各国的互联网立法步伐逐渐加快，对美国、英国、法国、德国、日本、韩国、新加坡等域外互联网立法经验的介绍性成果也逐渐增多。互联网立法呈现出如下趋势和热点。

第一，通过制定国家战略和加强立法来提升关键基础设施的安全保障水平。从2003年起，美国相继发布了《网络空间国家战略》《网络空间政策评估报告》《网络空间可信身份标识战略》以及《网络空间国际战略》。欧盟成员国也陆续出台了相关网络安全战略，如德国的《信息基础设施保护国家计划》、瑞典的《改善瑞典网络安全战略》。亚洲的韩国、日本等国家也纷纷发布了网络安全战略。2013年，美国同时发布了《促进关键基础设施网络安全的行政令》和《保护关键基础设施之安全和可恢复的总统令》、欧盟委员会公布了《网络安全战略》、印度政府批准了《国家网络安全策略》等。承载重要信息的关键基础设施的安全问题受到各国的高度重视，目前主要侧重于事前的"安全性"和事后的"可恢复性"。

第二，通过立法与政策推动政府信息资源开放。2013年，欧盟颁布了对2003年《公共部门信息再利用指令》的修订指令,美国颁布了《政府信息公开和机器可读行政命令》和《增加联邦资助的科研成果访问的政策》,八国集团(美国、英国、法国、德国、意大利、加拿大、日本及俄罗斯)签署了《开放数据宪章》等文件。大数据技术和业务的兴起,引发了对数据开放的强烈需求,美、欧等国家或地区通过立法规范和促进包括政府在内的公共部门提供透明、公平的信息再利用服务。

第三,个人信息保护立法加强。2012年欧盟委员会出台了《有关涉及个人数据的处理及自由流动的个人数据保护指令(简称1995年数据保护指令)的立法建议》,提出了个人数据保护立法一揽子改革计划,修订内容包括:对于违反数据保护法律规定的行为,处罚将提升到公司全球年度收入的2%;超过250人的企业应设立"数据保护负责人";明确引入"遗忘权"等。新加坡2013年发布了《个人数据保护法关键概念咨询指南》和《个人数据保护法指定主题咨询指南》,进一步明确了"个人数据""匿名化"的含义,以及不要呼叫登记、IP地址收集、Cook-ies使用规则等。美国通过修订《儿童在线隐私保护法案》为儿童等特殊敏感信息提供更加严格的法律保护。欧盟、新加坡等以专门立法形式,通过明确个人信息的定义及范围、建立和完善告知用户、知情同意、信息泄露通知等规则和制度,加强对个人信息的法律保护。

第四,强化垃圾信息管理制度。新加坡2012年颁布的《个人数据保护法》建立了"不要呼叫"(Donotcall)登记制度,由个人数据保护委员会设立登记库进行登记,用户可以向该委员会提交申请,将有关电话号码在登记库中登记,不能再向经登记的号码发送相关信息。日本政府还针对网络用户和手机用户分别提出了更具针对性的安全对策。上述域外立法经验对加强和完善我国互联网治理法律制度建设具有重要的借鉴意义，但是现有研究多为针对域外立法动态的介绍性研究，如纳入中国互联网治理法律制度，还需考虑制度移植的适应性问题，从法律制度的背景、价值、构成、衔接与效果等方面进行系统地比较研究和综合评估。

第三节 国内外研究述评

在"数字化生存"的时代，人类关注的中心从本体论意义上的最小物质单位"原子"和灭绝性武器"原子弹"，转变成以"0101"二进位制编码的数字威胁，这一从 Atom（原子）向 Bite（字节），即 A→B 转变所带来的不同的指称和评价对象，不可避免地要产生一些新的问题。有专家指出，迅猛发展的当代科技与伦理价值体系之间的互动往往陷入一种两难困境：一方面，革命性的、可能对人类社会带来深远影响的技术的出现，常常会带来伦理上的巨大恐慌；另一方面，如果绝对禁止这些新科技，我们又可能丧失许多为人类带来巨大福利的新机遇，甚至与新的发展趋势失之交臂。[①] 人类的生存智慧和经验告诉我们，其在社会生活中的言行必须遵循一定的规范，互联网世界也不例外。伴随互联网迅猛发展引发的问题，必须从科技本身进行反思，必须从现实世界出发，建构虚拟世界的治理之道。每个人在互联网世界中的言行必须关照利益相关者的利益，必须受到一定的约束。社会学家韦伯（Max Weber）将互联网描述为所谓的"铁笼"，并且提出了自己的担忧，从当前的客观情况来看，韦伯的这种预言确实是存在的，甚至某种程度上还相当严重。一方面，互联网本身就是一个"铁笼"，广大网民被牢牢锁在此笼中，无法解脱；另一方面，互联世界良性发展的前提也需要一个规

[①] 刘须宽：《论网络伦理的困境》，《哲学动态》2002 年第 7 期。

则机制的"铁笼",从而约束每个网民的言行,这样才能保证互联网的健康发展。这种约束的手段主要有两种:一种是法律的强制或他律;另一种就是伦理道德的自觉或自律。伴随互联网的飞速发展,法律法规的健全势必相对滞后,因此,伦理道德的软约束就成为互联网治理中被广泛关注的问题,互联网伦理的研究也成为国内外学者研究的热点问题之一,持续研究,成果颇丰,且根据不同的国情有不同的研究特点。

所谓"互联网伦理"(internet ethics),就是指在网络社会中人与人的关系和行为的秩序规范,或者是人们在网络空间中的行为所应遵守的道德准则和规范的总和。无疑,互联网伦理是广大网民在网络社会必须遵循的一种生活状态,否则,整个网络社会将是杂乱无序、病态而不可持续的。但纯粹依靠法律的强制,一方面,法律具有滞后性;另一方面,容易抑制互联网世界的活力。

我国互联网治理政策对规范网络行为发挥了有效的作用,但仍存在缺陷与不足。因此,对目前的政策进行研究,无论是在理论还是在实践上,都具有重要意义。当前我国的互联网治理正从政府主导的自上而下的权威治理转向多方参与的共同治理。但是由于我国市场经济发展不完善,互联网企业自律性欠缺。传统的集权政治观念使大多数公民意识不到自身在互联网治理中的作用,自律性及参与程度都不足。

首先体现在整顿互联网环境的各项专项行动中。互联网专项内容的主管部门,如国务院新闻办公室、文化部、公安部、教育部等牵头的各项互联网整顿行动是中国互联网治理中的一大特色。由于是政府部门发起的活动且打击力度较大,因此每项专项行动都能达到立竿见影的效果,但缺乏持续性,难以形成互联网治理的长效机制。其次是各类审批部门规定的各类事前准入原则。中国互联网治理重视事前监管,实行严格的市场许可管理,互联网企业进入市场或开展业务都需要相关部门的审批。这样有利于政府总体上把握互联网企业情况,但长久来看不利于我国互联网的健康发展。最后表现在非政府力量参与的不足。虽然我国大部分互联网企业、互联网服务商能够主动承担社会责任,遵守法律法规,积极净化网络环境,但仍有许多互联网服务商唯利是图,而忽视了其应承担的社会责任。我国网民的网络素养参差不齐,对网上的不良信息大多数是事不关己的态度,很少主动举报,甚至有网民还会大量散布不良信息。

依靠政府的力量能够在短时间内解决互联网带来的负面问题,但不能从根本上解决问题,更不能预防此类问题的再生。互联网治理往往涉及多个部门,依靠政府部门进行治理容易形成政出多门、互相扯皮的弊端;而且多部门联合容易造成执法力度分散、反应滞后,难以迅速应对出现的问题。因此,今后我国应继续强化互联企业、网民等非政府力量在互联网治理中的作用,尽快形成合作共治的局面。

针对目前互联网出现的各种伦理问题,可以借鉴国内外已有的法律法规和伦理准则,通过法律、政策、行业自律与伦理准则、技术、宣传教育等措施加以引导和解决。

一 法律手段

与世界发达国家相比,目前中国互联网立法进程明显落后,需要加快立法速度。针对未成年人权益保护、网络色情、信息安全、隐私保护、知识产权保护、网络欺诈等目前比较严峻的网络问题,应尽快出台相应的法律法规,保护网民权益,维护网络秩序,构建良好的网络生态环境。

二　政策手段

对一些非普遍性的或行业性较强的网络问题，比如食品企业信息披露问题，可以在正式法律出台之前先制定相关的政策加以引导和约束，等时机成熟再出台正式法律进行强制规范。

三　行业网络伦理准则

互联网上存在大量尚未触犯法律但又有违伦理道德的行为，比如人肉搜索、网络水军、网络出位炒作等，需要加强行业协会与政府间的合作，共同制定互联网行业信息伦理准则，约束包括搜索引擎企业在内的从业者的网络行为，同时应该要求协会成员签订承诺书，一旦违反行业准则将受到相应的处罚。

四　技术手段

信息安全技术在互联网监管、信息安全、未成年人保护等方面发挥着至关重要的作用，典型的技术有防病毒、非法入侵检测、防火墙、绿色网络软件等。然而，随着互联网违反法律和伦理道德水平的提高和新问题的出现，相应的信息安全技术还需不断加强。

五　宣传教育手段

互联网上青少年网民占有很大的比重，他们的人生观尚未成型，容易受到不良行为的影响和错误观念的误导。必要的宣传教育可以帮助他们树立正确的网络价值观，提高他们判断对错是非的能力，促使他们遵守网络道德，加强网络自律。宣传教育的手段多种多样，包括学校教育、电视、广播、学校网站等。

从已有的研究成果看，对于互联网伦理问题的研究成果颇丰，但主要是笼统而抽象地研究互联网伦理及其治理。本书从生态学的视角将互联网新媒体产业链的各个组成部分放在一定的生态位上,进行具体而详尽的分析,分析其伦理表现,阐释其问题根源,进而指出治理之道。

第二章 生态学：互联网新媒体伦理问题研究的新视角

第一节 伦理生态基本理论概述

一 生态、生态学及生态系统

生态（Eco-）一词源于古希腊οικος，原意指"住所"或"栖息地"，现在通常是指生物的生活状态，即指生物在一定的自然环境下生存和发展的状态，也指生物的生理特性和生活习性。从最简义上讲，就是指一切生物的生存状态，以及它们相互之间和它与环境之间的关系。它属于理学学科范畴，最初也主要是用于研究生物个体的专属概念，但随着科学研究方法和视角的不断发展，其所涉及的范畴也越来越广，并被其他不同学科作为新的研究视角所采用，如政治生态、文化生态等。而且"生态"一词常常被人们用来定义许多美好的事物，如健康的、美的、和谐的等事物均可冠以"生态"修饰。

自"生态"一词提出后，其内涵及主体伴随社会的发展与进步以及科学研究的深入经历了一个演变过程。20世纪20年代以前，"生态"一词的内涵是生物有机体与周围环境的关系，其主体是生物、有机体

（不包含人类）；20世纪20—60年代，"生态"一词的内涵主要指人类与自然环境的关系，其主体是人类；20世纪60年代至80年代末，"生态"一词的内涵指人类与自然环境以及人文环境的关系，其主体是人类；20世纪80年代末以来，"生态"一词的内涵出现了一次升华。在前三个阶段，"生态"的内涵基本上属于"关系论"，而在80年代末以后，在"生态"的主体仍然侧重于人类的基础上，"生态"的内涵越来越多地表现出"和谐论"，即"生态"意味着人类生态系统众多复杂关系的和谐。1991年荷兰国家自然规划署出版了《生态城市：生态健康的城市发展战略》一书，书中将生态一词界定为负责任、有效率、参与性以及有活力的统一体，显然在这里生态已经涵盖了经济、社会、文化等各种关系的和谐的意思。我国学者王如松在《高效·和谐：城市生态调控原则与方法》（1988年），黄光宇、陈勇在《生态城市理论与规划设计方法》中，都强调"生态"意味着政治、经济、技术、文化、自然之间的彼此协调。[①] 在当今世界，"生态"的内涵演化为人类生态系统众多复杂关系的和谐，已经基本上达成共识。[②]

对"生态"一词的界定与生态学的研究密切相关，正是因为生态学研究的对象、范畴和领域发生了较大的变化或进展，因此，"生态"一词的内涵也在发生着变化。具体而言，生态学是研究生物的生存状态，以及它们相互之间和它与环境之间的关系的科学。德国生物学家海克尔（H. Haeckel）首次把生态学定义为"研究动物与有机及无机环境相互关系的科学"。这个定义强调的是相互关系，或称相互作用（interaction），即有机体与其非生物环境以及同种生物与异种生物之间的相互作用。后来泰勒（Taylor，1936）、阿利（Allee，1949）、布克斯鲍姆

[①] 王如松：《高效·和谐：城市生态调控原则与方法》，湖南教育出版社1988年版。黄光宇、陈勇：《生态城市理论与规划设计方法》，科学出版社2002年版。
[②] 宋言奇：《浅析"生态"内涵及主体的演变》，《自然辩证法研究》2005年第6期。

（Buchsbaum，1957）和赖特（Knight，1965）等所提出的生态学定义，都未超出海克尔定义的范围。

Ecology 一词源于希腊文"Oikos"和"Logos"，前者意为居处、栖息环境，后者意为学科、研究。因此，生态学一词原意为研究生物栖息环境的科学。生态学这个词中的"eco-"与经济学（economy）的词首部分相同。经济学起初是研究"家庭管理"的，由此可以把生态学理解为有关生物经济管理的科学。有一本作者为里克莱夫斯（R. Ricklefs）的基础生态学教科书，书名即为《自然的经济学》（*The Economy of Nature*），其第5版的中译版在2004年出版。史密斯（Smith，1966）认为"eco"代表生活之地，因此生态学是研究有机体与生活之地相互关系的科学，所以又可把生态学称为环境生物学（environmental biology）。[①] 经过长期发展，生态学从萌芽、建立、发展至今，研究范畴不断发生变化，其研究对象和方法与时代发展紧密结合，研究更符合客观实际，其理论和实践意义更加明显。我国著名生态学家马世骏（1980）认为：生态学是研究生命系统和环境系统相互关系的科学，同时他提出了社会—经济—自然复合生态系统的概念。此后，生态学的研究领域不断拓展，生态学本身逐渐演化为一门内容广泛、综合性很强的学科，一般分为理论生态学、应用生态学以及生态学与其他学科相互渗透产生的一系列边缘学科、交叉学科，如行为生态学、进化生态学等。

20世纪六七十年代以后，全球性的人口、资源、环境问题日益引发关注，生态系统的研究受到重视，生态学的研究从个体、种群走向群落及其系统。生态系统是现实的物质存在，是生物群落与无机环境构成的统一整体，它是生物群落与非生物环境之间不断地进行物质循环和能量流动过程而形成的统一整体，人类赖以生存的自然生态系统是复杂

---

① 林育真、付荣恕：《生态学》，科学文献出版社2011年版，第17—48页。

的、自行适应的、具有负反馈机制的自我调节系统,其研究对于人类持续生存有重大意义。生态系统生态学就是以生态系统为研究对象,研究生态系统的组成要素、结构与功能、发展与演替,以及人为影响与调控机制的生态科学。研究的主要目的在于揭示地球表面各级各类生态系统的内在客观规律性,寻求生态学机制,提高人们对生态系统的全面认识,为指导人们合理地开发利用与保护自然资源,加强各级各类生态系统管理,维持生态系统服务,保持生态系统健康,促进退化生态系统恢复,以及创建和谐、高效、健康、可持续发展生态系统等提供科学依据。

生态系统是当代生态学中最重要的概念之一,也是自然界最重要的功能单位,它有以下几个基本特征:

(1) 是生态学的一个主要结构和功能的单位,属于生态学研究的最高层次。

(2) 生态系统内部具有自我调节的能力,但这种自我调节能力是有限度的。

(3) 生态系统的三大功能是:能量流动、物质循环和信息传递。

(4) 生态系统各营养级的数目通常不超过 6 个。

(5) 生态系统是一个动态系统,其早期阶段和晚期阶段具有不同的特性。[①]

由此,我们可以看出,生态系统是由一系列大大小小的功能单位组成的,这些功能单位都处在自己的生态位(生态位是一个种群在生态系统中,在时间空间上所占据的位置及其与相关种群之间的功能关系与作用)上,发挥着自身的独特功能与作用;组成生态系统的主要结构和功能单位之间相互影响;生态系统内部具有一定的调适功能。

从以上对生态、生态学及生态系统的分析和梳理,我们可以得出以

[①] 林育真、付荣恕:《生态学》,科学文献出版社 2011 年版,第 59—80 页。

下几点结论：

第一，对生态学研究范畴的变化是与人类社会的发展演进息息相关的，从该概念的提出到学科建立，直至发展至今，呈现出明显的阶段性，而其不同阶段研究范畴的变化主要是为应对人类社会面临的各种问题，尤其是人与自然环境之间的和谐相处的问题。

第二，生态学自身的研究所涉及的范围和内容更加广泛，除了理论生态学之外，其许多原理和原则在人类生产活动诸多方面得到应用，产生了一系列应用生态学的分支学科，生态学与其他学科相互渗透产生了一系列边缘学科、交叉学科。

第三，其他学科在研究过程中，借鉴和应用生态学的相关原理、研究方法、思维方式成为当前科学研究中的一个明显方向。尤其是对生态系统的研究方法和研究视角对其他学科研究具有重要的借鉴意义。

第四，从系统论的视角出发，将生态作为一个整体系统进行研究及对系统内部各功能单位之间的相互关系和相互作用的研究，是当今生态学研究中的一个非常重要的内容，也是其他学科借鉴生态学研究方法的重要视角。

二 伦理与伦理生态

（一）伦理与伦理学

当前，对于"伦理"一词的内涵，不同的学者也是有不同的界定。概括而言，有以下几种内涵：

第一，伦理是一门探讨什么是好什么是坏，以及讨论道德责任义务的学科。

第二，伦理一般是指一系列指导行为的观念，是从概念角度对道德现象的哲学思考。它不仅包含着对人与人、人与社会和人与自然之间关系处理中的行为规范，而且也深刻地蕴涵着依照一定原则来规范行为的深刻道理。

第三，所谓伦理是指人类社会中人与人之间人们与社会、国家的关系和行为的秩序规范。任何持续影响全社会的团体行为或专业行为都有其内在特殊的伦理的要求，如企业作为独立法人有其特定的生产经营行为也有企业伦理的要求。

第四，伦理是指人们心目中认可社会行为规范。伦理也是对人与人之间的关系进行调整，只是它调整的范围包括整个社会的范畴。管理与伦理有很强的内在联系和相关性。

第五，伦理是指人与人相处的各种道德准则。

第六，伦理是指人与人相处的各种道德标准，伦理学是关于道德的起源、发展，人的行为准则和人与人之间的义务的学说。

从总体上看，伦理是指人与人、人与自然之间的关系，以及处理这些关系的规则总和，同时也蕴含着按照这些规则来规范行为的深刻哲理，是对道德现象的哲学思考和理论总结。它一般被用来指做人的道理，包括人的情感、意志、人生观和价值观等积极方面，是指人与人之间符合某种道德标准的行为准则。伦理和道德之间既有联系，又有区别。二者是一体两面的，都关系到人类社会生活的善恶意义和行为的价值规范，都具有调节人类生活秩序、创造和谐的功能。二者的主要区别在于，作为价值本身，伦理的核心是正当，道德的核心是善。

伦理学将道德现象从人类活动中区分开来，探讨道德的本质、起源和发展，道德水平同物质生活水平之间的关系，道德的最高原则和道德评价的标准，道德规范体系，道德的教育和修养，人生的意义、人的价值和生活态度等问题。

伴随着伦理学的发展，伦理学与教育学、社会学、心理学、美学等其他学科相互影响、相互渗透，越来越多地开始关注各种社会问题，而层出不穷的社会问题的出现也呼唤伦理学的深入研究，伦理学的研究取得了新的进展。一方面,在理论上对一些重大基础性问题有了新的探索和新的主张,如关于伦理学的基本问题、道德本质问题、集体主义问题、人道主义问题;另一方面,在实践上,对政治、经济、社会、文化、生态等诸多领域均有所回应或探究,如社会主义核心价值观研究、政治与道德的关系、市场经济与道德问题、利与正义、制度伦理、普遍伦理、人对自然的伦理义务以及人类辅助生殖技术、器官移植、网络技术、人工智能与伦理问题等,以至于伦理学一度被人称之为"显学"。这不但对现代伦理生活有效地论证和阐释了许多具有普遍意义的基本价值和道德规范,而且为当前中国道德建设和道德教育提供了强大的理论支撑和实践指导。[①]

从以上对伦理和伦理学的分析中,我们可以看出:

其一,伦理学作为一门学科、一种理论,其理论基础研究不断提升,影响力不断增强,其研究方法、基本原理被其他诸多学科所使用或借鉴,促进了其他学科研究的进一步深入,如生态伦理、居住伦理、制度伦理、经济伦理、网络伦理等;

其二,强烈的现实关照性是伦理学研究中的又一重要特征,面对经济社会发展中出现的各种问题,伦理学在诸多领域均有所回应和探究,对建构适应经济社会发展的现代伦理学、促进伦理学科的发展具有重要意义;

其三,伦理学的各分支学科、交叉学科不断发展,应用伦理学获得学术界和社会的广泛关注,尤其对于深受伦理性传统文化熏染的国人而言,伦理在经济、政治、社会生活等方面的重要性不言而喻。

(二)伦理生态

1. 伦理生态的内涵

从前文对生态、生态学及生态系统基本内涵等的分析和对伦理与伦

---

① 代峰、曾建平:《改革开放以来我国伦理学研究的主要问题》,《道德与文明》2018年第5期。

理学内涵等的分析，即"生态"与"伦理"两个概念的内涵和外延不断延展，现实关照性的特征均比较明显，且其研究方法、基本原理和研究视角被其他学科所采纳或借鉴，有力地促进了某些交叉学科的发展。由如此相异的两个学科概念组成的"伦理生态"，是在系统主义理念的指导下，结合生态学理论的理论建构，旨在强调伦理的整体性、系统性、关系性、层次性，赋予了伦理概念和研究以全新的意义和价值，使伦理既具有人文的向度，又具有自然的向度，从价值方式上将伦理研究由单一研究向整体主义转向、向系统主义转向，从而构建一种共融共生的"大伦理观"。它是从更深层的人文性角度、更宏观的系统性角度为解决人类的存在、规范人类的思想与行为探寻更持久、更深远的力量。在此需要强调的是，伦理生态概念中的"生态"已经不是一般生态学意义上的"自然生态"概念，而是一种哲学——伦理学意义上的生态概念，它是一种富有"生态哲学和生态智慧的世界观、价值观和方法论"[①]之内涵的概念。因此，伦理与生态有着某种内在的契合性、通约性与一致性，这是构建伦理生态概念之学理依据所在。

南京大学张志丹认为，伦理生态作为社会生态（或人之生态），不仅在现实中存在大量"实然"，而且也是人与社会发展之"应然"。[②] 因而它绝不是一个没有形而下根据或指称对象的空概念，应该说，它首先是一个科学概念，是充分依据了经验事实并完全经得起实践检验的科学抽象。所谓伦理生态，是指人自身、人与人、人与社会以及人与自然的关系达到一种理性和谐状态，也就是一种合理性的人的理性生存样态，是人类生存与发展的"应该的应该之应该"。其主要的特征有三：其一，伦理生态的合规律性；其二，伦理生态的合目的性；其三，伦理生态的

---

① 樊浩：《伦理精神的价值生态》，中国社会科学出版社 2001 年版，第 13 页。
② 张志丹：《论伦理生态——关于伦理生态的概念、思想渊源、内容及其价值研究》，《伦理学研究》2010 年第 2 期。

合理性。根据张志丹的研究，伦理生态也具有自己独特的内容和结构，从基本方面来分，伦理生态可分为人本身的伦理生态、社会的伦理生态以及人与自然的伦理生态。其中社会的伦理生态又分为政治伦理生态、经济伦理生态和文化伦理生态。他认为，在总体上，具有内在整合性的伦理生态关涉物质和精神两大领域，是由人、社会和自然三大板块所构成的辩证结构。从系统论角度看，伦理生态是一个大系统，其中若干方面构成中系统，而中系统又由无数小微观系统构成，各个系统与系统之间既相互区别又相互联系。

北京师范大学晏辉认为，伦理生态范畴所把握的主要是人的道德观念和道德行为，或人的经济、政治、文化以及日常活动所具有的伦理特征，其指向主要是主体间关系。要而言之，所谓伦理生态是指，人生存、生活于其中的伦理环境或道德环境，这种伦理环境也可称之为人文环境。伦理生态有其特定的结构、特征和发展规律。伦理生态的结构：(1) 伦理生态作为一种特定的伦理环境，从其生成来看分个体伦理生态和国家伦理生态两部分；(2) 从伦理生态的表现形态来看可分为有声语言和无声语言两大类；(3) 从伦理环境各组成要素所起作用的不同可分为导向型的和取向型的道德环境。由伦理生态结构所决定，伦理生态具有如下特征：(1) 与经济发展的同步性和非同步性；(2) 进步性和落后性、先进性与群众性的并存结构特征；(3) 伦理生态发挥作用途径的多样化。①

东南大学樊浩认为，伦理精神有其生态本性及合理性根据。像人的生理生命一样，伦理精神所体现的生命也是一个有机体。无论是社会伦理精神还是个体伦理精神，在历史发展中都是人类文明和人类文化的有机体，都处于与历史上的和当下存在的各种文明和文化的有机关联中，

---

① 晏辉：《伦理生态论》，《道德与文明》1999年第4期。

在其现实性,也都是人的现实生活的一个有机构成,是与经济、社会的现实发展和价值形式构成的活的机体。有机性既是伦理精神、伦理价值的生命本性的表现形式,也是它的根源。在"伦理生态"中,伦理虽然不是现实生态的核心,但却是理论分析的着力点和价值的重心所在。严格说来,"伦理生态"是对整合的、现实的生态的一种虚拟,但为了现实地把握伦理的价值及其合理性,这一虚拟是必要和可能的。关键在于确立这样的理念:应当在生态中尤其在伦理与经济、社会、文化的整合生态中建构、确证、把握伦理的价值合理性。"伦理生态"的基本结构,就是伦理—经济生态、伦理—社会生态、伦理—文化生态。[①]

总之,伦理生态概念的提出,是将伦理学和生态学研究中的积极方面加以有机融合,从生态学的理论、方法、理念对伦理学进行深化研究。尤其在当前,伴随经济社会的快速发展、不断转型,各种社会问题和社会矛盾凸显交织(根据党中央的判断,我国当前处在经济增长换挡期、结构调整阵痛期、前期刺激政策消化期三期叠加的时期),国际问题同时也凸现出来,伦理学的各个分支尤其是应用伦理学迅猛发展,伦理生态概念的提出及研究思路的拓展和创新进一步深化了对伦理学理论和实践的研究。伦理生态概念高扬道德理性之风帆、彰显实践理性之张力,会给伦理学研究带来新的概念范式和理论视阈,为当今现实问题的解决提供某种启发或思路,值得关注和应用。

第二节 互联网新媒体伦理研究概况

"互联网媒体"又称"网络媒体",就是借助国际互联网这个信息传播平台,以计算机、电视机以及移动电话等为终端,以文字、声音、

---

① 樊浩:《伦理生态与伦理精神的价值合理性建构》,《人文杂志》2000年第4期。

图像等形式来传播新闻信息的一种数字化、多媒体的传播媒介。互联网媒体相对于早已诞生的报纸、广播、电视等媒体而言，又是"第四媒体"。从严格意义上说，互联网媒体是指国际互联网被人们所利用的进行新闻信息传播的那部分传播工具性能。

它有以下几个基本特征：

一是数字化，网络媒体是真正的数字化媒体。数字化是互联网媒体存在的前提。正像原子是构成物质世界的基本单元一样，比特是构成信息世界的基本单元。在互联网上无论是文字、图像、声音，归根到底都是通过"0"和"1"这两个数字信号的不同组合来表达。这使得信息第一次不仅在内容上，而且在形式上获得了统一性。数字化的革命意义不仅是便于复制和传送，更重要的是方便不同形式的信息之间的相互转换，如将文字转换为声音。

二是全球性，就范围而言，与传统媒体的传播相比，网络传播的范围更广，具有一种全球性。这种全球性，实际上也表明了网络的传播具有一种开放性的特征。互联网的结构是按照"包切换"的方式连接的分布式网络。因此在技术的层面上，互联网不存在中央控制的问题。也就是说，不可能存在某一个国家或者某一个利益集团通过某种技术手段来完全控制互联网的问题。互联网媒体的全球化特征主要体现在传授双方，即信息传播的全球化和信息接收的全球化。互联网媒体打破了传统媒体的传播范围（多限本地、本国的束缚），其受众遍及全世界。

三是多样性与无限性，这是指网络媒体在信息传输量上具有无限的丰富性；在信息形态上具有纷繁的多样性。无论是报纸、广播、电视，在单位时间（节目）和空间（版面）中所传播的信息，都是有限的，而互联网媒体贮存和发布的信息容量巨大，有人将其形象地比喻为"海量"。

四是可存储、易复制、易检索，美国麻省理工学院媒体实验室主任尼古拉·尼葛洛庞蒂曾指出：信息社会，其基本要素不是原子，而是比特。比特与原子遵循着完全不同的法则。比特没有重量，易于复制，可以以极快的速度传播。在它传播时，时空障碍完全消失。原子只能由有限的人使用，使用的人越多其价值越低；比特可以由无限的人使用，使用的人越多其价值越高。互联网媒体通过超文本链接的方式，将无限丰富的信息加以贮存和发布，用户可以很方便地输入关键词进行资料检索。

五是传授关系的多元、自由、个性的特征。多元性特征，首先，表现在传播主体上，在互联网媒体世界，不是专门的新闻传播机构一家独有，从网络属性上讲，政府、企事业网站乃至个人网站都有能力可以发布新闻，成为传播新闻的主体。其次，互联网媒体的全球化特征，决定其文化的多元性，它通过超链接，超文本的手段，运用数字技术，将全球文化用网络的方式联结在一起。最后，互联网媒体的传播方式也具有多元性的特点。传播媒体的传播方式一般是点对面的传播，而互联网媒体除了点对多即网站向网民、某一网民向不特定的其他网民发布信息这一方式之外，还有点对点即网民通过网络向其他某个网民发电子邮件的方式，众多网民向某一个网站发送信息、反馈意见的多对点的方式，以及网上聊天室、电子公告牌等多对多的传播方式。自由性特征是受众可以在自己许可的时间与地点上网，接受信息，消化信息。个性化特征主要指它的内容设计，大多是出于受众的个体需要。

互联网新媒体是依托计算机信息处理技术而存在的媒体形态，相对于旧媒体而言，它消解了传统媒体之间的边界，消解了国与国之间、不同社会群体之间、不同产业形态等之间的边界，具有明显的"去中心化"特点。中国传媒大学的黄升民教授从社会关系的层面提出，构成新媒体的基本要素是基于网络和数字技术所构筑的三个无限，即需求无限、传输无限和生产无限。① 因此，它的存在和不断发展，形成了一

---

① 黄升民、周艳：《互联网的媒体化战略》，中国市场出版社2012年版，第38页。

个独特的空间存在——互联网空间。与我们能感触到的物质存在人类社会空间相较而言，既有相似之处，也有其明显的特点。如微信、微博、抖音等。

一　互联网新媒体伦理问题的提出和研究

20世纪中叶以来，伦理学发展的一个显著特点是，科学技术快速发展带来的新生产生活方式，对既有的伦理规范提出了严峻的挑战，伦理学对经典问题的关注度在下降，而不断出现的新生活空间和新活动方式都迫使伦理学不得不介入其中、做出回答，从而催生了应用伦理学的异军突起。网络伦理就是其中一个突出代表。

伴随互联网新媒体的发展，技术层面的不断革新、新的载体、形式的不断出现、互联网使用的便利程度不断增强，使用互联网的人数也在不断攀升。各种网络失范、甚至犯罪行为层出不穷，严重挑战了人们的伦理道德底线，挑战了传统社会相对稳定的社会秩序，给互联网治理提出了更高的挑战，也把网络伦理问题推向研究的前沿。加之传统中国社会本身就是一个伦理型社会，深受这种伦理性特征浸润的影响以及伴随互联网的发展而出现的各种问题，互联网伦理问题已经成为具有重要理论和现实意义的课题。

众所周知，互联网治理的困境就在于技术发展速度太快，立法工作相对滞后。在一些存在法律空白之处，一个国家和民族多年来形成的社会伦理就成为重要的补充。伦理建设不仅是道德和文化建设，而且还应该将优良文化传统，以及业内公认的习惯形成人人可知的公约，以网络自律为代表的网络伦理，补充和提升法律治理空间和层次。

2015年12月，习近平同志在第二届世界互联网大会的主旨演讲中，在阐述"构建良好秩序"的原则时提出了"滋养网络空间、修复网络生态"的新观点："要加强网络伦理、网络文明建设，发挥道德教化引导作用，用人类文明优秀成果滋养网络空间、修复网络生态。"法治与德治相辅相成，中国是世界上最早适用以德治国的国家，早在西周时期就已经出现"以德配天"的治国理念。新时期的以德治网就是要充分发挥人类文明优秀成果，宣扬先进文化和正能量，将网络伦理建设变为依法治网、依法办网和依法上网的助推器。

网络伦理的核心任务就是要回答人与智能机器（计算机及未来的智能生命）的关系中应当如何的问题，这涉及人对自身行为应当如何的考虑，也涉及人对自身有着怎样的理想寄托的考虑，前者就表达为各种形式的网络伦理规范，后者则是网络伦理德性，换句话说，网络伦理规范解决人在网络世界行为的善和道德价值的问题，网络伦理德性则要解决人在网络世界自我认同的德和人格统一性的问题。完整的网络伦理不仅包括由一系列内涵明确、简单易行的行为要求组成且具有一定的行为规约性的伦理规范，还要有每个网络使用者对自身内在观念的反思，激起他们的独立精神诉求，产生网络伦理德性，才能保证网络伦理进脑、入心、化为行动，成为自觉的自我约束。

网络伦理的内在根基深藏于人的道德需要之中。道德是人的自主意志的体现，每个正常人都有在道德上的需要。人的道德需要其实是人的社会性特征或者说集体记忆的留存，道德对社会秩序和集团生活的意义被牢固地刻印在人们的心灵上，通过历史故事、小说、父辈言传身教等在人的幼年阶段就筑底生根。各种社会伦理，例如职业伦理、公共生活伦理等之所以能够发挥作用，正是源于它们有效回应并精致总结了深藏于人心中的道德需要。网络伦理就是要发掘并提升内在于网民心间的朴素道德需要。要相信，绝大多数网民上网浏览网页、收发邮件都是规规矩矩的，如果他明确知道有什么规矩的话。网络伦理的任务之一是要在充分了解互联网特点和网民行为习惯的基础上制定出切实可行、简单易记的网络伦理规范，之后要广而告之，以看得见的方式知晓每个网民。

第二章　生态学：互联网新媒体伦理问题研究的新视角

此外，还应大力提倡网民自发结成的各种文明监督小组，自主学习和相互纠错，促进网络伦理意识深入人心。① 网络伦理具有道德调解作用，具有教化规约作用，具有激励引导作用。

西方学者对互联网伦理问题的研究是伴随着互联网的兴起与发展而产生的。计算机伦理学起源于 20 世纪 70 年代的西方，颇具代表性的是 1976 年美国学者约瑟夫·魏泽尔巴姆（Jo-seph Weizenbaum）的著作《计算机能力与人类理性》。此后，1985 年，美国《元哲学》杂志发表了特雷尔·拜纳姆的《计算机与伦理学》与杰姆斯·摩尔（James Moore）的《什么是计算机伦理学》。进入 20 世纪 90 年代之后，互联网迅猛发展，由此带来了一系列新情况、新问题，互联网伦理学取代了计算机伦理学，在西方发达国家，取得了较为丰硕的理论研究成果，如迈克尔·J. 奎因（Michael, J. Quinn）的著作《互联网伦理：信息时代的道德重构》、尤瑞恩·范登的著作《信息技术与道德哲学》、克利福德·G. 克里的著作《媒介伦理：案例与道德推理》等，以及一大批高水平研究论文。同时，出现了相关课程、研究机构、社会组织等，共同推动互联网伦理的研究，进而促进互联网的健康发展。

尽管伦理学在我国具有深厚的历史根基和文化渊源，但对互联网伦理的研究起步较晚。通过检索 CNKI 资源总库，以"网络伦理"为关键词的第一篇著作发表于 2001 年，而以"互联网伦理"为关键词的第一篇著作发表于 2006 年。通过梳理已有研究成果，最初的研究主要以介绍国外互联网新媒体伦理研究的成果为主，进而，国内学者以中国网络发展状况为基点，在视角上从社会学、传播学、伦理学、政治学、经济学等视角进行研究；在方法上，从纯学理研究逐步转向实证方法的研究；在关注群体上，以青少年和大学生为主等。在十多年的研究时间

---
① 李萍：《推进网络伦理建设》，《光明日报》2015 年第 12 期。

里，从数量上来看，成果丰硕，但从质量看，大部分研究成果质量偏低，且对许多"元问题"认识肤浅，致使在理论建构、论证力度、实践价值等方面意义不彰。尤其在互联网伦理分析中，较为宏观和笼统，或者局限在某一环节，没有能够清晰地梳理完成互联网新媒体的伦理生态问题。

二 生态学：阐释互联网新媒体伦理问题的新视角

伦理生态与互联网新媒体相关理论前文分别已经进行了相关分析，由此我们知道，伦理具有生态性特征，对于现实世界的伦理生态，依照不同的标准可以进行不同的分类，且相较而言容易理解。对于互联网新媒体而言，其伦理生态问题具有一定的抽象性，如何认识和把握，涉及对互联网新媒体世界的全面认识和把握。

"世界"（world）一词广义上来讲，就是全部、所有、一切。现在一般来讲世界指的是人类赖以生存的地球。世界也可解释为可感知的、不可感知的客观存在的总和以及用于描述客观存在及其相互关系的概念总和，客观存在是不以人或其他物意志转移而存在的。世界由概念世界和物质世界组成，概念世界包含所有生命对客观世界的认知以及为记录认知而存在的事物的总和。互联网领域或者空间，我们常常也使用网络世界或互联网世界之称谓，意在指对立于现实世界而言却事实存在的一种供用于人们的"网络"这种类似介质的"容器"。人们常说的迷恋网络世界即是这种对非现实世界的向往和依恋。这是一种以计算机为载体的存在，是将多台计算机相互连接，使它们之间能实现远程信息交换和处理，共享彼此的资源，包括网络内所有计算机的硬件、软件和数据库中的全部数据。

随着信息技术的快速发展，计算机网络的建立，使人们可以随时调用世界各地的资料，了解各种各样的讯息，为人们的工作和生活带来极大的方便，改变了人们的生活方式、工作方式、就业方式甚至思维方式。计算机网络已广泛应用于生产过程自动化、行业经营管理、管理信息系统、武器控制、办公自动化等领域，并在电子邮政、电子货币、综合业务数据网等方面进一步发挥其作用。因此，互联网空间已经构成了一个"世界"。

互联网空间形成的全新"世界"，由产业链、内容、用户、监管者等构成，具体而言，涉及互联网世界的要素有网络设施设备制造商、运营商、应用服务提供商、终端设备制造商、用户、信息、政府、市场、社会组织等。从生态学的视角看，这些不同的要素形成了一个完整的生态系统，相互影响、相互作用、相互依存，并且处于不同的生态位，在各自生态位上发挥着独特的作用。在这个生态链上的任何一环发生变化，都会影响到其他环节的运转。尽管构成互联网新媒体世界的很多软件、硬件要素在其物理性质上是无伦理道德可言的，但是，在这些看似冰冷的软硬件后面，是一个个不同的，或大或小的利益主体，都有其不同的利益追求和价值取舍，都在此链条上有不同的生存法则，其存在并发挥作用会影响到其他不同的环节，从而带来整个链条的震动。因此，附着在这个链条上的各要素要维持自身的合理存在正如自然界必须遵循一定的自然法则一样，必须遵循相关法律法规。但是互联网世界又有别于自然界，它属于人类社会的一部分，因而也必须遵循一定的伦理规范。

由此，我们可以看出，互联网新媒体具有明显的伦理价值负荷，而由互联网新媒体形成的"世界"除了伦理价值负荷的特征外，还具有的生态学特征，用生态学的视角分析互联网新媒体伦理具有理论和视角的适用性。

第三章　互联网新媒体伦理生态现状

人类社会不断进步，经历过"蒸汽时代""电气时代"，如今正处于以信息技术为主导的信息文明时代。当今世界，信息技术革命日新月异，对经济、政治、文化、社会等领域发展产生了深刻影响。信息文明时代下，我们了解的由网络技术、数字技术和通信技术与媒体渗透融合则转变为一种新兴的传播媒介形式，可以称之为互联网新媒体，被联合国新闻委员会视为"第四媒体"。具体来讲，也就是借助互联网（又称网际网络，指网络与网络之间联结成的巨大网络，这些网络以一组通用的协议相连形成逻辑上的单一国际网络）这个信息传播平台，以计算机、电视机以及移动电话等设备为终端，以文字、声音、图像等形式来传播信息的一种数字化、多媒体的传播媒介。其属于跨媒体的数字化媒体，具有电视、报纸、广播三大传统媒体基本功能，但又有区别于传统媒介的互动性、去中心化①、共

---

① 去中心化(decentralization)是互联网发展过程中形成的社会关系形态和内容产生形态,是相对于"中心化"而言的新型网络内容生产过程。去中心化,不是不要中心,而是由节点来自由选择中心、自由决定中心。简单地说,中心化的意思,是中心决定节点。节点必须依赖中心,节点离开了中心就无法生存。在去中心化系统中,任何人都是一个节点,任何人也都可以成为一个中心。任何中心都不是永久的,而是阶段性的,任何中心对节点都不具有强制性。(资料来源:Reid, Alex, 1995, "IT Strategy Review, Distributed Computing-Rough Draft", Retrieved 2013 - 11 - 06)。

享性等自身特点，互联网新媒体革新着人类社会的运转方式，推动了人类文明进程。

如今，互联网新媒体广泛应用到全世界社会、经济、生活的各方面，是人类信息存储与传播的伟大创造，是促进信息传播多元化和丰富人们学习、沟通交流的新媒介。且互联网新媒体的发展与应用在信息技术领域改革创新方面也占据先导地位，加快了与社会各产业协同发展进程，造就出新产业、新路径、新方向，体现了互联网新媒体生态跨界与融合的本质。

本章首先从国际和国内角度描述互联网新媒体的发展现状和总体态势；其次结合发展现状分析互联网信息技术发展给社会带来的积极效应；最后探究互联网新媒体存在的伦理困境。

第一节 互联网新媒体发展概况

一 世界互联网新媒体发展概况

当前全球正处于新一轮科技革命和产业革命突破爆发的交汇期，互联网新媒体与人类的生产生活深度融合，成为引领创新和驱动转型的先导力量，正加速重构全球经济新版图。其中全球互联网新媒体的发展可追溯到20世纪50年代，美国国防部（United States Department of Defense）组建高级研究计划局防备苏联发射第一颗人造地球卫星，此后在1969年开发了世界上第一个运营的封包交换①网络——阿帕网（Advanced Research Projects Agency Network，ARPANET），标志计算机网络的产生。经过数十年努力，互联网新媒体开始逐步进入社会

---

① 在计算机网络和通讯中，封包交换（packet switching）是一种通讯范例，封包（消息或消息碎片）在结点间单独路由，不需要先前建立的通讯路径。

公共服务领域，并于 1993 年进入商业领域，互联网新媒体得到了迅速发展。①

习总书记在 2018 年第五次世界互联网大会的致贺信中指出，现代信息技术不断取得突破，数字经济蓬勃发展，各国利益更加紧密相连。为世界经济发展增添新动能，迫切需要我们加快数字经济发展，推动全球互联网新媒体治理体系向着更加公正合理的方向迈进。

（一）世界互联网新媒体网民规模及普及情况

全球信息技术的应用规模持续扩张，网民数量逐渐增多，互联网新媒体应用虽有一定规模，但普及度参差不齐。网民规模与普及度具有相对独立性，一个国家或地区的网民规模可能很大，但该国家或地区的普及程度有可能比较低。反之亦然，一个国家或地区的网民规模可能较小，但该国家或地区的普及程度有可能比较高。

根据世界互联网统计机构（Internet World Stats）的数据（如图1），②截至 2018 年 6 月，世界网民规模达到 42.09 亿，半年增长了 1.3 个百分点。其中，根据地理和经济社会发展水平方式划分地区的网民数量显示，亚洲地区互联网新媒体用户规模最大，约为 20.6 亿人，该地区用户数占全球用户总数的 49%，保持用户数居全球第一的位置；其次是欧洲，有 7 亿多人，占到全球用户总数的 16.8%；位于世界第三位的是拉丁美洲地区，约为 4.4 亿人，占全球用户总数的 10.4%；北美地区互联网新媒体用户数居世界第四位，用户数保持在 3 亿多人；非洲和中东地区的互联网新媒体用户数占全球用户总数的比例分别是 11.1% 和 3.9%，2018 年以来基本保持稳定；大洋洲网民规模则是最少，仅约为 2800 万人，占全球用户总数的 0.7%。可见，全球网民分布不均匀，互

---

① 刘秉镰：《全球"互联网+"发展现状与展望》，《国际经济分析与展望》2016 年，第 388 页。

② 数据来源：Internet World States-www.internetworldstats.com。

联网新媒体用户主要集中分布在亚欧地区,中东地区和大洋洲网民数量相对较少。

另外,为了反映互联网新媒体在某经济体的应用普及情况,则可用渗透率(指一国使用互联网新媒体的网民数占该国总人口数的比例)来衡量。由世界互联网统计机构(Internet World Stats)的数据显示(图1),截至 2018 年第二季度末,全球的互联网新媒体渗透率为 55.1%,相较于 2017 年底增长了 1.3%。其中,互联网新媒体对北美人口的渗透率就已经达到 95%,占据全球第一的位置;欧洲人口的互联网新媒体渗透率为 85.2%,处于世界第二的位置;大洋洲地区互联网新媒体用户总数虽较少,但其以 68.90% 的渗透率居全球第三;北美洲、欧洲和大洋洲的互联网渗透率在 2018 年前两个季度保持不变。而亚洲和非洲人口的互联网新媒体渗透率近几年虽都有所提升,但相对于世界其他地区来说仍比较靠后,互联网新媒体渗透率分别仅为 49% 和 36.1%,远低于全球平均渗透率值 55.1%。全球互联网新媒体渗透率的现状表明,在互联网新媒体对人口的渗透率上表现为发达经济体渗透率远高于发展中国家的特点。[①] 大多数发达国家的互联网新媒体普及程度较高,这往往与一个国家的经济发展水平及技术水平相关。亚非发展中国家信息技术水平相对处于落后状态,但扩张步伐在加快,互联网新媒体应用也更加广泛。

(二) 世界互联网新媒体终端向移动化发展,网速不断提高

互联网新媒体深刻地改变着传统的信息传播格局,而且根据全球移动供应商协会(GSA)统计,截至 2017 年 6 月,全球移动用户数达到 77.2 亿,手机已超越计算机成为第一大上网终端。2017 年移动产业占

---

① 中国国际经济交流中心课题组:《互联网革命与中国业态变革》,中国经济出版社 2016 年版,第 33—52 页。

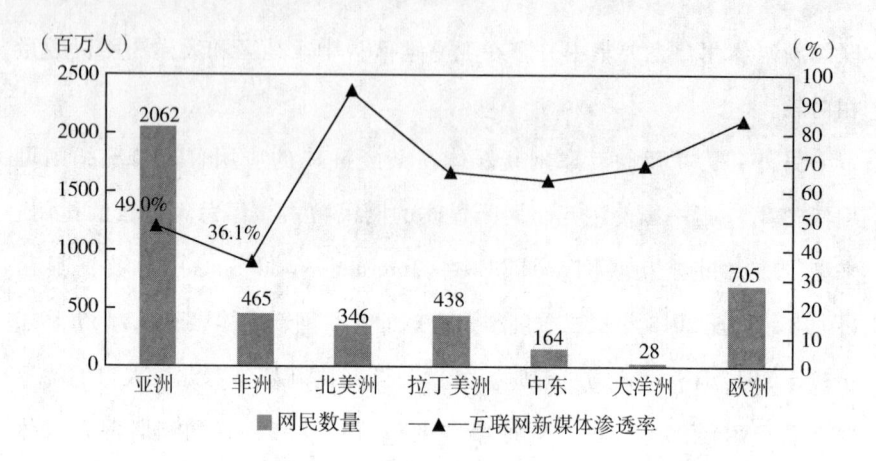

图 1　2018 年 6 月世界各地区网民数量及互联网新媒体渗透率

全球 GDP 总值的 4.5%，意味着互联网新媒体将移动化，对移动通信网络和光纤宽带网络的运行速度也提出越来越高的要求。2016 年 7 月 11 日，联合国宽带可持续发展委员会发表声明，敦促全球政策制定者、私营部门和其他合作伙伴将宽带基础设施建设部署列为战略之首，以加快实现全球可持续发展目标。目前，全球共有 140 个国家发布了国家宽带战略或行动计划并加快实施，在宽带战略引导下，以 LTE 和光纤接入为引领的高速宽带网络发展迅猛。①

一方面，固定宽带接入技术中，光纤接入份额已迅速升至主导地位，2016 年第二季度占比高达 49.97%，市场份额持续加速上升，环比增幅达 23%。② 互联网测速公司 Ookla 编制出一套 Speedtest 全球指数（Global Index）排名以衡量世界各国的网络发展水平。据统计，2017 年全球平均互联网连接速度为 6.3Mbps（兆比特/每秒），全球互联网下载速度同比增长超过 30%，有线宽带平均下载速度达到 40.11Mbps，其中

---

① 中国网络空间研究院：《世界互联网发展报告 2017·总论》，2017 年 12 月发布。
② 中国信通院：《2017 互联网发展趋势报告》，2017 年 1 月发布。

以挪威、澳大利亚、印度等国家网速增幅明显,有线宽带下载速度排行前5名分别有新加坡、冰岛、中国香港、韩国和罗马尼亚。

另一方面,LTE(Long Term Evolution)针对移动通信网络而言,是由3GPP(即第三代合作伙伴计划)组织制定的UMTS(Universal Mobile Telecommunications System,即通用移动通信系统)技术标准的长期演进。LTE中的很多标准接手于3G UMTS(即第三代通用移动通信系统)的更新并最后成为4G移动通信技术。其峰值下载速度可高达299.6兆比特/秒,峰值上传速度可高达75.4兆比特/秒,现在成为历史上部署最快的移动通信网络。据统计,2016年全球活跃4G网络达428个,用户突破10亿,预计2020年4G网络市场份额将占移动网络的72%。同时,"2018年世界移动通信大会"的主办方GSMA[①]发布一份研究报告显示,4G将在2019年成为全球连接数最多的移动通信技术(超过30亿连接)。从2010到2020年,4G网络快速普及与发展,有力促进了信息通信服务在全球广泛应用,驱动着移动通信用户从"连接型用户"(2G/3G)向"数字用户"的迁移;而此后更长的一段时间内,5G将在移动通信用户向"增强型用户"的迁移中扮演重要角色。[②]

"5G"是近年来互联网行业最热门的关键词之一,作为新一代信息通信技术发展的重要方向,对于构建万物互联的基础设施,推动互联网、大数据、人工智能与实体经济深度融合有着重要作用。目前,5G已经进入到商用攻坚阶段,全球主要国家2020年左右将陆续实现5G商用。[③] GSMA在"MWC 2018"期间发布报告,预计到2025年,推出5G

---

① GSMA(Global System for Mobile Communications Assembly)是一家全球性的贸易协会,联结着全球更广泛的移动生态系统中近800家移动运营商,以及250多家企业。
② 《全球5G发展的最新情况分析解读》(http://m.elecfans.com/article/646556.html)。
③ 中国网络空间研究院,《中国互联网发展报告2018》蓝皮书2018年11月发布。

商用服务的国家/地区将达到 111 个。在完成早期部署后，5G 网络将提供高速率、低时延、可靠安全的增强型移动宽带服务。为了移动通信网络提速和实现 5G 商用化，全球范围内，以中、美、加、日、韩、欧洲等为代表的国家和区域也制定了各自的 5G 推进计划，加快 5G 商用进程①。比如德国电信在"MWC 2018"（2018 年世界移动通信大会）期间，宣布于 2018 年开展 5G 商用试验，为在 2020 年正式规模推出 5G 商用服务打下基础；欧盟委员会未来网络部总监 Pearse O'Donohue 在"MWC 2018"上首次透露，欧盟正在推动"轻管制"措施的出台以支撑欧洲运营商快速部署 5G 商用网络；T-Mobile US 宣布今年将在美国 30 个城市（包括纽约、洛杉矶、拉斯维加斯、达拉斯等）部署 5G 商用网络，2019 年年初推出 5G 商用服务，2020 年实现在全美的 5G 商用（采用 600 MHz 频段）。② 随着 5G 产业化进程加速，高通助力 5G 智能手机也将在 2019 年上半年面世。5G 作为一项通用基础技术，未来将联合云、人工智能（AI）等技术，为网络演进、行业发展、社会经济注入基础动力，驱动人类进入万物智联的 5G 新时代。

（三）互联网新媒体企业表现突出

企业是推动互联网产业发展的主力军，是科技创新主体和产业变革主体，支撑一国数字经济发展。互联网新媒体发展过程中需要企业创新和开发，而衡量世界互联网新媒体发展离不开对某国的产业发展评估，由于各国信息技术水平差异，使得其产业发展水平也存在差异。其中北美地区互联网产业发展在兴起时间、产业市值、业务规模等方面都遥遥领先于世界其他地区，尤其美国拥有许多实力强大且在全球处于领先地

---

① 电子技术应用 ChinaAET，《全球 5G 发展的最新情况分析解读》（http://m.elecfans.com/article/646556.html）。

② 马秋月：《MWCS2018：这次 5G 有哪些最新进展》（http://www.cctime.com/html/2018-6-28/1392344.htm）。

位的互联网企业。亚洲地区的互联网产业发展水平不一，只有中国、日本、韩国、印度等互联网企业实力相对雄厚。中国的互联网企业发展迅猛，中国正在成为全球最大互联网公司聚集地。《财富》杂志公布的2018年财富世界500强排行榜显示，2018年上榜的中国公司达到了120家，已经非常接近美国的126家，远超以52家位列第三的日本。从行业趋势来看，互联网服务公司增速明显，上榜公司的排名均有大幅提升。值得一提的是，上榜的6家互联网服务公司，中美两国各占一半，分别是京东、阿里巴巴、腾讯、亚马逊、谷歌母公司Alphabet和社交媒体巨头Facebook（如图2所示）。[1] 在榜单中排名最高的中国互联网企业是京东集团，以53964.5百万美元的营业收入位居第181名，较去年排名提升了80位，在世界互联网公司的排名仅次于亚马逊和Alphabet。三家上榜的中国互联网服务企业中，排名上升最快的则是位列第300位的阿里巴巴集团，排名较去年提升了162位。37770.8百万美元的营收收入较2017年增长约60.6%。而排名331位的腾讯控股较去年提升147名，但在净资产收益率榜中，腾讯以超过30%的利润率雄踞中国企业榜首，这一数据大约是第二名——地产巨头碧桂园的2.6倍。

拉美地区、欧洲、非洲的互联网产业发展落后于全球其他地区，但这些地区国家迎头赶上，为国外互联网企业提供了良好的投资环境，同时积极与微软、谷歌等知名互联网公司合作。其中，南非、尼日利亚和肯尼亚主要引进科技投资，推动了非洲当地技术初创企业逐步发展。[2] 中东地区互联网创业环境蓬勃发展，高额投资不断涌现，包括亚马逊收购Souq、Emaar Malls购买Namshi.com多数股权、Careem获得5亿美元投资等。此外，该区国家基于互联网的服务性企业门类发展颇有建树，

---

[1] 资料来源：美国东部时间2018年7月19日，《财富》杂志公布2018年财富世界500强排行榜整理。

[2] 中国网络空间研究院：《世界互联网发展报告2017·总论》，2017年12月发布。

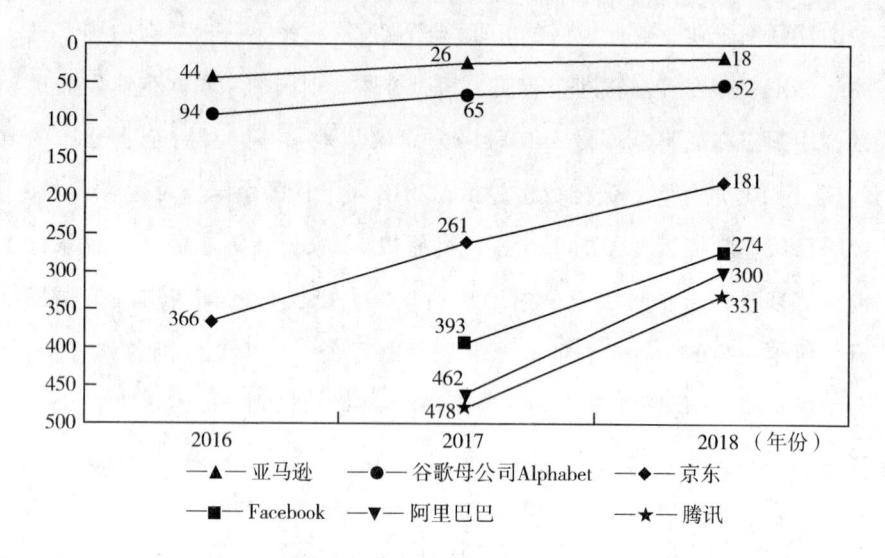

图2 《财富》世界500强互联网企业排名（2016—2018年）

业务领域涉及音乐流媒体平台、各类产品电商、在线支付、旅游出行服务、求职、社交商务、教育、医患线上预约。其中，2017年福布斯公布了阿拉伯世界位居互联网创业公司榜首的是GPS定位物流公司Fetchr，其运用互联网物流解决方案，解决了中东地区最大的问题——地址不清，Fetchr业务已经覆盖包括阿联酋，沙特，阿曼等多个中东国家。如今世界互联网新媒体处于方兴未艾阶段，全球互联网连接增长进入动力转换时期，由"人人相联"向"万物互联"转变，各国不断适应迅速发展的社会，提高互联网新媒体创新能力，落实推动互联网新媒体产业发展政策，开发互联网新媒体应用潜力。

（四）世界各国普遍重视网络安全

当前，网络信息安全威胁持续呈高发态势，网络攻击、网络犯罪、隐私泄露等各类安全问题更加突出，网络安全成为事关世界各国和地区安全的重要问题。欧盟网络与信息安全局表示，78%的网站存在安全漏洞，其中15%属重大漏洞。美国联邦调查局表示，僵尸网络给美国造成的损失高达90亿美元、全球约为1100亿美元,每年全球大约有5亿台主机受害。① 网络安全威胁和风险已成为全球各国必须共同面对和解决的难题。各国普遍将网络安全问题提升到国家战略高度,但目前全球只有38%的国家发布了网络安全战略,有12%的国家正在制定相关战略,这意味着全球还有50%左右的国家仍然没有形成清晰的网络威胁应对策略。②

亚洲地区的网络安全水平不均衡。其中,新加坡基于城市国家的优势和良好的信息化发展水平,网络安全水平位居全球首位。③ 马来西亚堪称网络安全领域的"黑马",积极倡议加强网络安全。中国、印度、泰国等国的安全防护水平处于中等位置,仍有较大发展空间。

美洲国家中,如美国、加拿大等国的网络安全水平位居前列。与其他国家相比,美国关于网络安全的立法数量最多、内容最全面,其国内网络安全水平仅次于新加坡,排名第二。欧洲对个人信息安全保护提出了严苛要求,发布了个人隐私保护相关法规,将个人数据保护管理提到了前所未有的高度。根据法规要求,欧盟的数据保护条例有可能应用到全球任何企业身上。非洲网络安全形势严峻,断网事件时有发生,严重威胁互联网新媒体发展。但是,非洲各国积极加强与其他国家的网络安全合作,加大力度严打日益猖獗的网络犯罪活动。

纵观全球互联网新媒体现状,世界各国虽然国情不同、互联网发展阶段不同、面临的现实挑战不同,但推动数字经济发展的愿望相同、应对网络安全挑战的利益相同、加强网络空间治理的需求相同。各国应该

---

① 中国信通院:《2017互联网发展趋势报告》,2017年1月发布。
② 国际电信联盟发布的《2017年全球网络安全指数》(http://wemedia.ifeng.com/21651005/wemedia.s html)。
③ http://www.ccpit.org/Contents/Channel_4126/2017/0905/872246/content_872246.htm。

深化务实合作，以共进为动力、以共赢为目标，走出一条互信共治之路，让网络空间命运共同体更具生机活力。①

二 中国互联网新媒体发展概况

中国正式接入互联网新媒体始于 1994 年 4 月 20 日，国内第一个示范网络 NCFC（中国国家计算机与网络设施）工程通过美国斯普林特公司正式开通连入 Internet 的 64K 国际专线，标志着中国正式成为国际公认的实现全功能 Internet 的国家。自互联网新媒体进入中国，可以看到这种媒介在企业、人群和产品中广泛使用，有助于广大人民群众在共享互联网新媒体发展成果上享受更多数字红利，同时促使中国互联网新媒体产业发展加速融合，网络强国建设迈出重大步伐，中国数字经济发展步入快车道。2018 年以来，在习近平新时代中国特色社会主义思想特别是习近平总书记关于网络强国的重要思想指引下，中国抓住信息化发展的历史机遇，推动互联网新媒体发展取得了一系列新成就和新进展。

（一）中国互联网新媒体用户的规模与结构特征

1. 互联网新媒体用户规模大且移动互联网新媒体用户快速增加

中国既是世界上人口最多的国家，也是互联网新媒体用户最多的国家②。根据中国互联网络信息中心（CNNIC）发布的第 42 次《中国互联网络发展状况统计报告》，截至 2018 年 6 月，中国网民规模首次突破 8 亿——达 8.02 亿人，上半年新增网民 2968 万人，较 2017 年末增加 3.8%。互联网新媒体普及率为 57.7%，较 2017 年底提升了 1.9 个百分点（见图 3）。③ 中国网民总体规模以平稳速度逐年增长，互联网模式不

---

① 习近平向第五届世界互联网大会的致贺信的一部分讲话。
② 联合国报告：《2017 年宽带状况》（*The State of Broadband* 2017），2017 年 9 月发布。
③ 数据来源：中国互联网络信息中心（CNNIC）第 42 次《中国互联网络发展状况统计报告》，2018 年 8 月发布。

断创新、线上线下服务融合加速以及公共服务线上化步伐加快,成为了网民规模增长的推动力。

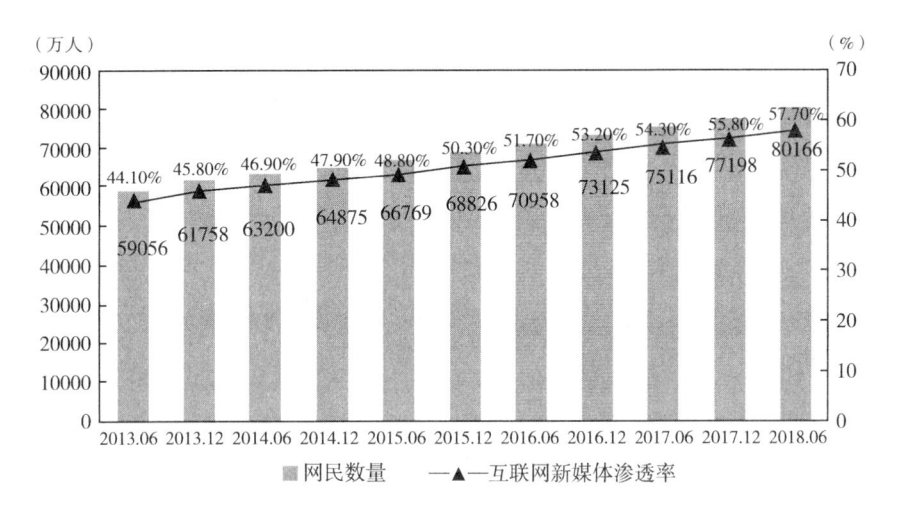

图3 中国网民规模和互联网普及率

同时值得关注的是,在全国普及率整体提升情况下,我国不断推进城镇化进程,使得城镇人口不断增加,农村人口不断减少,城乡网民结构也因此有所细微变化。据统计,截至2018年6月,我国农村网民数量有2.11亿人,占网民总人数的26.3%,较2017年底增加204万人,增幅为1%;城镇网民占比为73.7%,规模达到5.91亿,较2017年底增加了2764万人,人数上升幅度达4.9个百分点。[①] 近年来,我国农村地区的互联网新媒体普及水平得到了稳步提升,然而由于城乡经济发展程度不同,我们发现城乡区域互联网新媒体普及率差异不断扩大,二者依然存在巨大的数字鸿沟。截至2018年6月,我国城镇地区互联网新媒体普及率为72.7%,农村仅为36.5%,与2017年末相比均有所提

---

① 数据来源:中国互联网络信息中心(CNNIC)第42次《中国互联网络发展状况统计报告》,2018年8月发布。

升,互联网新媒体在城镇地区的渗透率也明显高于农村地区,其差距高达36.2个百分点(如图4所示)。[①] 因此,改善农村地区的互联网新媒体基础设施和覆盖水平不仅是缩小城乡差距的必要手段,也是实现互联网新媒体泛在化目标的重要内容。

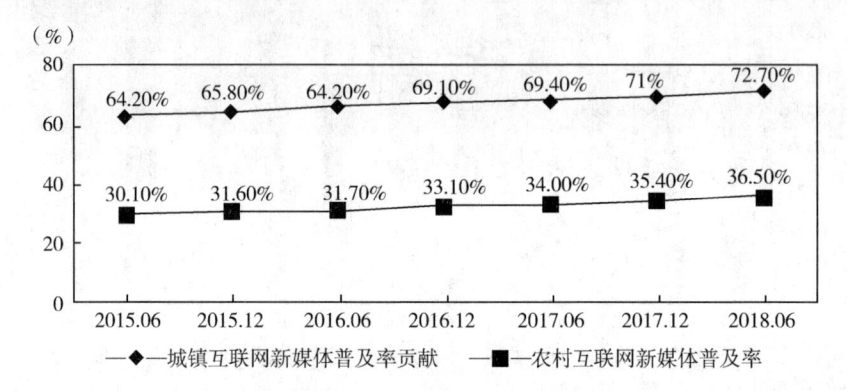

(%)
时间	城镇互联网新媒体普及率贡献	农村互联网新媒体普及率
2015.06	64.20%	30.10%
2015.12	65.80%	31.60%
2016.06	64.20%	31.70%
2016.12	69.10%	33.10%
2017.06	69.40%	34.00%
2017.12	71%	35.40%
2018.06	72.70%	36.50%

图4 中国城乡互联网新媒体普及率

另外从移动互联网新媒体用户来看,截至2018年6月(如图5所示),中国手机网民规模达7.88亿,上半年新增手机网民3509万人,较2017年末增加4.7%。网民中使用手机上网人群占比由2017年的97.5%升至98.3%,较2017年底提升了0.8个百分点,[②] 网民手机上网比例继续攀升,不过增幅相比前几年来说是缩小了,移动设备趋向于饱和状态。尽管如此,通过手机上网的方式依然占主流,其他方式接入互联网的比例比使用手机上网的比例少,据最新发布的第42次《中国互联网络发展状况统计报告》显示(如图6),截至2018年6月,我国网民使用手机上网的比例达98.3%,较2017年末提升了0.8个百分点;台式计算机和笔记本计算机接入互联网的比例分别为48.9%和34.5%,

---

① 数据来源:中国互联网络信息中心(CNNIC)第42次《中国互联网络发展状况统计报告》,2018年8月发布。
② 同上。

二者较2017年末都有所下降,尤其是使用台式计算机的比例下降最为明显,下降了4.1个百分点;① 网民使用电视上网的比例达29.7%,较2017年末提升了1.5个百分点。总的来说,手机是人们上网的最主要终端设备,移动终端规模加速提升,移动数据量持续扩大,但未来进一步提升的空间有限。

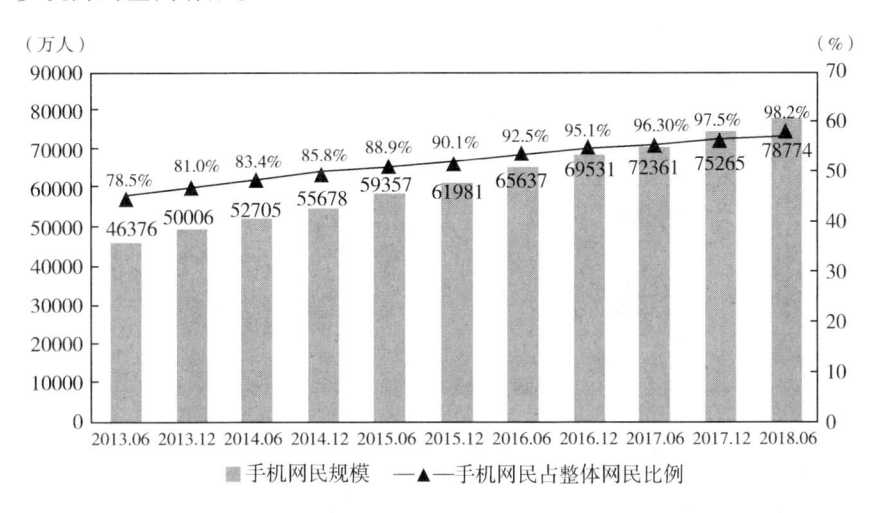

图5 中国手机网民规模及其占网民比例

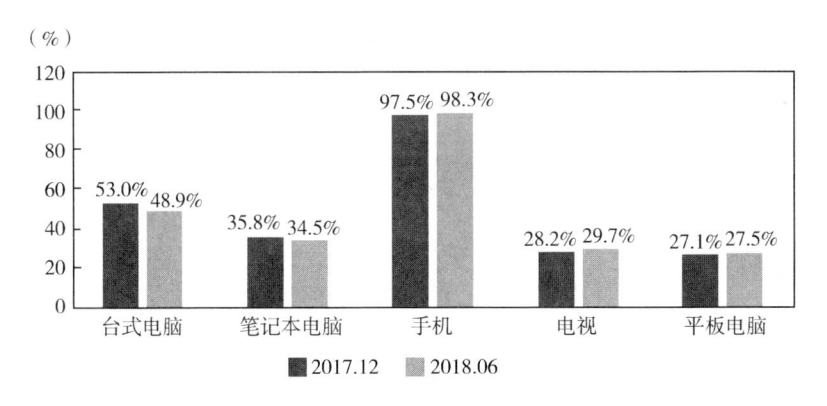

图6 互联网络接入设备使用情况

---

① 数据来源:中国互联网络信息中心(CNNIC)第42次《中国互联网络发展状况统计报告》,2018年8月发布。

2. 性别结构和学历结构相对稳定

中国互联网络信息中心发布的报告还对中国网民的性别结构、学历结构、年龄结构、职业结构和收入结构进行了分析。

近年来，中国网民男女性别比例差距不断缩小，网民性别结构进一步与人口性别比例接近，截至2018年6月（如图7所示），中国网民男女比例为52∶48；2017年末，中国人口男女比例为51.2∶48.8，[①]中国网民性别结构与人口性别属性趋同。

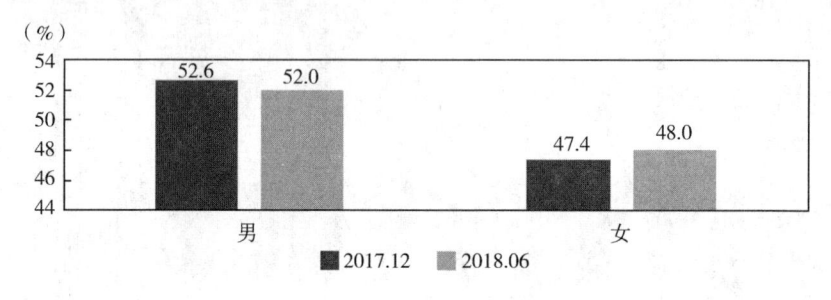

图7 中国网民性别结构

从学历结构来看，我国网民以中等教育程度的群体规模最大，截至2018年6月（如图8所示），[②] 小学及以下学历的网民占比为16.6%，较2017年底增长约0.4个百分点；初中学历的网民占比为37.7%，高中、中专、技校学历的网民占比为25.1%，可见处于中学时期的网民群体比例是最大的；受过大专、大学本科及以上教育的网民占比分别为10%和10.6%，高等教育程度的网民群体规模相对较少。不过，网民的学历结构保持基本稳定。

从年龄结构看，我国网民以少年、青年和中年群体为主。截至2018年6月（如图9所示），10—39岁群体占整体网民的70.8%，其中

[①] 数据来源：国家统计局《2017年统计公报》。
[②] 数据来源：中国互联网络信息中心（CNNIC）第42次《中国互联网络发展状况统计报告》，2018年。

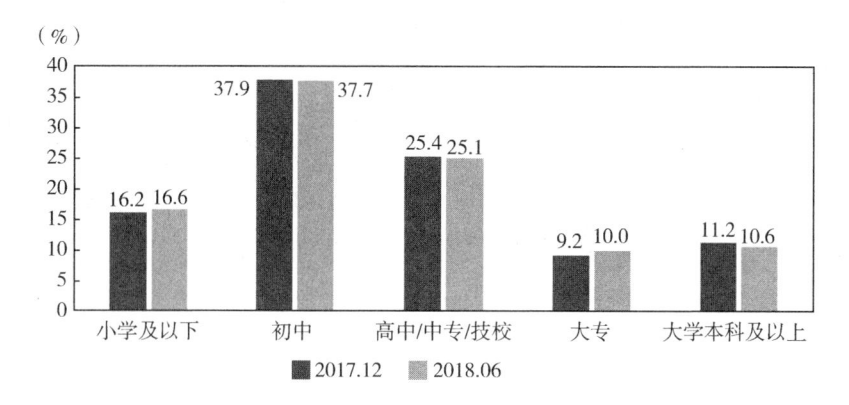

图 8 中国网民学历结构

20—29岁年龄段的网民占比最高，达27.9%；10—19岁、30—39岁群体占比分别为18.2%、24.7%，与2017年底基本持平。与2017年末相比，30—49岁中年网民群体占比有所提升，由36.7%扩至39.9%，[①] 中国网民呈继续向中年人群扩散的趋势，互联网新媒体的覆盖人群不断扩大。

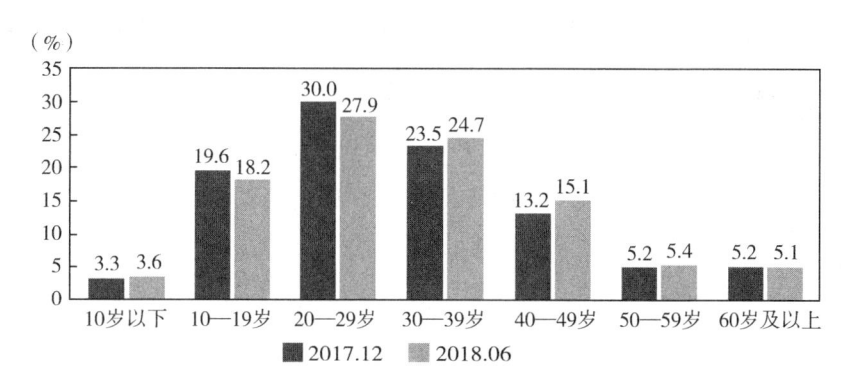

图 9 中国网民年龄结构

从职业结构看，学生网民群体规模最大，截至2018年6月，学生群体占比为24.8%；其次为个体户/自由职业者，比例为20.3%；

---

① 数据来源：中国互联网络信息中心（CNNIC）第42次《中国互联网络发展状况统计报告》，2018年。

企业/公司的管理人员和一般职员占比合计达 12.2%，我国网民职业结构基本保持稳定。从收入结构来看，月收入①介于 2000—5000 元范围的网民群体居多，截至 2018 年 6 月，月收入在 2001—3000 元、3001—5000 元的群体占比分别为 15.3%、21.5%。2018 年上半年，我国网民规模向高收入群体扩散，月收入在 5000 元以上群体占比相对于 2017 年底增长 4.5 个百分点；但同时无收入人群占比也有所提升，较 2017 年末提升了 2.7%，②因而可以引导这部分人群中具有民事行为能力的网民利用互联网新媒体方式创造财富。

（二）中国互联网新媒体基础设施建设现状

互联网新媒体基础设施是衡量一个国家信息发展水平的重要因素，是推动经济社会发展的新型公用基础设施。习近平总书记指出，我们要加强信息基础设施建设，强化信息资源深度整合，打通经济社会发展的信息"大动脉"。③考察一国互联网新媒体基础设施水平可从互联网协议（IP）、域名、光缆线路长度、移动电话基站数量、互联网宽带接入端口数量等传统互联网资源展开，还可从移动互联网的更新换代展开。

1. 中国互联网新媒体基础资源概况

网络基础设施建设演进升级，互联网新媒体基础资源大幅增长，我国的互联网新媒体基础资源主要包括互联网协议（IP）、域名、国际出口带宽。

互联网协议（IP）作为一项协议标准为网络设备连入网络唯一的标识，网民要正常上网就必须要有一个 IP 地址，通过 IP 地址才能解析域

---

① 其中学生收入包括家庭提供的生活费、勤工俭学工资、奖学金及其他收入，农民收入包括子女提供的生活费、农业生产收入、政府补贴等收入，无业、下岗、失业群体收入包括子女给的生活费、政府救济、补贴、抚恤金、低保等，退休人员收入包括子女提供的生活费、退休金等。

② 数据来源：中国互联网络信息中心（CNNIC）第 42 次《中国互联网络发展状况统计报告》，2018 年 8 月发布。

③ 中国国际经济交流中心课题组：《互联网革命与中国业态变革》，中国经济出版社 2016 年版。

名浏览网页。IP 协议版本分为 IPv4 和 IPv6 两种。由中国互联网络信息中心在北京发布第 42 次《中国互联网络发展状况统计报告》了解到（如表 1 所示）：截至 2018 年 6 月，我国 IPv4（网络协议版本 4）地址数量为 338818304 个，自全球 IPv4 地址数已于 2011 年 2 月分配完毕后，近 7 年来我国 IPv4 地址数量基本保持在稳定水平（介于 33000 万个—34000 万个）。IPv6（网络协议版本 6）地址数量为 23555 块/32，较 2017 年底增长了 0.53%，自 2017 年 11 月《推进互联网协议第六版（IPv6）规模部署行动计划》发布以来，我国运营商已基本具备在网络层面支持 IPv6 的能力，正在推进从网络能力到业务能力的转变。随着 IPv6 不断发展和完善以及移动互联网发展进程会产生对 IP 地址巨大需求，那么 IPv6 将逐渐取代目前被广泛使用的 IPv4。

域名（Domain Name）是由一串用点分隔的名字组成的 Internet 上某一台计算机或计算机组的名称，用于在数据传输时标识计算机的电子方位（有时也指地理位置），域名具有独一无二、不可重复的特点，并遵循先注册先得的原则。据 CNNIC 发布的第 41 次《中国互联网络发展状况统计报告》我国域名总数为 3848 万个，同比降低了 9 个百分点，但".CN"域名总数仍实现了 1.2% 的增长，达到 2085 万个，在域名总数中占比提升至 54.2%，成为世界第一大国家顶级域名。可见".CN"域名得到社会的认可越来越多，在网民当中的影响力也越来越大。

出口带宽是宽带负载能力，指一定数量的用户汇聚在某个节点之上，这个节点与上层路由或者交换设备连接的带宽，这里的"出口"指的是国家之间的互联网交换中心的连接带。那么国际出口带宽一般是指国家的互联网主干光纤的出口带宽，即国际信息交换的负载能力。据 2018 年 8 月发布的第 42 次《中国互联网络发展状况统计报告》显示，截至 2018 年 6 月，中国国际出口带宽达到 8826302Mbps，这半年来增长了 20.6%，其中主要骨干网络的国际出口带宽数位居前三的主要是中国三大运营商：中国电信（4422215Mbps[①]）、中国联通（2274207Mbps）、中国移动（2007000Mbps），带宽速度增速十分明显，促使网民上网速度更快，跨境漫游通话质量更佳，网络质量更优。

表1　2017年12月—2018年6月中国互联网新媒体基础资源对比

	2017年12月	2018年6月	半年增长量	半年增长率（%）
IPv4（个）	338704640	338818304	113664	0.03
IPv6（块/32）	23430	23555	125	0.53
国际出口带宽（Mbps）	7320180	8826302	1506122	20.6

2. 互联网新媒体基础设施快速发展

我国的互联网新媒体基础设施投资长期保持较高的投资规模，自金融危机以来，年投资额一直保持3000亿元以上。2016年通信行业固定资产投资规模完成4350亿元，其中移动通信投资完成2355亿元，所占份额有所提升，占总投资额的比重达54.1%，相对于2015年提高了9个百分点。[②] 大规模的固定资产投资推动了我国互联网新媒体基础设施的飞速发展，截至2017年第三季度（如图10所示），光缆线路总长度达3606万公里，其中新建的光缆线路长度564万公里，建设光缆长度保持较快增长态势。[③]

近年来，我国互联网宽带接入的质量也有较大的改善。2013年8月17日，中国国务院发布"宽带中国"战略，提出到2020年，中国宽带网络2020年基本覆盖所有农村，打通网络基础设施"最后一公里"，

[①] Mbps属于传输速率（指设备的数据交换能力，也叫"带宽"）单位，用于描述数据传输速度。

[②] 数据来源：中国工业和信息化部运行监测协调局，2016年通信运营业统计公报，2017年1月22日发布。

[③] 数据来源：中国互联网络信息中心（CNNIC）第42次《中国互联网络发展状况统计报告》，2018年8月发布。

(万公里)

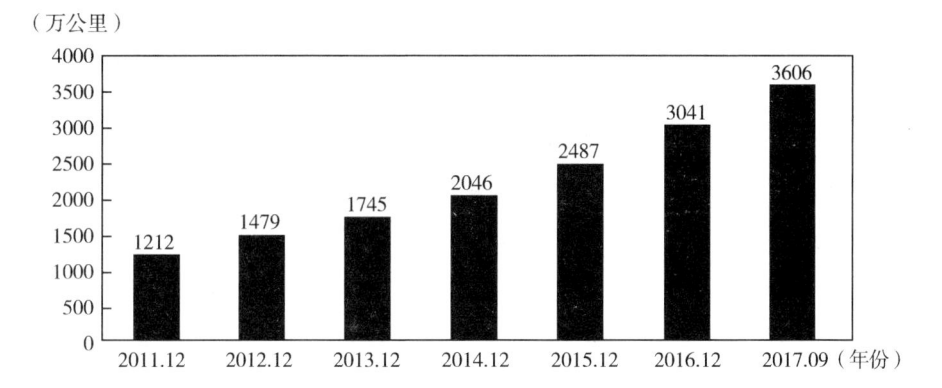

```
4000
3500                                          3606
3000                                  3041
2500                          2487
2000                   2046
1500           1745
       1479
1212
1000
500
0
    2011.12 2012.12 2013.12 2014.12 2015.12 2016.12 2017.09 (年份)
```

图 10　中国光缆线路总长度

让更多人用上互联网。截至 2017 年第三季度，固定宽带用户数超过 3.22 亿户，互联网新媒体宽带接入端口数量达 7.6 亿个，比上年底净增加 7166 万个，比较突出的是农村信息基础设施实现跨越式发展，实现了 100% 的乡镇和 93.5% 的行政村通宽带。具体来看，在宽带接入方式上，呈现"窄带＋铜缆"持续转向"宽带＋光纤"的趋势，主要表现为：截至 2017 年第三季度，各种类型 DSL[①]（Digital Subscriber Line，即数字用户线路）比 2016 年减少 1265 万个，总数下降到 2622 万个，占比由 2016 年底的 5.4% 降至 3.4%。而光纤接入端口则相对于 2016 年底增加了 9230 万个，端口数为 6.3 亿个，所占份额达到 82.7%，同比增长 7.1%，这样将有助于提升数据传输性能、提高技术速度。经过短短几年发展，如今据最新数据显示，2018 年 1—6 月光纤接入（FTTH[②]/0）用

---

① 各种类型的 DSL 在现有的铜质电话线路上采用较高的频率及相应调制技术。
② FTTH 是光纤直接到家庭的外语缩写，中文缩写为光纤到户。具体说，FTTH 是指将光网络单元（ONU）安装在住家用户或企业用户处，是光接入系列中除 FTTD（光纤到桌面）外最靠近用户的光接入网应用类型。FTTH 的显著技术特点是不但提供更大的带宽，而且增强了网络对数据格式、速率、波长和协议的透明性，放宽了对环境条件和供电等要求，简化了维护和安装。（资料来源：https：//baike.baidu.com/item/FTTH/922996？fr＝aladdin，2018 年 9 月 7 日。）

户总数达到 3.28 亿户，半年累计净增 3457 万户，占宽带用户总数的比重较 2017 年末提高 2.5 个百分点，达到 86.8%。此外，用户的宽带水平也明显提升，截至 2017 年 12 月，20M 以上宽带用户总数占宽带用户总数的比重达 92%，比 2016 年底提高 15.2 个百分点，标志着我国主流固定宽带接入速率逐渐进入 20Mbps 时代。①

3. 以 4G 业务为代表的移动互联网全面普及并推进 5G 战略

从移动互联网发展来看，由于 4G 牌照正式发放，各大运营商都迅速进行了 4G 移动网络的布局和移动网络基础设施建设。如今 4G 对经济社会发展的支撑效应凸显，4G 正式商用以来，我国已经建成全球规模最大的 4G 网络，用户总数达到 9.62 亿户。截至 2017 年第三季度，累计新增移动通信基站 44.7 万个，总数达 604.1 万个。② 其中 3G/4G 基站累计达到 447.1 万个，占比达 74.0%，全国移动宽带用户通过 4G 网络访问互联网时的平均下载速率为 15.4Mbit/s，相较上一季度提高 14.5%，移动网络覆盖范围和服务能力持续提升。除此之外，在 4G 网络提速降费方面，手机国内长途和漫游费全面取消，2018 年 7 月 1 日中国三大运营商已落实"取消流量漫游费"，手机流量资费大幅下降。如中国移动自 2015 年初到 2017 年底，中国移动手机上网流量单价降幅约 80%，累计惠及 27.7 亿人次，4G 客户人均 DOU（平均每户每月上网流量）较 3G 时期增长超过 13 倍。自 2016 年流量收入超过语音收入之后，中国移动 4G 用户的单月用户流量消耗已经超过 2GT，并呈现进一步扩大的趋势。中国联通自 2018 年 7 月 1 日起取消流量"漫游"费（不含港澳台地区），套餐的省内通用流量全部升级为国内流量，无须申请，中国联通在统一全国和本地手机流量计费方式中完成了近 15 万

---

① 数据来源：中国互联网络信息中心（CNNIC）第 41 次《中国互联网络发展状况统计报告》，2018 年 1 月发布。

② 同上。

个资费产品调整和 160 多个系统支撑改造工作，共惠及约 1.8 亿用户。

随着移动互联网新媒体发展，政府大力推进 5G 技术、标准和产业化发展。国务院文件《中国制造 2025》提出，要全面突破第五代移动通信（5G）技术。《"十三五"规划纲要》则指出，要加快构建高速、移动、安全、泛在的新一代信息基础建设，积极推进 5G 发展并启动 5G 商用，如今我国 5G 研发进入全球领先梯队，[①] 并在一些关键技术研发上取得突破。

当前 5G 的第一阶段标准制定完成，第二阶段版本已经启动。且中国信息通信研究院副院长王志勤在 2018（第三届）全球预商用 5G 产业峰会指出，5G 进入了国际标准研制的关键阶段，2018 年 6 月已完成独立组网的 5G 新空口和核心网络标准。预计 2019 年 9 月份出完整版标准 Rel-16。我国计划在中频段（3.3—3.6GHz、4.8—5GHz）部署支持独立组网的 5G 网络，[②] 在实现良好覆盖的同时，有效支持车联网、工业互联网等垂直行业应用。当前为 5G 设备研发关键时期，需集中产业资源完成设备开发。具备示范应用能力的 5G 终端最早将在 2019 年下半年推出，5G 将进入万物互联的新时代，5G 将成为引领数字化转型的通用目的技术。

为了推动 5G 发展，中国三大运营商和部分企业也有自己的计划。中国移动董事长尚冰表示，中国移动大力推进 5G 规模试验和应用示范，争取在 2018 年规模试验；2019 年实现预商用；2020 年全面商用。同时，中国移动将加快推动 5G 和 AI 融合发展，成为数字化创新的全球领先运营商。中国电信发布了《中国电信 5G 技术白皮书》。从白皮书看出，中国电信在 5G 网络建设初期将拥有一张 2G、3G、4G、5G 并存

[①] 中国网络空间研究院：《中国互联网发展报告 2018》蓝皮书，2018 年 11 月发布。
[②] 《2018（第三届）全球预商用 5G 产业峰会于上海开幕》（http://www.tele.hc360.com/）。

的网络,即便在 5G 网络的成熟期,4G 和 5G 网络仍将长期并存,协同发展。对 5G 网络演进分近期(面向 2020 年商用)和中远期(面向 CT-Net①2025 网络重构)两个阶段,面对多种业务的不同需求,实现应用感知的多网络协同和基于统一承载、边缘计算等的固移融合。作为 2022 年北京冬奥会的通信服务合作伙伴——中国联通,2018 年将在 16 个城市开展 5G 规模实验,并进行业务应用和典型示范,2019 年实现 5G 预商用,2020 年正式商用。华为则表示,为支持全球运营商建设 5G 网络,华为将于 2019 年推出基于独立组网(SA)的 5G 商用系统和支持 5G 的麒麟芯片,并于 2019 年 6 月推出支持 5G 的智能手机,让需要更快速度的消费者尽快享受 5G 网络提供的极致体验。② 5G 作为下一代的宽带基础网络,除了将带来极大的产业价值,也将促进新型智慧城市的建设和发展以及移动网络体系完善。

(三)中国互联网新媒体应用概况

1. 基础应用发展状况

互联网新媒体基础应用较为广泛的是即时通信、搜索引擎和社交,用户规模保持平稳增长。

对于即时通信现状,据中国互联网络信息中心统计,截至 2018 年 6 月,即时通信用户规模达到 7.56 亿,较 2017 年末增长 3561 万,占网民总体的 94.3%。手机即时通信用户 7.5 亿,较 2017 年末增长 5641 万,占手机网民的 95.2%。总体而言,国内即时通信市场在 2018 年上半年继续保持平稳发展,整个行业趋向于即时通信产品服务内容的差异化、内容监管的严格化和应用场景的专业化发展:第一,即时通信产品

---

① CTNET(无线宽带)指用户在手机上设置为 CARD 或 CTNET 账号上互联网,或 PC 通过手机数据线连接上网。一般是智能手机支持此方式。

② 马秋月:《MWCS2018:这次 5G 有哪些最新进展》(http://www.cctime.com/html/2018 - 6 - 28/1392344.htm)。

的服务差异化在2018年上半年得到进一步体现。在熟人社交领域，以QQ和微信为代表的两款即时通信产品分别朝不同方向发展。其中QQ专注于迎合年轻用户的娱乐导向特色功能，通过信息流服务锁定年轻用户的娱乐导向信息需求；微信则通过持续提升小程序的功能性，将用户与零售、电商、生活服务、政务民生等线上线下服务进行连接。在陌生社交领域，陌陌于2018年2月收购探探，进一步巩固了其在这一领域的市场地位。第二，即时通信产品的内容监管相比之前更加严格，其中来自即时通信群组的不良内容尤其受到监管方和企业的高度重视。以微信为例，2018年2月起微信先后对具有用户诱导行为的春节活动、未取得信息网络传播视听节目许可的短视频链接、存在谩骂和地域歧视等不文明行为的"对骂群"等违规内容采取处理措施。自国家网信办于2017年9月印发《互联网群组信息服务管理规定》以来，利用群组渠道传播的低俗、赌博、谣言等不良内容受到了严厉打击。通过落实群组管理主体责任，即时通信空间已不再是"法外之地"。第三，应用于办公场景的企业即时通信产品专业化水平持续提升。作为其代表的钉钉和企业微信均在上半年保持了用户规模的持续增长，并推动各产品数据相互打通。钉钉数据显示，截至2018年3月底已经拥有超过700万家企业组织用户，并实现了与手机淘宝的互通，帮助企业提升线下零售场景的数字化水平。而企业微信发布的数据显示，2018年前五个月的注册企业数量相比2017年同期增长180%，用户数增长500%，并开始实现企业微信和个人微信的互通，增强产品的用户触达能力。

对于搜索引擎的使用规模也不小。截至2018年6月，我国搜索引擎用户规模达6.57亿，使用率为81.9%，用户规模较2017年末增加1731万，增长率为2.7%；手机搜索用户数达6.37亿，使用率为80.9%，用户规模较2017年末增加1342万，增长率为2.2%。用户规模不断扩大促使了搜索引擎市场在内外部流量争夺激烈，推动了商业化能力提高。在市场内部，移动流量规模红利消减，推动搜索引擎加大与流量渠道、手机厂商的合作，从而导致流量获取成本提高。企业财报数据显示，2018年第一季度，搜狗、百度的流量获取成本均出现同比增长，360的互联网广告及服务营业成本也出现同比增长；在市场外部，由于网民对垂直信息搜索的需求不断增长，电子商务类、生活服务类、新闻类、视频类APP的分流作用日益显著，从而对搜索引擎关键字广告市场产生冲击。在此背景下，搜索引擎企业通过人工智能技术优化竞价产品、提高广告主的投放效率，通过增强商业化能力实现营收增长。财报数据显示，2018年第一季度，百度网络营销收入同比增长23%、搜狗搜索和搜索相关营收同比增长55%、360互联网广告及服务营业收入同比增长54%。未来，传统搜索引擎应通过向个人用户提供更加精细的垂直搜索服务来面对流量竞争，尤其要在移动端解决个人用户对信息、服务、产品的"一搜即达"需求，并妥善解决好医疗广告市场问题，才能实现持续稳定发展。

最后，随着移动互联网新媒体人口红利的逐渐消失，社交平台也开始顺应市场趋势，在广告、短视频、电商、游戏、教育等领域进行渗透，利用社交关系背书，吸引了更多用户使用。截至2018年6月（如图11），微信朋友圈、QQ空间的使用率分别为86.9%、64.7%，基本保持稳定；随着短视频（如抖音、微视、快手）、微博在粉丝互动和内容分发等方面的价值进一步强化，用户使用率为42.1%，较2017年末增长1.2个百分点，用户规模半年增长6.8%，我们看到社交应用进一步趋向移动化、全民化，逐步成为网民消费碎片化时间的主要渠道。①

---

① 中国互联网络信息中心（CNNIC）第42次《中国互联网络发展状况统计报告》，2018年8月发布。

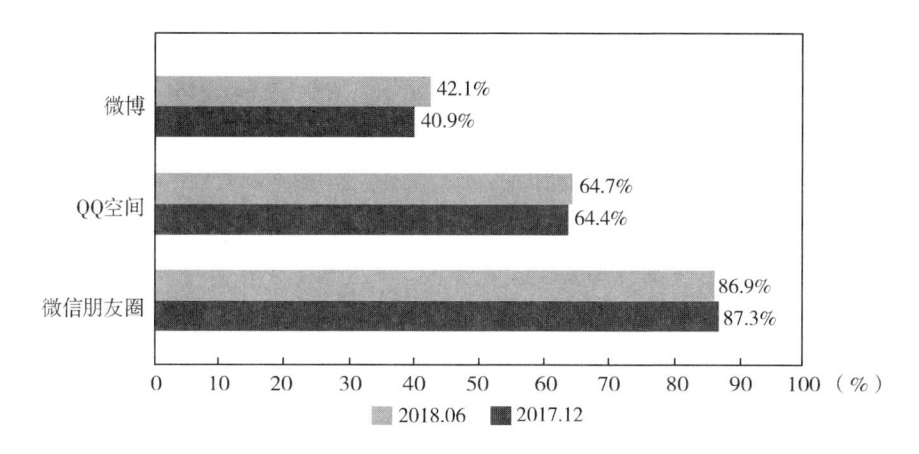

图 11 主流社会应用使用率

微博 42.1% / 40.9%
QQ空间 64.7% / 64.4%
微信朋友圈 86.9% / 87.3%

（2018.06 / 2017.12）

2. 互联网新媒体与传统行业融合发展

2014 年 7 月，中国国务院发布《关于积极推进"互联网＋"行动的指导意见》，吹响了全面推进"互联网＋"战略的号角。"互联网＋"代表一种新的经济形态和产业发展新的业态，依托信息技术实现互联网新媒体与实体经济的深度融合，以优化生产要素、更新业务体系、重构商业模式等途径来完成经济转型和升级。在互联网新媒体与传统行业融合发展的背景下，通过现代信息网络的媒介作用推进了数字经济发展，据中国信息通信研究院测算显示，中国数字经济规模总量在 2016 年达到 22.6 万亿元人民币，占 GDP 比重高于 30%，同比增长趋近 19 个百分点，现在已演变成经济增长的助推器。[①] 本小节主要以互联网新媒体与金融行业融合发展以及互联网新媒体与旅游行业融合发展为例。

对互联网新媒体与金融行业融合发展的叙述主要从互联网理财和网上支付展开。在互联网理财领域，我国互联网理财用户规模持续扩大，

---

① 数据来源：中国信息通信研究院（工业和信息化部电信研究院）《互联网发展趋势报告 2017》，2018 年 1 月发布。

截至2018年6月，我国购买互联网理财产品的网民规模达到1.69亿，较2017年末增长3974万，半年增长率达30.9%，呈现高速增长趋势。互联网理财使用率提升明显，我国互联网理财使用率由2017年末的16.7%提升至2018年6月的21.0%。① 在金融去杠杆大背景下，2018年上半年，互联网理财监管进一步加强，货币基金、互联网银行理财以及P2P网贷理财等多个领域监管政策进一步收紧，减少监管套利，同时进一步提升机构主动管理能力，推动互联网保本理财产品向净值型理财产品加速转化，货币基金发行放缓，P2P网贷理财备案登记工作加速推进，促使互联网理财市场朝着合理规范化方向发展。除此之外，网上支付也是互联网与金融融合发展的产物之一，截至2018年6月，我国网络支付用户规模达到5.69亿，较2017年末增加3783万人，半年增长率为7.1%，使用比例由68.8%提升至71.0%。网络支付已成为我国网民使用比例较高的应用之一，即使在线下消费使用手机网络支付的用户中，有44.0%首选手机网络支付，相比2017年12月提高5个百分点，其中城镇网民占比为46.8%，农村网民为36.5%。根据数据统计与实际运用情况，2018年上半年网络支付应用发展呈现出以下特点：第一，《关于将非银行支付机构网络支付业务由直连模式迁移至网联平台处理的通知》与《中国人民银行办公厅关于支付机构客户备付金全部集中交存有关事宜的通知》政策逐步实施，网络支付交易资金透明度和安全性将显著提高，网络支付行业进入有序、可控发展新局面。第二，移动网络支付市场仍处在两强竞争格局，但迎来强劲新入者。在线下消费使用手机支付的用户中，使用微信支付与支付宝的比例分别达到95.6%和78.1%，几乎共享移动支付用户群体。中国银联携手商业银行、支

---

① 中国互联网络信息中心（CNNIC）第42次《中国互联网络发展状况统计报告》，2018年8月发布。

付机构推出的银行业统一手机软件——"云闪付"具备海量用户基础和一定品牌优势,且拥有 NFC、二维码等多种支付方式。新入企业如能利用资源优势,从特定支付场景发力,将有望对现有市场格局带来冲击。第三,我国网络支付全球化拓展步伐仍在加速。当前我国网络支付行业在用户规模、交易规模、商业模式等方面均已处于全球领先地位,在资本、技术、运营、业务发展战略等层面持续输出。

互联网新媒体与旅游行业融合发展主要体现为在线旅行预订。据统计,截至 2018 年 6 月,在线旅行预订[①]用户规模达到 3.93 亿,较 2017 年底增长 1707 万人,增长率为 4.5%。其中,用于网上预订火车票、机票、酒店和旅游度假产品居多,其使用网民比例分别为 40.1%、23.8%、25.7% 和 12.1%,预订旅游度假产品的用户规模增速最快,半年增长率将近十成[②]。如今手机成为在线旅行预订的主要渠道,通过手机进行旅行预订的用户规模约达 3.6 亿,较 2017 年底增长 1901 万人,半年增长率为 5.6%。具体来看,由在线机票预订领域可知,机票业务仍为 OTA[③] 平台主要营收来源,表现为以下几个方面:一是受消费升级趋势影响,国内民众旅游需求潜力被激发,国内机票业务量的规模化增长为 OTA 平台带来稳定的营收和缓解了零佣金影响,"提直降代"促使中小票务代理转战三四线城市或进行业务转型,而商旅管理服务成为 OTA 平台拓展机票业务的着力点;二是国际机票预订量大幅增长得益于市场需求增长和 OTA 平台海外市场持续拓展,并通过多元化服务收费模式补强原有机票业务出境游;三是通过接送机、保险等增值服务收费模式拓展机票业务,持续提升盈利能力。在酒店预订领域,OTA 平台整合供

---

① 在线旅行预订包括网上预订火车票、机票、酒店和旅游度假产品。
② 数据来源:中国互联网络信息中心(CNNIC)第 42 次《中国互联网络发展状况统计报告》,2018 年 8 月发布。
③ OTA(Online Travel Agency):在线旅行社。

应链资源,加速直连供应。上游酒店供应商集团化运营提升供应链效率,下游 OTA 平台借助 B2B① 渠道实现酒店直连打造核心竞争力。酒店直连模式由于捆绑了酒店供应商和 OTA 平台的品牌、技术、资源和服务,整合出新的服务价值链,将突显强强联合的"马太效应②",打破原有的生态格局,重新分割酒店预订市场的利润空间。在旅游度假产品预订领域,一方面由于旅游企业强化战略合作,丰富旅游主题,以产品和服务驱动市场销量。随着互联网新媒体与旅游业的深入融合,全域旅游理念的主题产品和服务不断创新升级,通过区域内资源整合和企业合作开发出的工业旅游、红色旅游、农业旅游、体育旅游、游学旅游等产品激发民众潜在的市场需求,推动旅游行业加速进入体验经济代。另一方面我国居民消费水平升级和旅游需求潜力激发促使旅游度假产品预订市场快速发展。国家统计局数据显示,2018 年上半年,全国居民人均消费支出的增长幅度略高于可支配收入的增长,且人均消费支出占可支配收入的 68.3%。2015—2017 年间,我国全年实现旅游业总收入增速在 10% 左右,出境游人次保持在 5% 左右的增长速度,③ 旅游业的快速发展带动旅游度假产品预订用户规模的快速增长。

　　互联网新媒体与传统行业的融合发展有效盘活了社会闲置资源,在节能减排、拉动就业、提升出行效率等方面提供了积极的社会影响。但同时,其问题也逐渐暴露出来。首先,已有的监管政策难以覆盖新生业态各个环节,使得其在资本力量的推动下迅速进入"野蛮生长"阶段。企业在过度追求数量增长的过程中往往忽视了其可能引发的潜在问题,从而给政府管理带来了诸多挑战。其次,相关企业良莠不齐,造成新生

---

　　① B2B(Business to Business)指企业与企业之间通过互联网进行产品、服务与信息交换以开展交易活动的商业模式。
　　② 马太效应(Matthew Effect),指强者愈强,弱者愈弱的现象,即两极分化现象。
　　③ 数据来源:历年《中国旅游业统计公报》及《中国出入境旅游发展年度报告2018》。

业态往往面临着激烈竞争和快速整合。一些企业存在创新能力不足、服务水平较差、运营监管不严等问题，不仅给行业健康发展带来了不利影响，更有可能给用户的人身和财产安全带来损失。"互联网＋"发展中出现的新问题、新情况，对政府相关部门的监管手段和监管理念提出了更高要求。在监管手段方面，不断推出的新型业务模式和持续变化的行业发展问题要求政府监管部门能够与时俱进，不能单纯套用旧的管理思维和方式，应针对新业务的实际问题进行管理创新。在监管理念方面，监管机构需要坚持包容审慎的原则，以鼓励创新为前提探索建立政府、企业、资源提供者和消费者共同参与的多方协同治理机制，避免监管过严抑制市场创新成果。①

3. 电子政务基本普及

互联网新媒体是一个社会信息大平台，亿万网民在上面获得信息、交流信息，这会对他们的求知途径、思维方式、价值观念产生重要影响。习总书记曾指出网民来自百姓，老百姓上了网，民意也就上了网。强调各级党政机关和领导干部要学会通过网络走群众路线，经常上网看看，了解群众所思所愿，收集好想法好建议，积极回应网民关切、解疑释惑，由此促进了电子政务发展。截至 2018 年 6 月（如图 12），我国在线政务服务用户规模达到 4.70 亿，占总体网民的 58.6%。其中，通过支付宝或微信城市服务平台获得政务服务的使用率为 42.1%，为网民使用最多的在线政务服务方式；其次为政府微信公众号，使用率为 23.6%，政府网站、政府手机端应用及政府微博的使用率分别为 19%、11.6% 及 9.4%。

2018 年上半年，我国政务服务线上化速度明显加快，各级政府积极利用互联网在国家管理和社会治理中的作用，用信息化手段更好感知

---

① 中国互联网络信息中心（CNNIC）第 42 次《中国互联网络发展状况统计报告》，2018 年 8 月发布。

互联网新媒体伦理生态及治理研究

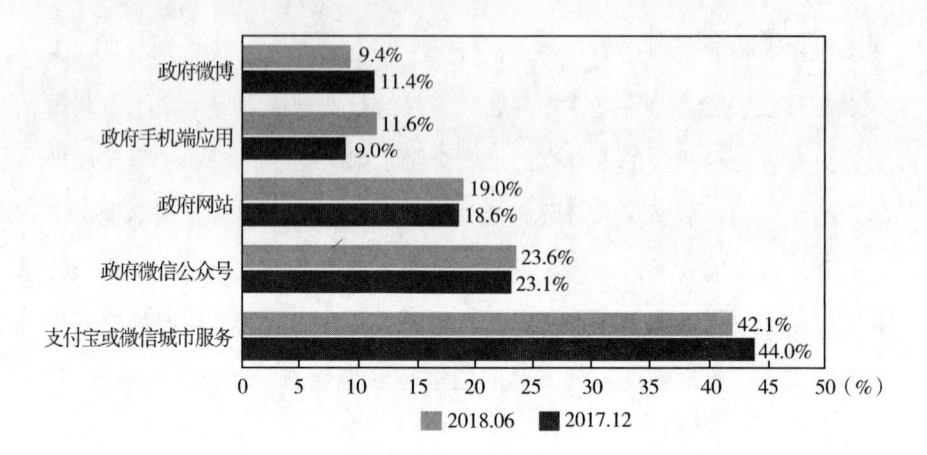

	2018.06	2017.12
政府微博	9.4%	11.4%
政府手机端应用	11.6%	9.0%
政府网站	19.0%	18.6%
政府微信公众号	23.6%	23.1%
支付宝或微信城市服务	42.1%	44.0%

图12 各类互联网新媒体政务服务用户使用率

社会态势、畅通沟通渠道、辅助决策施政。一方面,政府积极出台政策推动政务线上化发展,国务院办公厅印发《进一步深化"互联网+政务服务"推进政务服务"一网、一门、一次"改革实施方案》,加快推动电子政务,打通信息壁垒,构建全流程一体化在线服务平台,助力建设人民满意的服务型政府;另一方面,各级党政机关和群团组织等积极运用微博、微信、客户端等"两微一端"新媒体,发布政务信息、回应社会关切、推动协同治理,不断提升地方政府信息公开化、服务线上化水平。

(四)中国互联网新媒体网络安全现状

习近平总书记在中央网络安全和信息化领导小组第一次会议上指出,网络安全是事关国家安全和国家发展、事关广大人民群众工作生活的重大战略问题之一。同时强调,网络安全对一个国家很多领域都是牵一发而动全身的,要认清我们面临的形势和任务,充分认识做好工作的重要性和紧迫性,因势而谋,应势而动,顺势而为。[1]

---

[1] 《习近平的网络安全观》,《网络传播杂志》2018年第2期。

近年来我国互联网新媒体网络安全状况总体平稳，未出现影响互联网新媒体正常运行的重大网络安全事件。但信息技术创新发展伴随的安全威胁与传统安全问题相互交织，使得网络空间安全问题日益复杂隐蔽，面临的网络安全风险不断加大，类似用户信息泄露、网络黑客勒索和通信信息诈骗等问题仍频繁出现。[①] 中国互联网新媒体的网络安全现状主要从网民上网过程中遇到的安全问题、上网过程中遇到的诈骗行为、网络病毒传播、网站安全和漏洞情况展开。

第一，上网安全问题。2018年上半年我国网民在上网过程中遇到安全问题的比例较2017年末略有提升。数据显示（如图13），54%的网民表示在过去半年中曾遇到过网络安全问题，较2017年末增加1.4个百分点。通过对用户遭遇的网络安全问题进行区分可以发现，用户遭遇个人信息泄露和账号密码被盗的比例有所升高，而遭遇网上诈骗和设备中病毒木马的比例有所降低。其中，遭遇个人信息泄露问题占比最高，达到28.5%，相比2017年末增长1.4个百分点；遭遇设备中病毒或木马的网民比例较2017年末下降最多，为18.8%，相比2017年末下降3个百分点[②]。

第二，网络诈骗行为。中国互联网络信息中心在第42次《中国互联网络发展状况统计报告》中指出，通过对2018年上半年遭遇网上诈骗的用户进一步调查发现，虚拟中奖信息诈骗依然是最为常见的网上诈骗类型，但遭遇这类诈骗的用户比例较2017年末下降11.9个百分点，为58.6%；遭遇虚假招工信息诈骗的用户比例也呈明显下降态势，为31.0%，较2017年末下降6.8个百分点。此外，在遭遇网上诈骗的用户中，遇到冒充好友诈骗、网络兼职诈骗、网络购物诈骗、钓鱼网站诈骗的用户占比

---

① 中国网络空间研究院：《中国互联网发展报告2017·总论》，2017年12月发布。
② 数据来源：中国互联网络信息中心（CNNIC）第42次《中国互联网络发展状况统计报告》，2018年8月发布。

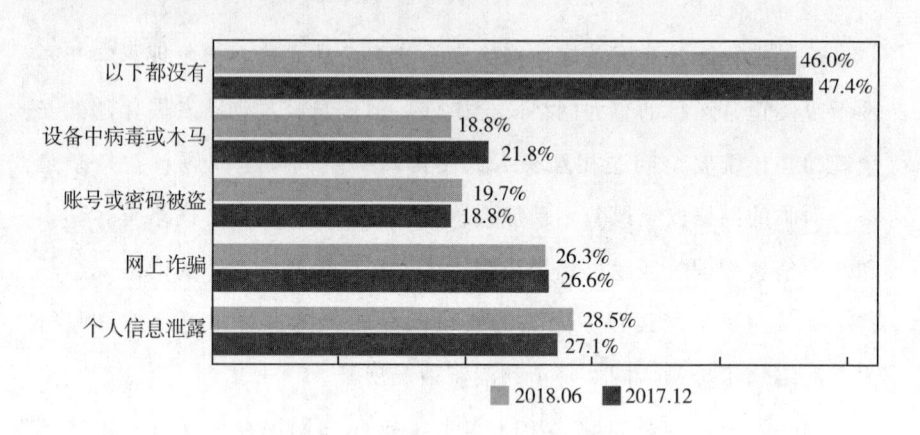

```
以下都没有    ████████████ 46.0%
             ████████████ 47.4%
设备中病毒或木马  ████ 18.8%
             █████ 21.8%
账号或密码被盗    ████ 19.7%
             ████ 18.8%
网上诈骗       ██████ 26.3%
             ██████ 26.6%
个人信息泄露     ███████ 28.5%
             ██████ 27.1%
                ■ 2018.06  ■ 2017.12
```

图 13　网民遭遇安全事件类别

均较 2017 年末略有降低。可见，网民的网络安全意识逐步提高，但仍需提高警惕。同时政府部门要加强对网络诈骗信息的过滤与监管。

第三，网络病毒传播。国家互联网应急中心（CNCERT）高度重视对安全威胁信息的预警通报工作。由于大部分严重的网络安全威胁都是由信息系统所存在的安全漏洞诱发的，因此及时发现和处理漏洞是安全防范工作的重中之重。据统计，2018 年上半年国家信息安全漏洞共享平台收集整理的信息系统安全漏洞累计 7748 个，较 2017 年同期的 6653 个增加 16.5%。另外对于境内感染网络病毒终端数，CNCERT 监测发现，受到木马程序"暗云Ⅲ"在国内互联网大量传播的影响，造成 2017 年 6 月我国境内感染终端数达到 532 万，远超其他月份。还有，名为"Wanna Cry"和"Petya"的勒索蠕虫先后肆虐全球，给超过 150 个国家的金融、能源、医疗等众多行业造成影响，使得政企机构愈加重视自身网络安全的潜在风险。而目前，2018 年前两个季度我国境内感染网络病毒终端累计 483 万个，相比 2017 年同期的 1269 万个下降 61.9%，总体情况有所改善。

维护网络安全是建设网络强国战略中的一项重要任务，有赖于中央网络安全和信息化领导小组发挥集中统一领导作用，统筹协调各个领域的网络安全重大问题，制定实施国家网络安全发展战略、宏观规划和重大政策，不断增强安全保障能力。①

第二节 互联网信息技术的发展带来的积极社会效应

互联网新媒体作为人类文明进步的重要成果，以信息通信技术改变了人与人、人与世界的连接方式，大大推动了人类社会各个方面的变革，产生了极其重要的积极意义。

第一，互联网信息技术丰富和便利了人们的生活方式和内容。比如，近年来网络教育广受欢迎，是对教学形式的创新，打破了传统教学在时空受限的局面，现在我们可以随时随地利用手机或计算机上网学习自己感兴趣的课程、享用国内外优秀教育资源，同时线上教育开设了学历教育、资格考试等功能，满足了不少用户为提升学历和终身学习的教育需求。在出行领域，网约车、共享单车的涌现丰富了出行方式，另外人们利用支付宝或微信扫二维码乘坐地铁、公交也开始流行起来，减少了制作 IC 卡的成本支出，我们也不用为排队找零钱而发愁，体验到互联网给生活带来的便利。除此之外，互联网上的信息资源丰富，使人足不出户便可知天下，有利于科研工作者查阅资料以把握最新的研究前沿和完成科研任务。

第二，互联网信息技术有利于社会成员兴奋点的多样化、分散化。互联网助推了社会成员兴奋点的多样化、分散化趋向。② 随着社会分工

---

① 中央宣传部（国务院新闻办公室）、中央文献研究室、中国外文局：《习近平谈治国理政·第二卷》，外文出版社 2017 年版。
② 吴忠民：《不应忽视互联网对社会矛盾的积极缓解效应》，《光明日报》2015 年 8 月 19 日第 013 版。

日趋专业化精细化和社会成员自由表达空间的扩大,社会中各种性质不同的成分日益增多,其中表现最为突出的是社会成员的利益诉求、行为方式以及兴趣爱好等方面也随社会的变化呈现出多样化以及分散化的现象,这种现象在网络社会当中发展及表现得尤为充分。在互联网社会空间中,社会成员在某种程度上可以按照自己的不同意愿、兴趣爱好以及利益诉求,更加自由地选择志同道合的网络群体,如时事群体、志愿者群体、玩家群体、驴友群体、交友群体、(某某)粉丝群体、同乡会群体等,这正是互联网对社会异质性增多(如复杂多样群体的形成)的推动,促进社会矛盾的缓解。吴忠民在《不应忽视互联网对社会矛盾的积极缓解效应》中认为,"一个社会,如果同质性过强,则意味着这个社会的结构相对单一,也意味着社会各个群体的利益诉求、观念、兴趣爱好以及兴奋点相对单一。在这样的情形下,一旦某个主要群体的利益诉求尤其是基础性的利益诉求得不到应有的满足,那么,这种相对单一的利益诉求便会使大量社会成员的利益诉求及兴奋点集中在一个方向、一个目标上(如基本生存问题),然后不断积累,进而逐渐酿成巨大的社会矛盾冲突势能。而互联网新媒体下社会成员利益诉求、兴奋点及兴趣爱好日益丰富多彩,对于可能蓄积的社会矛盾冲突势能客观上起着一种分流的作用,进而使不同群体难以整合成为一个内聚性很强的抗争群体,难以形成相对集中一致的抗争主题,抗争势能难以在一个方向上集中并持续蓄积,进而使得社会矛盾冲突很难在一个节点上集中爆发。即便在某种条件下,某种庞大的抗争群体暂时形成,在关注点兴奋点呈现多样化分散化这样一种心理定式的影响下,暂时聚集的抗争目标也容易分散、淡漠甚至消退。"

第三,互联网信息技术有利于形成社会舆论压力,在一定程度上促使社会文明进步,政府效能提高等。刘建明在《基础舆论学》中指出,"舆论,是显示社会整体知觉和集合意识,具有权威性的多数人的共同意见"。这一点也可以理解为，社会舆论属于一定范围内的"多数人"基于一定的需要和利益，通过一定的传播途径，进行交流、碰撞、感染，整合而成的、具有强烈实践意向的表层集合意识，是"多数人"整体知觉和共同意志的外化。社会舆论形成的压力，往往会促成某种社会矛盾问题的解决。而互联网能够以其特有的放大效应，引发公众对某个社会矛盾问题的关注，形成某种社会舆论压力。社会舆论压力常常站在道义的高度，将某个社会矛盾问题置于公众面前，让公众表明某种一致的态度，因而直接影响到社会矛盾问题责任方的社会信誉如何，进而有助于督促相关机构和矛盾相关方解决这一矛盾问题。现在，为适应网络时代的要求，中共中央纪律检查委员会、国家监察部、最高人民法院、最高人民检察院等国家层面上最重要的政法纪检部门，均设立了专门的举报网站，接受民众对公权违法违规行为的举报。《中共中央关于全面深化改革若干重大问题的决定》指出，要"运用和规范互联网监督"。在互联网舆论的巨大压力下，社会矛盾问题的责任方常常会做出矫正的举动，或者是进行某种妥协，从而程度不同地使得社会矛盾问题得以解决或是缓解。①

第四，互联网信息技术使民意表达更加畅通无阻，有利于社会矛盾的发现。要缓解或解决社会矛盾的一个必要前提就是需要我们善于发现社会矛盾，了解社会矛盾的相关情况以及问题所在。② 不过，有些社会矛盾不够突出时则难以被人们发现。有时，由于多数人缺少必要的渠道，发现不了某种社会矛盾；有时，由于人们的认知能力有限，难以认清某种社会矛盾的问题所在；有时，利益群体为了继续保持某种利益关系而有意掩盖某些社会矛盾的相关信息。由此种种原因，更使得一些社

---

① 吴忠民：《不应忽视互联网对社会矛盾的积极缓解效应》，《光明日报》2015年8月19日第013版。
② 同上。

会矛盾成为隐性的社会矛盾而没有暴露,并不为人们所知,因而也就难以得到有效解决或缓解。相比之下,在互联网信息技术条件下,人们能够从多方向、多维度发现社会矛盾以及相关信息。网民规模大,既包括了社会的多个群体,也覆盖了社会的多个领域,在互联网社会当中有时甚至还会出现利益非相关的社会成员对社会矛盾进行提醒的现象。所以,对社会矛盾相关方乃至公众来说,各种社会矛盾的相关信息以及问题所在已经难以遮蔽。再加上互联网本身所具有的传播速度快和传播范围广的功能,更使得社会矛盾相关信息及问题迅速为整个社会所知晓,有时还使得曾是隐蔽性的社会矛盾都显现出来。据此,政府可以就具体问题具体分析从而具体解决:适时调整不相适应的政策;对于缺位的政策进行补充;以前瞻性的目光规划需要进一步出台的政策。如是,不但有助于减缓当前存在的社会矛盾,而且有助于对未来可能出现的社会矛盾进行某种有效的防范性监控与抑制。

第五,互联网信息技术有利于社会成员焦虑心理及不满情绪的释放。① 随着社会进程不断推进,不可否认当前社会存在很多心理上有障碍的人群,社会心理问题也是产生社会矛盾的重要因素之一。在中国社会急速的转型、变革时期,民众的心态容易畸形转化,对基础民生问题、对于未来美好是否合意而表现出某种不确定、不可预期的心理情绪,难免会形成一种焦虑的心态,这种社会焦虑心态不会轻易消退,不容易通过心理的调适而化解。此外,由于制度建设不完善等多方面的原因,致使大量的社会不公现象相继出现。习近平总书记指出,"在我国现有发展水平上,社会上还存在大量有违公平正义的现象"。正是出现了如此多的社会不公现象,极易造成社会成员催生不满念头,这样一种

---

① 吴忠民:《不应忽视互联网对社会矛盾的积极缓解效应》,《光明日报》2015年8月19日第013版。

非正常的心理，会助长社会矛盾的滋生蔓延。社会焦虑会加重人们不切实际的高期望值和相应的短期化行为，会引发不少越轨行为，会催生某些有害的群体行为。而人们对社会不公现象的不满则会损害社会的整合，从而为社会矛盾的形成提供可能。特别是对一些处在某种临界点的社会矛盾冲突来说，民众非常态及不满心理的积累过度，则容易催生某些社会矛盾冲突。而互联网恰恰能够为上述焦虑及不满心理的释放提供一个比较有效的途径，进而在一定程度上缓解社会矛盾。道理很简单，虽说人们在互联网上的表意有时看似是某种乱象，但是换个角度看，在一定条件下，互联网信息技术能够在某种程度上满足人们情绪表达及发泄的需求。互联网信息技术对有着表意和发泄需求的民众而言，意味着表意渠道多，容易找到有共同想法的人群集体，且方式简便易于操作。大量的多方讨论、言辞激烈的观点、各式各样的热点转换等现象，从某种意义上讲，就是一部分社会成员为了释放压力和发泄自己的焦虑及不满心理所致。互联网的这种功能，在某种程度上能够有效缓和民众的不满情绪及减少社会负面能量，进而有利于社会矛盾的缓解。试想一下，如果缺少这样一个发泄释放渠道，人们一旦将自身的焦虑及不满心理放到现实社会当中去表达释放，就有可能会演变成街头政治，演变为现实的激烈抗争行为，酿成大的社会骚乱，因此说互联网对社会矛盾的加重具有某种心理缓冲的"安全阀"功能。①

第六，互联网信息技术有利于提升社会的包容度。一方面，我们必须承认互联网新媒体在一定条件下本身有着助推社会排斥的效应，但另一方面还应看到，互联网信息技术在一定条件下对于社会包容及社会合作意识的提升也有着明显的促进作用。互联网信息技术毕竟是表达现实

---

① 吴忠民：《不应忽视互联网对社会矛盾的积极缓解效应》，《光明日报》2015年8月19日第013版。

社会各个群体心理、观念及利益诉求的重要渠道。在中国社会转型的初始阶段，人们恰好又获得互联网这样一种表达平台，充满新鲜感、兴奋感，其中有些网民甚至出现高昂亢奋的情形，于是各种各样的观点及感受包括一些极端观点及感受通过互联网新媒体的方式表达出来。但在现实社会当中，人们终究需要合作，需要共赢。随着时间的推移，人们发现，网上的一味发泄往往于事无补，有时会对国家、社会和其他人造成不利影响，自己的心理难免出现紧张、疲惫的情形，没有多大意义。同现实社会相适应的是，互联网新媒体社会当中的理性终究会逐渐占据上风。实际上，这一点在互联网信息技术上已逐渐开始表现出来。况且，随着法治互联网社会的建设，极端观点持有者和恶意攻击他人者的网络生存空间越来越受到挤压。一个值得注意的现象是，在现阶段中国的互联网社会，虽然仍旧存在着许多激烈乃至"极化"的观点，但应当看到的是，其影响力已经大幅度减弱，人们对之往往是熟视无睹、见怪不怪；重要的是，互联网当中的理性程度明显提升，网民的判断能力、选择能力都在明显增强，相应的，互联网的包容性在显著提升，大量网站包括知名网站对各种观点的包容性越来越强。这样一种包容性，意味着互联网越来越成为不同人群相互间沟通的平台，而不是恶意争斗的阵地。包容性的大幅度提高，有利于社会共识的形成，有利于社会合作及社会整合意识的增强，进而有利于社会矛盾的缓解。[①]

由上可见，互联网信息技术对社会产生的积极作用影响深远，其将全世界都联系在一起，唯有正确利用互联网新媒体，才能给我们的社会创造更多价值。

---

① 吴忠民：《不应忽视互联网对社会矛盾的积极缓解效应》，《光明日报》2015年8月19日第013版。

第三节　互联网新媒体的主要伦理困境

互联网新媒体的发展具有两面性，虽然他给个人和社会带来极其重大的积极影响，但由于多种因素，伴随其不断发展，一系列伦理道德问题凸显，陷入信息缺乏秩序管理的伦理批判中，不利于社会和国家的稳定。在同一个伦理体系中，网络的存在会使不同的价值要素产生矛盾和冲突，进而形成伦理困境。从目前互联网新媒体发展状况来看，其主要在以下几个方面存在伦理问题，呈现明显的伦理困境。

一　网络谣言

（一）网络谣言概述

互联网新媒体在传播方面的共享性、去中心化、时效性、互动性、匿名性等特点与谣言传播的众多特点相吻合。网络谣言可理解为是互联网新媒体与谣言结合发展而来的产物，它是指某个人或某群体组织为达到自身目的，通过网络媒介（如社交网站、网络直播、微博、微信、Twitter、Facebook、贴吧等）制造并广泛传播缺乏事实根据的带有攻击性、目的性的话语，主要涉及突发事件、公共领域、政治人物、颠覆传统、离经叛道等内容。网络谣言传播具有突发性且流传速度极快，并且难辨真伪，容易产生严重社会问题，严重扰乱社会秩序，甚至引发社会动荡和政局失稳。因此许多国家把打击网络谣言作为谣言治理的重要内容，希望广大网民能自觉抵制网络谣言，做到不造谣、不信谣、不传谣。

依托互联网新媒体，网络谣言相较于一般谣言，有其鲜明的特点[①]：

[①] 桂亚平：《新媒体时代网络谣言公共治理研究》，硕士学位论文，湘潭大学，2016年。

一是传播速度快。相较于过去的口头传播、信件传播乃至电话传播，网络谣言的传播速度大幅提升，借助于互联网新媒体，一则谣言可以在几十分钟甚至几分钟内在全世界范围内传播，网络谣言的扩散速度绝非普通谣言可比。例如，2015年3月，新加坡一名尚未年满16周岁的少年从网上下载了新加坡总理公署的旧公告，将其加工制作并发布，谎称新加坡前总理李光耀逝世。该谣言在极短的时间内就传遍全球，很多媒体都信以为真，并加以引用。

二是传播范围广。随着网络用户数量的不断攀升，以及互联网新媒体的普及，人们可以随时随地、越来越便捷地获取网络资讯。一个网络谣言出现以后，很容易呈裂变式传播，传播数量呈指数函数增长，无论你身在何地，只要有网络信号，谣言就可以推送到你随身的手机上。比起移动互联网时代之前的谣言，网络谣言的传播范围早已跨越了语言、国境、洲际以及种族的界限。例如，2015年8月12日，天津市滨海新区一个危险品仓库发生爆炸，造成165人死亡。这起事故发生后，很多国外的大媒体（如BBC），直接引用中国网民在移动互联网社交平台上发布的图片作为报道照片。同时，很多国内外媒体也到现场进行报道，各种网络谣言也随之四起。其中一则"CNN记者现场报道，被当地官员强行阻扰并强行删除"的报道很快就传遍全球，CNN随后在其社交网页上进行澄清，称现场报道被中断并非谣传的"被当地官员阻扰"而是被事故死伤者的亲友阻拦。

三是传播途径多样化。随着信息技术和网络速度的飞速发展，网络谣言也通过越来越丰富的形式来散播，比如语音、文字、图片、视频、动画、电影剪辑（重新配音、配字幕）等各种各样的形式进行传播。形式多样的谣言传播方式则为谣言的扩散提供了丰富的渠道，也使监控和打击网络谣言变得更加困难。

四是主体身份隐蔽性。传播主体身份隐蔽性主要是指传播者的身份隐藏于网络平台之下，网络社会的虚拟性是对身份的庇护。我国当前的互联网实名制体系尚未完善，社交工具的使用不要求用户提供真实身份，且我们可以注册多个网络账号，账号上的信息有很多也是胡编，同一个网络用户可以设置不同的名字，同一个名字也许会用于不同用户，那么在虚拟的网络空间中就难以分辨和确认传播者的身份。因此，缓解了主体面对面交流的压力，传播主体敢于在网络空间上随意发表意见，对周围一切都无所顾忌，随心所欲地表达内心的感受和利益上的诉求，而忽略道德约束和社会伦理准则。生活中存在众多个体通过发布各类网络谣言以宣泄自己的情感，这也许使大部分人获得心理上的慰藉和满足，事实上却揭开了其人格和性格上缺失的面纱。例如"上海女孩逃离江西农村"，内容主要是在2017年2月6日，一位自述上海女孩的网友发帖称第一次去江西农村男友家过年，因一顿年夜饭难以忍受农村的贫困落后，连夜赶回上海。后来经江西网信办公开辟谣证实该事件传播出来的信息是虚假的，发帖者是来自江苏省某女网民，认为网络能掩饰真实身份才谎称自己是上海人，打着"言论自由"的旗号畅所欲言，而她发帖只为宣泄情绪，却没想过自己的行为是否符合规范，结果造成部分网友对城乡差异和某些地区产生错误的理解，并引起了不必要的社会舆论。

五是目的繁杂性。在互联网上传播造谣生事的人往往思想不端正，为达到目的不择手段，下面根据若干个比较有影响力的案例将散播谣言的目的归纳为以下三类：一是利益驱动。经济是基础，某些人希望借助网络的低成本、高效率的特点以谋求经济利益，专门传播危言耸听的消息和恶意炒作来获得非法回报。如"2011年因日本的核泄漏事件而讹传食盐里面的碘能防核辐射导致在中国掀起了食盐抢购风潮，推高了食盐价格和相关盐业个股股价""海南限购升级，购房者需要在海南缴纳社保2年以上才能买房"等事件实际上是不法分子或企业为从中牟取暴利，便在民众心理正处于脆弱时期对外传播的，这误导了社会公众，扰乱互联网信息传播秩序，造成不良影响。二是以娱乐恶搞为目的发布的网络谣言。此类谣言的内容一般为热点事件、明星、公众人物等，网络谣言发布者通过发布网络谣言的手段进行娱乐恶搞。[①] 例如，明星杨颖的整容传闻一直在网络上流传不断，虽然她本人力证自己并没有整容，但在网络上这样的消息仍然不绝于口。诸如此类的谣言还有很多，又例如近期比较火的《战狼2》的导演吴京，在该影片大火以后，各种各样讨论的关注焦点都落到了吴京的身上，近期更是有传闻说吴京的儿子不是中国的户籍，暗指吴京表里不一、崇洋媚外。[②] 最后也是使当事人不得不晒出儿子的出生证明来辟谣。此类谣言通常不涉及经济利益，而且也没有经过周密计划或组织，主要目的是满足社会公众迫切了解公众人物、明星、偶像消息的心理需求。对于这样的网络谣言，公众完全自愿参与，而且谣言内容一般是有趣的、令人惊奇的或者是时下热点的话题等。三是以满足从众心理为目的发布的网络谣言。网络谣言之所以能够迅速的传播是因为在网络上参与者众多，而且大多是"键盘党"，避免了人与人之间的直接接触，就降低了对自身发表言论是否属实的责任感。当一个公共事件发生，而官方没有做出明确解释时，每一个人都对其有自己的态度和看法，尽管有些事件权威解释已经给出，但人们对于"权威"的不信任感和"报喜不报忧"的态度导致民众仍然坚持自己的想法，这样一来，具有相同想法的人自然而然地成为了一个小的群体，他们讨论、交流从而产生共鸣。其中不乏有些人抱着"别人知道我也应该知道""别人做什么我也要做什么"的心态，以求能够参与到该团体中来。

[①] 杜娟：《网络谣言传播机制与治理研究》，硕士学位论文，武汉理工大学，2015年。
[②] 李思慧：《基于案例分析的网络谣言控制策略研究》，硕士学位论文，黑龙江大学，2018年。

网络给人们在言论表达上提供了更广泛的自由度，网络谣言的出现很多时候与网络行为主体对自身权利义务不明确有关，滥用网络自由就会无意识地放松了自我道德和社会道德规范的约束。

(二) 网络谣言产生的原因

1. 防范意识薄弱

当前对网络谣言产生原因的剖析中，有可能是民众对网络谣言的危害缺乏正确认识，防范意识薄弱。[①] 只有树立正确的指导思想，才能有效地开展工作。要治理好网络谣言，首要的任务就是必须充分认识到其危害性，这样才能时刻保持警惕，将网络谣言消灭于萌发阶段，最大限度地降低网络谣言的危害。但是纵观近几年国内的谣言治理案例，我们可以发现，政府组织对网络谣言的危害尚缺乏清醒的认识。部分政府组织对谣言的认识还停留在过去的阶段，认为"清者自清"，网络谣言只是在网上流传，对地面情况不会造成多大影响，掀不起多少波澜。正是由于这些陈旧的观念，让政府组织在网络谣言的治理中放松警惕，错失先机，无法在网络谣言发展的初期将其掐灭，等到发现事态失控，已为时晚矣。例如，2013年7月12日，一条网络谣言在陕西省神木县群众的微博、微信等移动互联网应用终端广泛传播。该网络谣言的内容是以煤炭产业作为经济支柱的神木县经济已经一落千丈，时任县委书记雷正西搞垮了神木县的经济，造成了300亿的亏空，雷正西即将离任，剩下一堆烂摊子，神木县不得不解散，现行的免费医疗和免费教育不得不终止，谣言的最后还煽动群众于15日上午前往县政府广场集合。在谣言传播的初期，当地政府未能引起足够重视，没有及时对网络谣言中的不实信息加以澄清，错过了将谣言掐灭于萌芽状态的良机。7月15日上

---

① 龚志伟、兰月新、张鹏、苏国强：《基于案例分析的网络谣言传播规律研究》，《中国公共安全》(学术版) 2016年第3期。

午,大批神木县群众围堵县政府要求县委书记出面解决问题,造成大规模群体性事件。当地政府不得不出动大量警力维持秩序,虽然最后警方拘留了4名造谣者,但网络谣言造成的恶劣影响却难以挽回,被谣言割裂了的群众对政府的信任也难以填补。在这起案例中,如果当地政府组织提高思想认识,树立起正确的防治网络谣言的意识,就能在事态发展的初期提高警惕,通过加强宣传、信息公开、查处造谣人员等方法,及时阻断网络谣言的传播扩散,避免矛盾的激化和群体性事件的发生。近几年影响较大的几起群体性的事件背后,都有着谣言在作祟。如果政府组织能够树立正确的防范意识,提高敏感性,就可以在谣言萌发的初期及时做好应对,赢得宝贵的处置时间,而不会让谣言扩散开来,最终形成群体性事件,造成难以估量的损失。

2. 权威或辟谣信息发布不及时

在网络谣言滋生阶段,真相是破除谣言的有力武器,而权威或辟谣信息的缺失为谣言的产生和传播提供了时间和空间上的可能。对于公共事件,尤其是重大安全事故、自然灾害、网络舆情的调查处理,如果权威部门不能在第一时间公布事件真相,网络上就会出现大量未经证实的谣言,占领主流舆论阵地,误导公众,造成极大的负面影响。例如,2015年2月23日,一条"现实版失孤"的虚假新闻在社交网络疯传,"他从张家口一路走来,只为找到半年前丢失的儿子。大家看到了动动手,一起帮一下忙,谢谢大家,或许奇迹真的会发生",配图中一位父亲双手拿着寻人启事,身形瘦弱但挺拔,赢得不少网民的信任。不少实名认证的加"V"微博沦陷此虚假消息,并多层转发。时隔一个月,直到3月23日,公安部打拐办主任陈士渠发微博称"已部署调查该寻人启事的真相";23日和24日,陈士渠连续发微博辟谣"经查,无此案,事主联系电话打不通,孩子照片系一童星""编造儿童失踪谣言伤亡发布涉嫌违法犯罪,应当追责"。截至3月25日,网络上相关虚假寻人微博仍有近万条,微信公众号也有数千篇文章在分享该谣言。该网络谣言通过炮制虚假新闻在权威信息缺失长达一个月的情况下,不断发酵升温,并赢得公众眼泪和同情,然而传播过程无形中对社会信任体系造成了很大冲击。

3. 相关法律缺位

目前,针对发布网络谣言侵害他人民事权益的网民,依照《侵权责任法》的规定应承担民事责任;在行政执法方面,公安机关主要依据《治安管理处罚法》《计算机信息网络国际联网安全保护管理办法》以及《互联网信息服务管理办法》等法律;在刑事执法方面,《"两高"关于办理利用信息网络实施诽谤等刑事案件适用法律若干问题的解释》已明确了网络谣言构成犯罪的情况。法律法规已明确规定,利用互联网造谣、诽谤或发表、传播其他有害信息,构成犯罪的,依照刑法有关规定追究刑事责任。对于不足以按刑事处罚的,则由公安机关依《治安管理处罚法》处罚或由当事人双方通过民事诉讼解决。虽然国家出台了相关法律法规,但网络谣言仍屡禁不止,一方面缘于法律规定本身的原则性以及谣言与一般言论、不实言论的法律界定不清晰,另一方面是某些法律规定在具体的司法实践中操作性不强,导致法律适用的社会效果不佳。例如,2013年8月,安徽砀山一网民于某发帖称当地发生一起特大交通事故造成16人死亡,与实际死亡10人不符,于某因虚构事实扰乱公共秩序被当地公安机关行政拘留。后因其妻不断发帖反映此事,引发公众关注,当地公安机关不堪舆论压力,撤销了对于某的行政处罚并公开道歉。本应依法办理的案件却以撤销告终,究其原因就在于对谣言本身的法律界定不清晰,执法部门"无法可依",于是采取了"有罪推定"的简单粗暴方式,案件如此随意地定性直接影响着执法部门的权威性和公信力。

(三) 网络谣言的危害

现实生活中,网络谣言制造者往往随意性很强,常以热点话题或公共事件为炒作来源,有的仅凭主观臆断,捏造发布虚假信息,有的断章取义发表偏激甚至煽动性言论,对社会产生了严重的危害[①]。具体表现在:

一是借机造谣,滋生犯罪。网络技术的发展日新月异,由网络谣言引发的犯罪"黑数"很大。不少网络谣言制造者或者"推手"都是通过微博等发布或转载,为满足个人私欲,借机大肆实施诈骗、敲诈勒索、诬蔑诽谤等违法犯罪行为。自封"网络反腐维权斗士"的知名网络爆料人周禄宝,其在网络发布攻击性文帖,通过多达100多万的微博粉丝转载传播,对受害者施加压力,先后敲诈勒索广西阳朔某寺庙、浙江嘉兴某道观等23家机构和个人,金额上百万元。后周禄宝因涉嫌编造虚假恐怖信息罪与敲诈勒索罪被江苏昆山警方刑拘。

二是谣言恐慌,破坏稳定。谣言本身具有虚假性和迷惑性。任何一个地区,当人民希望了解某事而得不到官方回应时,谣言便会甚嚣尘上。特别是在重大公共安全事件中,如果官方媒体不能及时发声并引导舆论,谣言将占据主流的舆论阵地,经过媒介多次传播以及网友的加工,事情真假很难辨别。2015年8月12日,天津港特别重大火灾爆炸事故发生后,民众未能在第一时间获取事情真相,一些谣言便开始在微博和微信传播,如"有毒气体已向北京方向扩散""方圆一公里无活口""商场超市被抢"等。还有吴姓"大V"称"天津爆炸已成为大规模杀伤性武器,堪称爆破界杰作"。这些极不负责任的言论,误导不明真相的群众失去理智,威胁着社会稳定,影响群众生活,破坏国家形

---

① 龚志伟、兰月新、张鹏、苏国强:《基于案例分析的网络谣言传播规律研究》,《中国公共安全》(学术版) 2016年第3期。

象，严重时还可能引发社会动荡、破坏公共秩序，危害公共安全。

三是真假难辨，降低公信。对公众来说，传统媒体和新媒体都是满足知情权、表达权、参与权和监督权的平台。[①] 网络信息在很大程度上成为公众了解社会的途径，如果不能辨别虚假信息，公众很容易迷失在网络谣言中。2015 年 6 月 15、16 日，微博和微信朋友圈内，网友纷纷转发一条"吃麻辣烫感染 H799 病毒"的消息，该消息称"一名 31 岁的怀孕女子因为吃了西宁一家麻辣烫中的米线而感染 H799 病毒，在凌晨 4 时死亡，并且西宁市卫生局已经召开紧急会议"。消息的版本各种各样，出处也遍布全国，这名"孕妇"曾出现在北京、大连、通辽、平遥等多地，都是因为吃米线感染了 H799 病毒死亡，死亡时间均相同，消息最后还提醒市民不要食用米线和麻辣烫，引发众多网友惶恐不安。据医学专家称：所谓米线携带致命病毒的说法无相关流行病学说服力，而 H799 病毒在现实中并不存在。

二 网络暴力

（一）网络暴力概述

网络暴力，顾名思义，是指发生在开放且虚拟的互联网空间内的暴力行为。那么何为暴力？《辞海》对暴力的解释为："侵犯他人人身、财产等权利的强暴行为；在阶级斗争和政治活动中为阶级利益服务而使用的强制力量。"此文对暴力的认识更偏向于社会生活中违反了道德规范并对他人造成现实伤害的言行，而非一种真实的加害于受害者的暴力行为或强制力量。具体而言，网络暴力是指网络施暴者通过网络社交平台以煽惑性、欺侮性的言论、图片、文字、视频等形式谩骂、侮辱他

---

① 任贤良：《舆论引导艺术——领导干部如何面对新媒体》，新华出版社 2010 年版，第 92—93 页。

人、违法曝光他人隐私,直接侵害当事人合法权益并对其身心带来严重伤害的一系列有悖于伦理准则行为的现象,间接表现出来的是个人甚至全社会成员责任感、道德感薄弱。

伴随互联网的普及,网络暴力事件层出不穷。最具代表性的网络暴力主要表现为过激的人肉搜索和语言暴力。

人肉搜索,狭义上指广大网民联合起来运用网络平台对某个人或某事的事实和隐私发起搜索,将结果直接曝光于网上的搜索方式。广义上的人肉搜索借用谷歌公司的定义,指通过使用网络信息技术,将传统的网络信息搜索变为人找人的关系型网络社区活动,将索然无味的查询过程变成一人询问,多人回复的搜索方式。普通的人肉搜索在一般情况下可以发挥惩恶扬善的作用,但过激的人肉搜索则演变成网络暴力事件,损害事件当事人合法权益。以2015年5月成都发生"女司机被打事件"为例,最初民众知道的是一名男司机暴打女司机,网民对被打女司机的痛苦感同身受,出于同情心则谴责打人者。随着事件的升温,更多细节被曝光,原来是女司机违反道路安全条例,连续变道别陌生男子的车,随后司机双方互相斗气开车,导致男司机下车暴打女司机,而后续采访女司机却不愿承认错误,引起了公众更进一步的愤懑。一切舆论峰回路转,网友从支持女司机到支持男司机,涉事女司机成为众人批判的对象,甚至开始对她进行人肉搜索,将该名女司机的家庭住址、身份证、大量未经证实的违规行车记录、生活照等隐私信息公布在网络上,使其受到他人对其私生活指指点点和其人格的践踏。非理性的人肉搜索严重侵犯了当事人隐私权,该行为是非法的、不道德的,网络暴力事件是对互联网新媒体时代下伦理的抨击。

网络语言暴力是网络暴力中常见的方式之一,本质上是对社会言论表达自由的一种异化,毕竟言论自由不意味可以随意表达损害他人权利、伤人自尊的话语。维基百科上对其的解释是使用谩骂、诋毁、蔑视、嘲笑等欺侮歧视性的语言，致使他人的精神上和心理上遭到侵犯和损害，属于精神伤害范畴。可以理解为借助互联网以恶毒偏激的言论对特定的人或事进行情绪化攻击，从而造成他人精神上的伤害。在生活中，当为数不少的网民自身积怨和不满得不到缓解之时，会对周围事物看不惯，甚至会产生邪恶极端的思想，往往在互联网上运用图片语言或文字语言攻击他者以缓解负面情绪，那么语言暴力的发生在所难免，也是一种社会浮躁的反映。另外鉴于网络隐身衣的作用，虚拟空间中民众的行为难以受到道德准则规范的约束，再加上个体认为可以轻易逃避责任的心理，某种程度上社会会陷入伦理困境。在此列举一件2018年3月17日发生的"烈士父母产下双胞胎无端遭受恶语攻击"网络语言暴力事件。事件起因是《华商报》在官方微博报道了年仅20岁的河南籍消防战士訾某在2015年处置天津港重大火灾爆炸事故中牺牲，两年后他51岁母亲产下双胞胎。于是，博主高某在转发此微博信息时对烈士母亲进行了辱骂："即使不珍惜自己的贱命，也要考虑孩子的感受，当你一脸褶子却叫孩子叫你妈时，确定孩子内心不会崩溃"，不管是出于这位博主所谓的"担心"，还是本能的语言表达，都抹杀不了他讽刺挖苦烈士母亲的事实。虽然后期该博主已经道歉，但他的粗言秽语赤裸裸地对烈士母亲进行人格侮辱和恶毒的人身攻击，这种没有人性和良知、不厚道、没有道德底线的人不会为众人所接纳。该事件背后反映的社会伦理和语言暴力伤害都值得我们深思。

（二）网络暴力成因

1. 网络暴民的道德失范

网络具有匿名性的特征，这一特征使得网民比在现实生活中更加自由，所以在网络世界中，网民更加容易得到认同和达成共识，更加可以随心所欲地宣泄自己的情绪，满足各种好奇心。然而在这种环境下网民的自律程度也会大大降低。由于网络的匿名性，网民不去理会那些现实世界中法律的制约和道德的约束，他们完全在网络世界中得到了自由，释放了天性，就好像脱了缰绳的野马，会变得随心所欲，知无不言，言无不讳。而有的网友会肆无忌惮地为了抒发自己的情绪而不计任何后果地发布、传播他人的隐私，对他人进行人身攻击。道德规范是网民心中最关键同时又是最后一道防线，一旦这道防线被冲破，一些粗鲁的、带有攻击性的言论和行为就会如堤坝决口般冲击人们原本善良的心以及整个网络世界。

传播学中"沉默的螺旋"理论认为："人们想要适应当今社会这种极其复杂的环境绝对不是一件容易的事情，各种矛盾层出不穷，个人想独自做出一个明确的答复也实属不易，因此经常会出现人们注意别人的行动和意见的倾向。"[①] 网民有很强的从众心理，认为别人做的我也一定要做，认同"随大流、不挨揍"这一观点，而且法不责众，即使错了也无妨。这种随大流的心理容易降低人们明辨是非和独立思考的能力，从而使他们被表象所迷惑，做出错误的判断。在中国的网民之中，年轻人所占比例较大，他们年轻气盛、极易受到表面信息和群体情绪的影响，缺乏理性思考，遇事易冲动，倾向于用简单粗暴的方式去处理那些他们自认为的不良事件。拉斯韦尔认为大众传播具有三个功能：社会协调功能、环境监视功能和社会遗产传承功能。而美国传播学者赖特在《大众传播：功能的探讨》一书中指出：传播具有娱乐的功能。他认为大众传播具有四个功能：社会化功能，环境监视，提供娱乐和解释与规定的功能。从传播学意义上来讲，娱乐化其实就是煽情性、花边性、刺激性总是围绕事物周围，这些特征可以引导人们更感性的思考、对人们具有更大的诱惑力，当一件事物变得有趣、接地气时，就会更加吸引观

---

① 伍沽婷、谌茹悦、王可欣、魏学斌、柏月：《"网络暴力"成因及对策研究》，《商》2016年第31期。

众的眼球。随着社会的发展和进步，我们逐步进入了网络时代，玩游戏、看电视、发微博、聊天、购物、学习等全部都可以通过互联网新媒体实现，网络在人们的生产和生活中发挥着不可替代的作用，互联网新媒体在当今时代的作用完美体现了它的娱乐功能。人们在现实生活中由于工作或学习等一些方面的原因会有很大的压力，但是他们在现实世界中又无法很好地解决，而网络是自由开放的、是匿名的，他们可能会为了宣泄自己的情感去在网络上进行各种批判，这其中有很多网民仅仅是为了批判而批判，不顾事件的来龙去脉，一味地进行口诛笔伐，甚至有的网民会没事也编造事情去发布和传播，然后进行炒作，最终酿成惨剧，以上这些可视为导致"网络暴民"出现的因素。随着"网络暴民"数量的增加，网络暴力事件自然也就层出不穷了。

2. 网络舆论监督与法制建设不健全

网络舆论监督指的是人民群众通过互联网互相交流以及表达自己意见和建议的方式，对国家政治、经济、文化、教育等方面进行检查、评价和督促。互联网传播方便快捷，因此实施网络监督也更加方便、有效。[①]但目前监督机制等并不健全，这亦是网络暴力问题产生的原因之一。

网民具有个体差异性，有具备正义感的网民、有纯粹娱乐的网民、有好奇心强的网民、有偏激的网民等。网络舆论监督中的很多信息都不是由专业的媒体工作人员传播的，而是广大网民传播的，而且那些专业的媒体工作人员认为，传播的信息主要是吸引人们的关注和跟帖，让他们尽情地表达自己的观点，这样就缺乏必要的严谨性，很容易无法辨别信息的真伪，最终导致网络舆论监督难度加大。网络舆论监督也需要法律制度的保护，因此网络法制建设的不健全也是网络暴力产生的重要原因。对此，国外有一些相应的管理手段，如澳大利亚部分学校规定，学

---

① 刘环宇：《浅析网络暴力的诱因及防治对策》，《视听》2018年第1期。

生在校期间不能登录任何视频分享网站或社交网站,而且也对家长提出建议,由其申请专门的社交账号对孩子在社交网络上的言论进行监督与管理。日本吩咐专业的软件公司开发了相关软件,这种软件可以自动收集在网络上鼓吹暴力的言论,然后根据具体情况采取相应措施。德国专门设立了"数据网络无嫌疑调查中心",以便于可以 24 小时不间断地跟踪并分析网络上各种各样的信息。俄罗斯设立了专门的"网络黑名单法",以此来达到禁止发表暴力言论的人发言的目的,监督和管理传播暴力内容的信息平台并采取相应措施。美国的各个地区都设有"网络监督和预警中心",无论任何人在网络上以任何形式发表任何暴力内容都会受到惩罚。2008 年国会通过的《网络欺凌预防法案》规定:无论任何人只要带有骚扰、胁迫并通过互联网做出任何带有恶意的行为,都会对其进行罚款并监禁两年。韩国在其《刑法》中是这样规定的:在互联网上用暴力言论和行为恶意威胁、恐吓他人或对他人名誉造成侵害的,最高判处七年有期徒刑。我国在互联网方面的立法还有待进一步完善,有关网络暴力侵权的行为更是缺乏专门的法律法规。互联网具有匿名性、自由性和虚拟性的特征,加之网络行为又常常表现为群体性事件,因此想要追究网络暴力实施者的责任更是难上加难。有些网络运营商和网站的创建者等为了使商业利益最大化而丧失了社会责任道德意识,不去真正负责对网民的行为进行监督与管理,这也放任了网络暴力的进一步发展。[①]

3. 互联网环境的自由开放性

互联网具有自由和开放的特征,传统媒体的传播范围与速度远远比不上网络媒体。由于网络环境的自由开放性,网民可以毫不费力地在网

[①] 伍沽婷、谌茹悦、王可欣、魏学斌、柏月:《"网络暴力"成因及对策研究》,《商》2016 年第 31 期。

络上找到全世界所有自己需要的信息。1998年，美国检察官斯塔尔把"克林顿性丑闻"的调查报告发布到了互联网上，由于网络传播速度非常迅速，而且当时AOL网站、Yahoo网站等大型全球网站以最快速度转载了调查报告和克林顿在法庭上的供证视频，毫无疑问，这件事情很快全球皆知。这充分证明了网络媒体传播的是自由开放的，是极其迅速的，不管是好消息或者坏消息，即使是与自己毫无关系的消息，万能的网友都可以通过网络平台搜到。网络世界不同于现实世界，绝大多数网民认为在网络环境中如果像在现实世界中一样被无数的条条框框束缚的话，那么网络就失去了它存在的意义与魅力。在网络这个虚拟世界之中人们可以自由地抒发感情、发表言论，而网民在网络暴力中也恰恰利用了这一点。互联网为人们追求自由开放、无拘无束的生活提供了一个完美的平台。但是，如果毫无节制地滥用这个自由的平台，那么我们终究会毁坏已经建造的完美生活。因此我们说，网络环境的自由开放也是造成网络暴力的一个重要原因。假如网民不能够做到自我控制、国家监管不力，在这样的环境中，网络暴力就会有泛滥的倾向。①

（三）网络暴力的影响

1. 扰乱网络环境

互联网中80%的言论基本上是由20%的人群发出的，愤怒的情绪在匿名的网络空间中就像细菌扩散一样会快速蔓延，在某一个新闻事件发生时容易因愤怒而发言的人很多，而在冷静思考之后再发言的人相对较少，而那少有的冷静之声也会被铺天盖地的愤怒之声迅速淹没。因为愤怒之声比冷静之声更具有感染力，会使得更多的人受到传染和教唆而加入。对于论坛中的敏感事件，理性的人一般情况下不会急于回帖，但

---

① 伍沽婷、谌茹悦、王可欣、魏学斌、柏月：《"网络暴力"成因及对策研究》，《商》2016年第31期。

是情绪不稳定或容易愤怒的人便热衷于在跟帖或评论中直接表达自己的意见。在这种不理智情绪下，出现一些偏激性语言是在所难免的，而且这些偏激性语言无疑会占据评论上风。人们的言论容易受到情感色彩强烈的言论的影响，再加上"沉默的螺旋"的作用，网民会产生一种害怕自己的观点遭到他人反对或被孤立的心理，他们的言论就会随大流。在网络暴力事件中，网络暴民自发地聚集在一起，共同发表偏激过分的言论，谩骂、侮辱和攻击当事人。这些话语中带有强烈的偏激色彩和暴力色彩，这种集体暴力行为严重扰乱了网络话语生态。

另外，网络行为暴力也会扰乱网络环境，网络暴民有时候会人肉搜索事件的当事人，公众公布当事人的真实身份信息和生活中的隐私，严重地还会公布当事人的家人和朋友的隐私，使他们一并受过，让当事人赤裸裸地置身于网络道德的审判之下，更有甚者将暴力行为延伸到现实世界来攻击当事人，给当事人带来极大的心理创伤。理论上来讲，即便当事人犯有道德过错，但是现实世界的事情还是要遵循现实社会的法律规则去解决。网络暴力解决问题的方式是极端的、不符合法律规定的，网络暴民不顾是与非，随意践踏事件当事人的隐私权，可能本身正义的事件也会变得扭曲，最终变成纯粹的娱乐和发泄的心态，这样不仅影响网民和受害当事人的心理健康，更不利于互联网的健康发展。[①]

2. 隐私权的践踏

互联网时代，人人都有麦克风，个个都是"路透社"，传播信息的渠道更加宽广，人们尽情享受信息生产者的自由，并以最快的方式分享和传播朋友间的各种资讯与悲欢情仇。随之而来的各种媒介侵权问题也日益突出，特别是隐私侵权。在网络环境下，一部分隐私侵权是故意的，如猎奇恶搞，以窥探他人私密、满足自己好奇心、捉弄他人取乐为

---

① 郑荣：《网络暴力的伦理批判与规制研究》，硕士学位论文，暨南大学，2016年。

动机；打击报复，以故意暴露他人隐私，引发舆论谴责、打击报复当事人为动机；在人肉搜索、敲诈勒索中，网友的揭私动机也是非常明显的。另一部分隐私侵权更多地表现为过失。这部分隐私侵权行为，往往发生在当事人的不经意间。例如，在慈善公益活动中，主办方常常会邀请贫困儿童、孤儿、残疾儿童在现场描述困境、绝望心境，以及对捐助者表示感谢。这些活动和相关报道常常会描述细节，制造"催泪"点，反复提及并毫不保留地展示受助者的家庭环境、生活窘困等，这其实是在暴露儿童的隐私，有损孩子的尊严，可能会给儿童的未来成长造成阴影和伤害。此外，"微博打拐""灾后寻亲"等事件中，当事人的个人信息也常常被不经意地公布出来。

由于网络的即时性、互动性，影响范围广，网络隐私侵权的扩散力强，危害性大，侵权后果往往比较严重，而且还会出现极化和磁化的现象。所谓极化，是指在单次微传播过程或单个微媒介中，容易出现意见的高度统一。所谓磁化，是指在一定的临界条件下，大量的微媒介关注同一议题，并出现相同的极化方向。在"极化"和"磁化"的网络环境下，某个隐私信息被公开后，会出现"一边倒"的集合性意见，随之引起巨大的舆论风暴。2012年12月，某商场店铺老板怀疑一名8岁的女学生偷衣服，于是将其购物时的监控视频截图发布在微博上，称女孩是小偷。短短一个多小时，该女生的个人信息在"人肉"之下全部曝光，随之而来的是各种批评甚至辱骂，最后悲剧发生了——12月3日晚该女生跳河自杀身亡。所以说，如果传统意义上的隐私，更多地发生在私密空间里，那么，网络环境下，传播渠道从传统媒体扩展到新媒体、门户网站、社交工具、数字地图等多种渠道，"隐私"的边界悄然向外推延。

网络隐私权被侵害的背后是法律、道德的缺失。我国直到2010年7月开始实施《侵权责任法》，隐私权才被作为一项独立的人格权加以保护。该法第 2 条规定，本法所称民事权益，包括生命权、健康权、姓名权、名誉权、荣誉权、肖像权、隐私权等。从此，隐私的范围也逐步扩大，自然人的基本信息、病历资料、健康检查资料、犯罪记录、家庭住址、私人活动、私人空间等都属于隐私。该法第 36 条还规定："权利人有权要求网络服务提供者采取删除、屏蔽等措施来制止网络用户利用网络实施的侵权行为，否则将要承担相应的责任。"此规定进一步明确了网络用户、网络服务提供者利用网络侵害他人权益的行为，为公民网络隐私权的保护提供了维权依据。但该法仍未解决网络环境中的大量隐私侵权问题。为了加强对隐私权的保护，《个人信息保护法》已经提上立法议程并正在加紧制定中，个人信息的流转与使用、个人信息保护与隐私侵权等一系列问题有待进一步研究和完善。

3. 阻碍社会和谐发展进程

我国一直致力于社会主义和谐社会的建设，而网络暴力是一种非理性行为，误导了社会主义正义观，不利于建设社会主义和谐社会。通常来说，网络暴力中的话语是网络暴民在极其不理性的情况下表达出来的充满暴力色彩的言论。在网络暴力事件中，其出发点都是正义和道德，网络暴民容易站在道德的制高点，最大限度地使用那些具有侮辱性的词语谩骂和攻击当事人，他们唯恐天下人不知，完全把当事人的感受和事情的真相抛到九霄云外，随心所欲地去诽谤、伤害当事人。这其实是对现实社会法律法规的无视和践踏，是对当事人权益的侵犯和践踏。打着正义的旗号，行为却是非正义的，甚至营造出了一股偏激的文化氛围和局部文化思潮，是对社会正义的歪曲与误解。网络是虚拟的，但是网民却是现实世界中活生生的人，网民在现实世界中对于有些事情丑恶的一面是无能为力的，但是网络是匿名的、自由的、开放的，他们完全可以在网络这个虚拟世界中充分发泄对于现实世界中的人或事的不满，尤其是对于那些所谓的不正义的人或事，他们会高举正义的旗帜去评判和谴责当事人，而且他们会充分利用网络媒体快速的信息传播功能，把事件无限扩大。当事件无限扩大时，暴力因素也必然随之增多，最终就会令暴力事件蔓延到现实世界，这样就必然会使当事人及其家人、朋友受到精神和物质方面的伤害。

三 网络色情

（一）网络色情概述

1. 网络色情概述

2004年，我国修订的《互联网站禁止传播淫秽、色情等不良信息自律规范》中对网络色情作了罗列，指出淫秽信息是在整体上宣扬淫秽行为，具有下列内容之一，挑动人们性欲，导致普通人腐化、堕落，而又没有艺术或科学价值的文字、图片、音频、视频等信息内容，包括：淫亵性地具体描写性行为、性交及其心理感受；公然宣扬色情淫荡形象；淫亵性地描述或者传授性技巧；具体描写乱伦、强奸或者其他性犯罪的手段、过程或者细节，足以诱发犯罪的；具体描写少年儿童的性行为；淫亵性地具体描写同性恋的性行为或者其他性变态行为，或者具体描写与性变态有关的暴力、虐待、侮辱行为；其他令普通人不能容忍的对性行为的淫亵性描写。色情信息是指在整体上不是淫秽的，但其中一部分有前文提及的淫秽信息若干项具体内容，对普通人特别是未成年人的身心健康有毒害，缺乏艺术价值或者科学价值的文字、图片、音频、视频等信息内容。另外我国《刑法》在第367条中规定指出"包含有色情内容的有艺术价值的文学、艺术作品不被视为淫秽物品"，这是我国区分淫秽和色情最为权威的依据。[①] 随着互联网发展和普及，这种新

---

① 牛静：《新闻传播伦理与法规：理论及案例评析》，复旦大学出版社2015年版，第173—186页。

媒体传播方式成为众多用户了解、连接世界必不可少的工具，相伴而生的网络色情所带来的影响也是我们关注的重点话题。

2. 网络色情的类型

网络色情起源于现实中的一些色情信息在网络世界的传播，具体来讲，网络色情是以互联网为传播载体，主要通过网络色情文学、网络色情图片、网络色情游戏、网络色情聊天、网络色情音频视频等表现方式来传播、没有实质价值的、扭曲思想、危害身体健康的信息，目的在于激起使用者的性欲。

第一，网络色情文学。我国网络色情文字有两个来源：一是本土网络色情"写手"所撰写；二是对国外色情文字进行加工、翻译、再传播。在过去，网络色情文字大多出自男性之手，内容也大多为男性作者对于女性的性幻想，表现为将女性意淫为泄欲工具。而随着性观念的变化，越来越多的女性网民参与到色情文字的创作之中，内容也由过去单一的成年男女性关系发展为男女、父女、姐弟等关系。

第二，网络色情图片。网络色情图片因其直观性、刺激性等特征在现有网络色情中占了较大部分，这类图片往往表现为裸露或半裸露的人体以及挑逗性动作、姿势，甚至是直接的性行为，以此来引起受众的性兴奋。目前色情图片的内容不断更新，新增了变性人、双性人、男女同性恋等多个版块。

第三，网络色情游戏。色情游戏通过游戏情节的不断推进向玩家展示色情内容，以刺激玩家的欲望，部分色情游戏还含有性暴力、性虐待等内容。目前国内存在的色情游戏分为在线色情游戏和离线色情游戏。在线色情游戏运营者以盈利为目的，通过情色性挑逗信息或者画面向用户展示部分内含的色情内容，以吸引玩家点击进入网站来进行游戏，运营者通过用户点击的流量获取经济利益。

第四，网络色情聊天。在目前的网络色情聊天中，"裸聊"占了绝大部分。"裸聊"更难被及时发现并打击。聊天者将自己的身体展示在摄像头下，与聊天对象进行即时交流。网络上"裸聊"的形式有多种，一是网络色情传播者对网民和从事色情表演的演员进行召集，完成召集后诱导网民进入聊天平台的指定频道付费观看。二是喜好色情聊天的网民自发组织一个公共平台，由一个人或数个人作为管理员进行管理。通常这类群体多以匿名或者非实名在网上进行色情表演，时间多在深夜，在群体中，成员必须遵守规则，否则将被清理出该群体。网友还可以通过网站的相互联系，组织进行聚众淫乱犯罪活动。一些嫖娼者在该类网站中将自己的嫖娼经历共享，为网站的用户提供卖淫者的具体信息。而对于共享信息较多的用户，网站将给其一定奖励。还有一种是个人之间的裸聊，这类裸聊可以是色情演员通过聊天软件单独与观众进行色情表演交易。

第五，网络色情电影。多媒体技术和网络技术的发展给了传统色情电影以可乘之机，色情电影制作者通过软件将色情电影进行数字化压缩后上传到互联网上，色情爱好者可以通过浏览网页并点击地址进行在线观看或者使用网络下载软件下载色情电影后进行离线观看。[①]

3. 网络色情的特点

随着网络技术突飞猛进，色情与互联网的结合表现为以下几个特征：

第一，隐蔽性。互联网自身特点为与网络色情交涉的人提供了保护伞，网络色情信息通常先被上传到网络服务器，再进一步传到互联网。大部分网络色情网站的服务器来自国外，而且为了避开国内网络监管和制裁，传播或分享色情信息者一般使用虚拟身份建立色情网站，并频繁变更IP地址。此外，网络色情信息以一般正常信息为表象进行传播，比如以学习医学健康知识为名的公众号实则用来传播色情信息，时下某

---

① 刘湘毅：《我国网络色情类型与治理研究》，《视听》2016年第1期。

些公众号被关注并转发相关信息后才能发现涉及内容是关于色情的;还有一些美女图片、视频聊天、人体艺术、丝袜诱惑等内容无异于色情网络,其实这些更多是色情网络的导入路径。现在仍有些搜索引擎可检索到色情网站(如"五色国际""爱就 ML"),如在搜索引擎上输入"RI-SA 东热真性中出""纱山锥子"等 AV 电影名称就能找到很多色情链接,这为一些网络用户寻找更多色情信息提供了途径。在互联网的隐藏下,网络用户无须担心暴露身份和担责,从而会随意浏览色情网页,这也是另一种传播网络色情的方式。

第二,传播快及影响范围广。网络的出现丰富了色情的传播方式,利用微信、微博、QQ 群、贴吧、短视频、电子邮件等社交平台相互转载分享大量色情信息,加快了色情传播速度。而且互联网无国界,不同国家地区对网络色情的管理要求不同,如色情业务在一些太平洋岛国是被允许从事的,而且成本低,我国 90% 以上的色情网站都是在国外建立服务器,然后向国内提供色情信息。此外使用网络的人群包含各年龄阶段,那么受影响的人群和范围都会扩大。

第三,危害性。当今社会,网络色情已经成为网络社会重点治理的问题之一,它污染了网络的良好环境,侵蚀了正常的伦理和道德观念,扰乱了网络社会秩序,败坏了社会风气,导致性侵犯、性虐待等犯罪事件出现。尤其对于诱惑抵御能力不强的青少年而言,长期沉溺于网络色情信息是对他们生理和心理的一种摧残,容易产生生理上性早熟、心理上歪曲观念而厌学、染上手淫的恶习,甚至走上违法犯罪的道路等恶劣影响。[①]

(二)色情资源在网络上泛滥的原因

一方面,网络的特殊性质导致。网络的全球通联性使得全球的通信

---

① 隋巍:《网络色情的政府治理研究》,硕士学位论文,山东大学,2015 年,第 4—7 页。

和资源得以共享,消除了国家与国家传统意义上的边界限制。中国本土服务器禁止上传色情资源,但是网民可以通过国内的色情网站地址或快播种子连接到国外的服务器上进行跨境的色情资源上传和下载。在没有了物理边界的网络世界中,网络色情资源能够进行更大范围的传播。网络自身具有的虚拟性和匿名性为网络色情的传播提供了隐藏的环境。网络社会的虚幻性是指其存在形式是虚拟的,它所提供的色情资源虽然以虚拟的数字化形式存在,但是内容却是真实的。匿名性掩盖了网络主体的羞耻心,解除了网络用户浏览色情网站的戒备心,也使得网络色情更加泛滥。网络的共享性使网络用户可以通过网络的相互连接分享网络社会中的所有信息和资源,如百度网盘和新浪微盘等形式便可达到色情内容的共享,互联网使用者既可以上传又可以下载。网络的无差别共享使得色情资源传播的速度更快、范围更广。

另一方面,网络法规不完善、网络伦理缺失。互联网具有的虚拟性使得原本在现实生活中起约束规范作用的传统道德规范与法律降低了效用。在网络的虚拟社会中,网络上的所有主题都是以符号的形式存在的,现实中的法律规范并没有具体虚拟行为的规范性。由于网络社会还在发展中,其存在的问题也无法进行全面的分析和解决,很多法律上的界定难以实行。而且针对网络色情也并没有具体的解释,我国对色情和淫秽的区别也很难说清。由于网络主体的匿名性和网络的虚拟性,很多时候并不能界定过错的责任到底是网络主体还是网络社会中的网站。所以,应该针对具体的行为失范主体进行细分,建立相关的法律法规和伦理规范。

(三) 网络色情的危害

1. 网络色情对未成年人的危害

在社会化过程中,未成年人接触网络色情信息,容易被误导和吸引,沉迷网络色情信息,甚至诱发违法犯罪行为。具体说,网络色情对未成年人的危害主要表现在以下几个方面①：

第一，影响未成年人的学习。未成年人的自控力相对较弱，在面对网络色情信息诱惑时，更容易被吸引，产生不健康的欲望，扭曲未成年人的心理发展，分散其学习精力，导致学习成绩下降，甚至出现辍学等不良行为进而荒废学业。根据对网络色情信息对普通未成年人的危害的调查数据显示，15.5%的普通未成年人认为影响到学业，而未成年犯的比例则占到19.0%。根据对未成年学生的教师调查，16.1%的教师认为网络不良信息使未成年人对学习失去兴趣，仅次于对学生道德品质的影响。

第二，危害未成年人的道德养成。未成年人的人生观、价值观处于形成阶段，网络色情信息对未成年人的道德心理造成直接侵害，抑制其形成健全的人格，导致其道德观念淡化、性道德弱化与性责任淡化，致使未成年人出现卖淫、嫖娼、非法同居等性越轨现象增多，从而引发严重的社会问题。根据对网络色情信息对普通未成年人的危害的调查数据显示，14.8%的普通未成年人认为影响到道德品质，而未成年犯中14.2%的赞同此观点。根据对普通未成年人的家长的调查，担心网络色情等不良信息把孩子教坏的占28.1%，16.2%的未成年学生的教师赞同此观点。

第三，危害未成年人的心理健康。孟子曾言："食、色，性也。"性爱，是人的基本欲望。奥地利学者弗洛伊德也认为："性欲是每个人的体格和人格的一部分。性，是一种本能，它决定了我们的性别角色和社会角色，也是人类接触外在世界的方法之一。透过对性的认识，我们才知道自己要扮演一个怎样的人、如何建立自我的观念、如何尊重异性及如何和别人交往。"性是人的本能，虽然网络色情一定程度上缓解了部分网民的性压抑，但是对于身心发展不成熟的未成年人，网络色情带

---

① 樊承瑛：《网络色情对青少年犯罪的影响及预防对策》，《法制博览》2016年第17期。

来了许多负面影响,尤其对未成年人心理健康危害较大。由于我国的家庭教育和学校教育中性教育缺失,导致未成年人对性认知的缺失,在好奇、寻求刺激等心理驱使下,许多未成年人通过网络了解相关性知识。然而,网络色情信息中传播的关于性行为、性态度、性道德等内容是畸形的、扭曲的,不利于未成年人建立基于自尊自爱的健康性伦理观,从而对未成年人的行为方式产生了不良影响。个案调查发现,正是由于色情网站传播的畸形性观念,诱发了未成年人的性犯罪行为。受到这种错误观念的引导,未成年人会认为性关系没有情感,也没有所谓的责任与义务,更不会受法律的约束,从而导致性倾向出现偏差,严重影响未成年人的身心健康发展。

第四,诱发未成年人性违法犯罪行为。部分未成年人由于长时间受到网络色情信息的影响,导致其在现实社会中尝试采取各种形式的性体验,没有感受到良知与道德的谴责,长此以往可能导致青少年放荡不羁,过分追求性刺激,从而导致性行为失控甚至出现性犯罪。根据调查可知,未成年人性犯罪与网络色情信息的诱惑密切相关。12.8%的普通未成年人认为因接触包括色情信息在内的不良信息导致上网花费大,引发违法犯罪;16.7%的未成年犯认为网络色情信息容易诱发违法犯罪行为,这也是近年来未成年人性犯罪的重要原因;65.8%的未成年人的家长认为未成年人的不良行为很大程度上是由包括色情信息在内的网络不良信息引起的,而87.9%的未成年人的老师赞同此观点,因此需要注意对网络色情信息的过滤和正确引导未成年人。

2. 引发其他的犯罪行为

网络色情是诱发其他犯罪的重要原因,给社会带来极其巨大的危害且后果是非常严重的。人类的活动是受大脑意识进行控制的,这种意识会成为一种规律,我们都生活在这种规律之下,这种规律又是在大的环境下形成的,如我们生活的地区会形成与其他地区不同的风俗,正所谓

"一方水土养一方人"。如果我们把大量的时间全部交给网络，我们就会被这个虚拟的世界所控制，我们将失去原有的传统观念，从而抛弃自身的道德观及价值观。正是因为受到了新的思维转变使人改变了原有意识从而走上了犯罪的道路。一些青少年由于长期沉溺于网上的淫秽色情信息，从而受到极大的危害，因此网络色情在引发性犯罪方面有着不可推卸的责任。怎样改变这种局面正是我国立法、执法面临的巨大考验。许多网络色情犯罪分子为了获取更多经济利益会将更加变态的内容如虐待、乱伦、同性恋行为及恋童等色情内容进行不间断的更新，人们在这种极为变态的信息腐蚀下会变得更加极端，进而导致全社会道德的败坏与沦丧，这无疑会增加社会的犯罪率。

3. 败坏社会道德

网络的世界虽然信息量巨大，可以在其中获得大量的知识，但同时网络空间也是虚拟的。如果长时间地沉浸在这种虚拟的空间中，会使人缺少与社会的实际沟通，这不仅不利于成长，而且会使人产生自卑感，害怕人与人之间面对面的交往。这仅仅指受到良好网络环境的影响下，如果网民长时间接触色情淫秽信息，后果更加不堪设想。首先，网络色情信息影响的就是网民的道德价值观，会使人们产生变态的心理。其次，网络色情信息会影响全社会对于道德观的判断，因为随着网络的普及与网络传播的速度，对社会的影响力是非常巨大的。最后，网络色情信息会使意志薄弱的人迷失方向从而走向犯罪的道路。长此下去，网民们会深陷网络色情的泥沼里而不能自拔，并被其中不道德的性行为、性观念所影响，最终使全社会处在一种不良的环境之中。

四 网络极端民族主义

（一）网络极端民族主义概述

网络极端民族主义可以简单认为网络民族主义中含有极端主义的民

族因素。其中"网络民族主义"是民族主义思潮在互联网时代的最新表现,这个说法最先出现在2003年《国际先驱导报》刊登的《京沪高速铁路撞上民族主义浪潮》的一组报道。那网络民族主义到底是什么呢?从字面意思理解,网络民族主义是互联网和民族的有机融合。现阶段我国学者朴建华、赵金亮认为"网络民族主义是以宣扬和维护中华民族利益为出发点,以互联网为依托,以表达民族情感和扩大其影响的网上互动为形式,并试图凭此来影响政府决策行为"。由此,认为网络民族主义作为民族主义在网络时代新的表达方式,这也在某种程度上决定了其与爱国主义之间的密切联系。①

当网络民族主义的内部聚合功能和外部排斥功能过度膨胀时,民族主义就会向极端发展,成为网络极端民族主义,实际上是对民族主义偏激情绪和极端表现的一种约定俗成的概括。

网络极端民族主义一般表现为以下三点:第一,多主张将本国家和民族利益凌驾于其他多国家和民族利益之上,并以此为出发点,不惜侵犯和牺牲他国或民族利益;第二,多以历史等问题为理由,面对国际问题多持有对立的战争思维,崇尚武力解决;第三,面对社会问题多持有无为态度,忠于恶言相对。当网络民族主义转为网络极端民族主义时,意味着有部分人打着爱国的名号却以挑起社会矛盾、破坏社会安定为目的。

网络给极端民族主义提供了平台,网络极端民族主义具有很大的煽动性、开放性等特点,所以极易引起广大群众的集体情绪认同。一些极端者毫无顾忌地在网站上发表和转载反日、仇日的煽动性言论和文章,乃至于号召抵制日货、示威游行等极端行为。不可否认,从这些网络言论中能体会到他们是出于对祖国的热爱,是对国家和民族利益的维护,

---

① 李彬:《中国网络民族主义评析》,硕士学位论文,延边大学,2014年,第6—12页。

是对他国侵犯我国领土的一种反抗，但又带有了浓重的极端民族主义因素和极端性质，这些网络言论仅是情感的原始表达，甚至是失控形式的鲁莽情绪发泄。但在现实中难免造成殃及无辜的事情发生，威胁到了中国人民的人身和财产安全，严重影响中国和谐社会的构建，给社会带来不安定的因素。同时这种极端民族主义行为会激化中日两国的矛盾，损害中国的国际形象，恶化两国关系。原本是想要表达爱国情怀，却因为行为不理性而得不偿失，因此对网络极端民族主义因素应予以高度警惕，防止其进一步蔓延。

在现实中，有极个别人尽管对国家、民族充满了真挚的感情，但是受一些极端思维的影响，常常以过激的行为来表达爱国。在经济全球化的今天，如果不加甄别地一味抵制进口产品，遭受损失的不光是外国企业，也包括我们自己的同胞。至于砸日本车、焚烧驻华外资企业和商铺、冲击外国驻华大使馆等行为扰乱了社会秩序，破坏了社会法治，这些违法行为与爱国主义基本精神更是南辕北辙。我们应该懂得，爱国需要热情，更需要理性，盲目抵制、鲁莽行事、触碰法律底线都不是正确的爱国主义"打开方式"。

（二）极端网络民族主义的表现

第一，对外崇尚武力，面对国际问题强调对立与对抗的战争思维。和平与发展已经成为时代主题，合作与共赢已经成为国际共识。然而面对中国面临的外部压力与挑战，极端网络民族主义更加喜欢把竞争对手看作敌人。在国际关系方面，极端民族主义者所主张的是不理性的冲突和对抗，而不是谈判、对话和合作；他们甚至乐于看到中国与其他国家的矛盾激化到无法收拾的地步，因为这样或许正好证明他存在的"价值"。极端民族主义者虽然不是一个阶层，但却可能因其观念主张而形成一个利益集团，企图通过争取话语权力而获得社会政治地位。一旦他们成功了，理性的真正爱国的民族主义者将为自己曾经对极端民族主义的宽容和同情而感到后悔。在与西方社会强国的国际交往中,他们通常认为现在的中国应该有大国气魄,适当的时候可以给对手一点颜色看看,中国甚至还可以使用更加强硬的手段处理各种事端,决不能心慈手软。面对不断增多的国际贸易摩擦,极端网络民族主义主张"持剑经商"才是崛起大国的制胜之道,甚至在一定的条件下中国应当与西方国家"有条件地决裂",极端网络民族主义认为现在中国要做世界的老大,中国人没有榜样。因此,中国人"必须要成为别人的榜样"。面对西方某些国家特别是美国的霸权行为,极端网络民族主义要求中国应当像台湾某些学者提出的那样,要勇于和敢于建立反对霸权、挑战霸权的国际体系并自觉担任国际领袖,"解放军跟着国家核心利益走",适当的时候还要实现所谓"除暴安良担当道义"的国际职责。①

第二,对内不能正确看待中国改革开放 40 年取得的伟大成就,乐观自大情绪滋生,盲目排外思想严重。我国经过 40 年的改革发展,成就来之不易,但却被极端网络民族主义扭曲为骄傲自满、盲目排外的资本。面对国家不断提升的综合国力和世界影响力,极端网络民族主义认为中国已经成为世界大国,具备了分配世界资源的权力,因此中国应当设定一个大目标:世界第一,唯我独尊。在这个目标指导下,"打倒拳王,打碎拳坛,重建新秩序",从而让中国成为可以俯视整个世界的"英雄国家",让建立一个英雄国家成为"每一个中国人应该具有的心理指标"。极端网络民族主义者还强调,在经济政治文化建设的各个方面,中国都不能再走"唯西方马首是瞻的悲哀"之路,中国要走自己的路,不要"走投无路掉进自由贸易的陷阱",不要"参与世界自由贸易、建立市场经济"。盲目排外的民族主义甚至还大肆批判中国以市场

---

① 卜建华:《极端网络民族主义倾向的表现及其批判》,《中共银川市委党校学报》2011 年第 13 期。

为取向的经济体制改革，认为"最近40年来，中国绝大多数知识精英最为推崇的西方意识形态，就是这个市场经济"。在他们看来，"自由贸易的真相是抢劫""自由市场的真相是枪炮和霸权"。如果以极端网络民族主义的这种思想作为指导，中国今后的发展就只剩下唯一的可选项：回到过去计划经济与闭关锁国的老路上去。

第三，面对社会问题表现为"无为"的情绪型"内政愤懑"。"内政愤懑"即是极端网络民族主义者借助"忧国忧民"的道义力量，用话语暴力妖魔化当前社会发展中面临的各种矛盾冲突，妖魔化社会知识精英以及他们为社会发展付出的各种努力。极端网络民族主义者更愿意谈论社会的负面现象，过多地对成就的颂扬让他们觉得很不高兴，问题和矛盾被他们用放大镜来审视，对成绩则视而不见。极端网络民族主义不仅激化社会矛盾，还有意损毁和妖魔化知识阶层和社会管理层，认为"内政愤懑"均为知识精英阶层的错误社会主张供给和社会管理阶层腐败无能造成。至此，恶俗扭曲的愤懑主义在否定一切、打倒一切后，不愿再去为社会向好哪怕是付出一丁点的努力的本质已经完全表露无遗。极端网络民族主义不仅仅直接抵制社会民主制度，而且也固执己见、排斥其他观点、拒绝各种观点之间自由充分的交流，从而就拒绝了以民主的方式与持其他观点的人平等沟通，这也意味着拒绝了维护公民自由和人性尊严的制度安排。如果极端民族主义沿着它的思路发展下去，它势必还要千方百计地控制社会的方方面面和压制市民社会的私人领域空间，一旦走到这一步，极端民族主义就变成极权主义了，将对社会的发展带来极大危害。

（三）网络极端民族主义的危害性

在全球化背景下我们倡导弘扬中华民族精神，实现中华民族复兴，必须要剖析网络极端民族主义倾向的极端危害性，坚决批判打击保守的、激进甚至极端的民族主义思想，引导培育积极健康的民族主义观念，从而树立自信、自强、开放的民族精神和时代精神。

第一，极端网络民族主义的盲目排外行为会破坏我们业已建立的良好外部环境，损害我国追求和平发展道路的良好国际形象。如今中国的极端网络民族主义者还没有获得权力，他们只是服务于现有的意识形态，同时在为自己寻找、扩大话语空间。在他们的眼中，全球化似乎就是西化，就是帝国主义化；而为了他们要捍卫的"民族"和"国家"，宁可构建一个封闭而落后、了无生气的社会；他们拒绝审慎渐进的改革开放，追求的是一个以对"国家"（事实上是对统治者）的忠诚为标准的封闭的等级秩序。这种极端的民族主义思想不仅狭隘且狂妄自大，过分夸大我们取得的成就和对世界的影响力，甚至提出"打倒拳王，打碎拳坛，重建新秩序"，建立"英雄国家"等具有冷战思维意识的所谓国家大目标大战略。目光短浅的极端民族主义看不见中国和世界的差距，无视中国今后发展所面临的种种压力和挑战。这种骄傲自满自以为是的思想，会削弱我们改革进取的动力，妨碍创新型国家的建设，是社会发展进步的障碍。

第二，极端网络民族主义面对社会危机与处理社会矛盾的愤懑态度不利于现代和谐社会的构建。构建社会主义和谐社会，推动和谐世界的建立，是中国社会发展和对外战略的目标。在我国经济社会繁荣的背后还存在诸多由改革发展和社会转型带来的冲突和矛盾。党和国家以人为本的科学发展战略，公民通过与政府良性互动参与政治的有效途径，是解决所有这些问题的关键。任何放大矛盾或者对问题的视而不见，都是与和谐社会构建格格不入的。面对社会问题表现为"内政愤懑"的民族主义者，要么心中充满了抱怨，落入"愤青"的行列，一味地发泄不满情绪，甚至诉诸激进的群体性行为；要么粉饰太平和自欺欺人，把现实描绘成"莺歌燕舞""形势大好"的大国景象，人为地掩盖社会形形色色负面的东西。这两种倾向都不可能解决现实生活中的任何矛盾与问题。因此，极端网络民族主义"内政愤懑"的思想和行为，既不是对社会"不合理内政"出于理性思维的前瞻性思考和建设性批判，也不是致力于问题解决的积极主动的社会参与。说到底，还是一种浅白无力的情绪化发泄和毫无社会责任意识的自负行为。

第三，极端网络民族主义不利于我们倡导弘扬以爱国主义为核心的伟大民族精神。当前中国正在建设社会主义核心价值体系，形成全民族奋发向上的精神力量和团结和睦的精神纽带。以爱国主义为核心的民族精神和以改革创新为核心的时代精神是社会主义核心价值体系的精髓。一方面，中华民族精神的弘扬和培育，必须冲破狭隘的民族视野。一个国家要想实现快速而健康的发展，不能游离于世界之外，必须适应全球化的潮流，民族精神的发展也是如此，这就要求我们要以开放的心态和行动来对待本国文化和民族精神的发展。为此，我们必须克服与全球化潮流不相适应的狭隘民族主义观念。这种观念似乎将本国利益与价值推到至高无上的地位，但实际上并不能有效地维护和发展本国的利益与价值，它限制了人们的视野，放弃了对外部合理因素的吸取，最后的结果只能是画地为牢，作茧自缚。另一方面，极端网络民族主义高举所谓爱国主义的旗帜，打着捍卫民族利益的招牌，呈现一副忧国忧民的面孔，实则是干着损害国家利益、违背社会发展规律的勾当。一些青年人正是因为不能明辨其本质，满怀着爱国主义的激情和为国家利益奔走呼喊的冲动，却不由自主地掉进了网络极端民族主义的陷阱。因此，我们提倡的爱国主义，是宽容、理性、开放的爱国主义，而不是表现为狂热、极端、狭隘、保守的极端网络民族主义。

总之，极端网络民族主义表现为政治上的狂热激进、文化上的保守狭隘，处理矛盾的敌视与对抗的思维，面对社会问题表现为"无为"的情绪型"内政愤懑"。其在根本上违背了历史发展的时代潮流与和平发展的时代主题，背离了中国社会发展的现实要求和构建和谐社会的思想理念。当前中国社会必当首先通过对极端网络民族主义的深刻剖析和积极批判，加强对青年的宏观视野教育和社会责任意识教育，在全社会范围内弘扬培育爱国主义和民族精神，进而树立一种合理开放、积极健康的现代民族主义观念。因为只有这样的观念，才能既适应经济全球化的潮流，又有助于本国民族精神的塑造。作为一个日臻成熟的社会，中国网络民族主义的大趋势必定要走向理性和温和。①

五　网络霸权

（一）网络霸权概述

随着互联网的普及，它对各国的政治、经济乃至军事都产生了重要影响。网络行为体的多样性，网络权力结构的单调不平衡，网络主体利益诉求的多元化，都使得网络权力和网络霸权成为一个备受关注的话题。网络权力是指网络中的行为体对网络资源的控制、对网络中其他主体的控制和对网络中发生的事件及其结果的控制。在当今世界，互联网已经延伸到各国政治、经济、文化、社会和军事等各个角落，对世界的塑造力和影响力越来越大，战略地位越来越突出，网络空间已经成为各国新的竞争场。作为一种现代技术手段和信息传播工具，网络一诞生几乎就成为国与国之间利益争夺的工具，这种情形催生了一种新的霸权形式——网络霸权。网络霸权是指利用技术优势，妨碍、限制、压制其他国家对信息的获取和运用，甚至通过垄断信息技术来控制别国的信息来源及传播，以谋求经济、政治和军事利益。互联网行业高速发展，以美国的网络霸权表现尤为明显，其利用其互联网发源地、掌控互联网主动脉、握有互联网核心技术等优势，控制着全球互联网新媒体，并将互

---

① 卜建华：《极端网络民族主义倾向的表现及其批判》，《中共银川市委党校学报》2011年第13期。

网新媒体作为其政治、经济、文化、社会和军事战略的重要平台，逐步建立起网络霸权。网络领域的单极格局已成事实，美国谋求成为网络霸主的目的遭到多数国家的反对，包括中国在内的各国纷纷加强网络安全建设和顶层设计。

（二）网络霸权的主要表现——以美国为例

从互联网的发展历史看，美国具有得天独厚的优势，它既是互联网技术最主要的发源地，也是网络根域名解析服务器最大的控制国，它仍然谋求现实世界霸权国身份在虚拟世界的扩展和延伸。美国的网络霸权主要表现在以下几个方面。[①]

第一，网络管理霸权。互联网新媒体起源于美国，美国凭借这一优势拥有世界互联网的管理权。目前，全球有 13 台域名根服务器，其中 1 台主根服务器和 9 台副根服务器都设在美国。所有根服务器、域名体系和 IP 地址等均由美国商务部授权的互联网域名与号码分配机构统一管理（ICANN）。理论上说，美国通过这些根服务器能够轻易地进行全球性情报窃取、网络监控和攻击，可谓紧紧控制着全球互联网的"总闸"，成为网络世界中的霸主，在必要时可瘫痪别国网络。例如，2003 年伊拉克战争期间，美国就终止了伊拉克顶级域名". iq"的解析服务，造成伊拉克网络服务的全面瘫痪。2004 年，由于与利比亚在顶级域名管理权问题上发生争执，美国终止了利比亚的顶级域名". ly"的解析服务，导致利比亚从网络中消失了 3 天。

美国独掌互联网根服务器的状况令许多国家担忧和不满。许多国家提出，互联网作为全球化的重要技术平台，其管理不应当由 ICANN 来管理，应当由联合国或者联合国下属的国际电讯联盟（ITU）来管理。然而，对于这些意见，美国总是以各种理由进行反对。2012 年 12 月 3

---

① 于柳箐：《美国网络霸权浅析》，《信息安全与通信保密》2014 年第 10 期。

日，国际电信世界大会期间，针对俄罗斯提出的成员国应该平等地管理互联网数字、名称、地址分配等内容的提案，美国代表团团长克莱默明确表示"我们不会支持任何为方便内容审查或阻止信息和思想自由流动而拓宽国际电信规则范围的努力。"① 美国拒绝交出国际互联网管理权的一个重要原因，就是为了让网络空间成为保证其繁荣和安全的平台，成为其推广价值观并削弱对手国家的工具。

第二，利用社交网站进行街头政变。随着社交网站日益深入各国年轻人的生活，美国政府便开始利用这些网站进行煽动，促使他们走上街头，发动政变。2009年摩尔多瓦出现暴力示威活动，"推特"（Twitter）等社交网站在此次事件中起到关键作用，因此被媒体称为"Twitter革命"。在2010年年底爆发的阿拉伯之春中，美国更是将网络政变推向了顶峰，通过阿拉伯的"脸谱一代"可轻而易举的策动一次街头政变。美国利用社交网站散布对他国家不利的信息，并对出现的骚乱煽风点火。各国政府在应对国内民众抗议时感到无所适从，无法有效收集抗议活动的相关信息，也无法找到抗议活动的组织者。

第三，通过NSA进行秘密监听——"棱镜计划"。棱镜计划是一项由美国国安局（NSA）自2007年起开始实施的绝密电子监听计划。该计划的正式名号为"US-984XN"。美国中情局前特工斯诺登披露，从2007年以来，美国国家安全局和联邦调查局（FBI）要求微软、雅虎、谷歌等9大网络巨头，提供用户的网络活动信息，试图直接进入一些互联网大公司的服务器，该项互联网信息筛选项目代号为"棱镜"。尤为令人不安的是，到目前为止美国安全部门已经搭建了一套基础系统，能截获来自全世界的大量用户计算机数据。由这些特点可知美国在网络上对他国的控制是如此轻而易举，甚至会干涉威胁别国管理、挑起国家内

---

① 沈逸：《博弈互联网主导权》，《东方早报》2012年12月11日。

部纷争、窃听国家信息等,美国谋求网络霸权行为加大全球发生网络战的风险,威胁了地区与世界和平。

第四,网络军事霸权。美国是世界上第一个提出网络战的国家,也是第一个将其用于实战的国家。奥巴马政府时期,美国网络空间发展战略基本成形,美军网络战力量加紧在全球布局。为计划、协调、组织和实施各类网络空间作战行动,2009年6月,美国国防部宣布创建全球第一个网络战司令部。2009年,白宫出台了《网络空间政策评估》报告,2010年2月发布了《四年防务评估报告》,首次将网络空间作战和网络攻击威胁列为新形势,并要求美国为大规模网络冲突作准备。2011年5月,白宫推出《网络空间国际战略》,称美国将通过多边和双边合作确立新的国际行为准则,高调宣布"网络攻击就是战争",表示如果网络攻击威胁到美国国家安全,将不惜动用军事力量,把"网络威慑"作为美军维护国家利益和网络安全的重要指导方略。[1] 2013年3月,美国网络司令部司令亚历山大在国会宣布,将新增40支网络战部队,其中13支明确用来实施全球网络攻击。这40支网络战部队将在未来3年内组建完毕。此外,美国还积极制定网络战规则。北约网络防御中心邀请了20名法律专家,在国际红十字会和美国网络战司令部的协助下撰写了一本《塔林手册》。北约助理法律顾问Abbott在《塔林手册》发行仪式上说,手册发行是"首次尝试打造一种适用于网络攻击的国际法典",是目前"关于网络战的法律方面最重要的文献,将会发挥重大作用。"[2] 由此可见,美国及其北约盟国利用《塔林手册》抢占网络战规则制定权的意图非常明显。

---

[1] The White House, *International Strategy for Cyberspace: Prosperity, Security, and Openness in a Networked World*.

[2] 逯海军:《美军秘密制定网络战规则》,《中国青年报》2013年5月24日。

(三) 网络霸权的影响——以美国借助网络霸权遏制中国为例

国际战略上，美国对于中国的崛起实施了遏制。在互联网上，美国自然而然凭借网络霸权展开了对中国的遏制与围堵。①

第一，通过高技术手段窃取中国信息。德国《明镜》周刊根据美国国家安全局前雇员爱德华·斯诺登提供的文件于2014年3月22日在其网站上报道：美国国家安全局监控中国领导人和企业。美国针对中国进行大规模网络进攻，并把中国领导人和华为公司列为目标。美国情报机构攻击的目标包括中国前国家主席胡锦涛、商务部、外交部、银行和电信公司。中国互联网新闻研究中心5月26日发表的《美国全球监听行动记录》中，中方称美"棱镜"项目对华窃密属实，记录指出，美国的监听行动涉及中国政府和领导人、中资企业、科研机构、普通网民、广大手机用户等群体。

第二，以网络自由为名，力推中国发生所谓的变革。近几年来，美国一直鼓吹网络自由，大打网络自由牌，借机输出美式政治价值观和民主、人权理念，塑造符合美国国家利益的世界。近年，美国大肆炒作谷歌公司退出中国事件，抨击中国不讲网络民主，阻碍互联网的国际自由联通。同时，美国积极鼓吹保护网上人权，就如同在网络以外保护人权一样，将网络人权界定为个人在互联网上自由表达观点、向领导人请愿的权力，反复强调集会与结社同样适用于网络空间，美国支持世界各地人民享有这一自由，企图掌控虚拟世界人权定义的话语权。

第三，以国家安全为名，阻碍中国相关企业走向国际化。作为全球第二大通讯供应商，中国的华为公司十几年以来一直希望能够进入美国市场，但美国的国家安全审查成为华为不可逾越的一座高山。近年来华为多次在美国展开企业并购，均因美国政府及议会阻挠而不了了之，美

---

① 吴则成：《美国网络霸权对中国国家安全的影响及对策》，《国防科技》2014年第1期。

方的主要理由是质疑华为偷窃美国公司机密并为中国间谍活动提供便利,但实际上美国从来都没有找到相关的证据。保护知识产权、保护垄断地位就成为美国称霸网络世界的重要一环,对于发展迅速的中国科技企业美国自然是时刻保持警惕。

六 侵犯知识产权

(一) 知识产权概述

互联网作为一种新媒体日益成为一种不容忽视的知识传播方式。在网络时代,知识产权很容易受到他人的侵犯,而权利人难以控制。

知识产权(Intellectual Property)是法律赋予人们对脑力劳动创造的精神产品所享有的权利。目前,个人和组织保护知识产权的方式主要有商业机密、商标和服务商标、专利权、著作权。[①]《民法通则》第94条规定:"公民、法人享有著作权(版权),依法有署名、发表、出版、获得报酬等权利",第95条规定:"公民、法人依法取得的专利权受法律保护"以及第96条规定:"法人、个体工商户、个人合伙依法取得商标专用权受法律保护",这是我国民法对知识产权保护做出的最基本的规定。随着数字技术和网络技术的发展成为社会发展的趋势和潮流,网络知识产权也是值得关注的话题。网络知识产权是由数字网络发展引起的或与其相关的各种知识产权,包括数据库、计算机软件、多媒体、网络域名、数字化作品以及电子版权等。

由于网络知识的产生、使用、传承与传统知识有所不同,从而就造成了网络知识产权的特殊性:一是无形性在网络知识产权当中有所加深。知识产权本来就具有一定的无形性,但是知识产权在传统环境与网

---

① [美]迈克尔·J. 奎因:《互联网伦理:信息时代的道德重构》,王益民译,电子工业出版社2016年版,第154—187页。

络环境当中的状态是不一样的。在传统的环境当中，知识的结果一定要与一些物质相结合，把所得的知识附加在一定的产物上，从而形成具体化的知识体。但是在网络环境下，知识的成果都是以信息数据的形式存在的，网络当中的任何知识都只是一段网络代码，借助网络的平台和终端在网络的世界中传输，从而让人们在荧光屏幕前感受到网络知识的虚拟性。正是因为网络知识成果的这种特性，给知识产权的保护带来的新的挑战与难题。二是知识产权的专有性弱化。传统知识产权的所有人享有实施、管理、收益等合法权益，非权力所有人不能使用该知识产权作为商品使用。由于网络的特殊性，计算机用户在网络中可以随意得到知识。知识在网络当中就是一串数据，任何人想使用都可以粘贴复制为自己所用。三是知识产权地域性降低。知识产权在传统环境下具有很强的地域性，其知识的地方特点都非常明显，可以说知识权力从产生到使用都符合国家法规与国际规定。网络环境当中，可以说是没有国家与国家之间的概念，就算有也非常的模糊，知识的成果可以在全球的互联网当中随意传播，而且传递的时间也非常短，从而让知识的地域性消弱。四是知识产权的时间性缩短。传统知识只在法定时间当中才受到法律的保护，在法定的时间之外就不再受到法律的保护，致使知识进入公共环境当中，任何人都可以使用和占有，并且触犯国家的相关法律。在以往的时间当中，知识成果从产生到传统最后收回成本需要很长的一段时间，由于网络技术的加入，可以让知识的传递速度全面提升。例如，一件刚发布的新产品或者科技在互联网上发布，过不了五分钟就可以传遍全球的各个角落，这种高速度的传遍，无形当中也减少了知识产权的保护时间，从而让知识成果变得不再那么贵。[①]

[①] 陶月娥：《论侵犯网络知识产权犯罪》，《辽宁警专学报》2005年第6期。

(二）侵犯知识产权的形式

网络知识产权受到普遍的忽视，首先是缺乏保护知识产权的传统，人们保护网络知识产权的意识比较薄弱，再加上保护知识产权的法制建设相对滞后，所以网络知识产权侵权事件每天都在大量地发生。总体来说，网络中的知识产权的侵犯主要有三种形式：第一，网络主体对网络外社会中知识产权的侵犯。如"百度文库部分非授权作品涉嫌侵权"是网络主体对网络外社会中知识产权侵犯的典型案例。事件起因是百度文库收录了多位著名作家的作品并对用户免费开放，任何人都可以下载阅读，但没有取得任何人的授权。于是2011年3月15日贾平凹、韩寒、李银河等50名作家联合署名，发布《三一五讨百度书》以相当激烈的言辞讨伐百度文库的侵权行为，此案在维护著作人合法知识权益问题上敲响了警钟。第二，网络主体对网络主体知识产权的侵犯。例如早前李叶飞和韩燕明注册的名为"拍客"适于电子出版物、计算机程序等用途的商标已被核准使用。从2012年底新浪公司在新浪网、新浪微博上推出"新浪拍客"安卓版和"新浪拍客"苹果版，供用户免费下载。李叶飞和韩燕明认为新浪公司在软件客户端上使用"拍客"字样属于在同一种商品上使用与其注册商标相同的标识，侵犯了其注册商标专用权，据此请求法院判令新浪公司停止侵权。第三，社会主体对网络主体知识产权的侵犯。"榕树下"诉中国社会出版社——国内首例因下载出版网络原创作品引发的侵犯著作权就是一个典型案例。"榕树下"作为一个大型中文原创作品网站，短时间内汇集了一大批有才华的网络原创作者，不少网络文学作品也在网民中流传甚广。然而中国社会出版社也出版了一套"网络人生系列丛书"，从"榕树下"网站收入了不少著名的网络作品，如《我的轻舞飞扬》《男孩喜欢和什么样的女孩聊天》等多位作者的9篇文章，这些作者都与网站签订了著作权许可使用合同，且该网站也获得了他们的作品在全国范围内的专有出版权。但中国社会出版权未经许可擅自出版了这些文章,即侵犯了"榕树下"网站的著作权。因此,中国社会出版社被"榕树下"以侵犯专有出版权为由起诉。

(三) 互联网新媒体环境下易于侵犯知识产权罪的成因

就我国立法而言,目前多数非刑事法律均做出了有利于网络知识产权保护的应对措施,如扩大保护范围、取消目的要件、增加权利对象。然而现实中我们看到的却是侵犯网络知识产权的现象日益猖獗,当已经存在颇具规模的法律规范的前提下,侵犯知识产权的行为却失于规制往往出于很多原因。[①]

一方面,传统的价值判断标准在互联网新媒体上丧失了其规范制约机制。由于我国社会尚未形成知识产权的权利意识,侵犯知识产权的行为在一定程度上被部分群体所认可。很多人认为,知识产权是权利人的私事,即便有害于社会,也完全可以通过行政救济或民事救济得到补偿,无须动用严厉的刑事制裁方式。一般来说,人们对偷窃钱包的贼是深恶痛绝的,但对网上"盗窃"知识产权的行径却没有那样的切肤之痛。相反,对网上盗窃知识产权,公众流露出的对技术的赞赏要超出对犯罪的鞭挞。其结果是那些在计算机上实施罪行的人,不仅没有负罪感,反而津津乐道地吹嘘自己的计算机操控水平。传统的价值判断标准和规范制约机制在网络上基本失去意义。是非观念、善恶标准变得模糊不清,主体基本上处于一种准失范或者失范的状态之中。

另一方面,网络环境的特殊性和知识产权的特殊性成就了侵犯知识产权的新特点。众所周知,知识产权具有无形性和可复制性,互联网具

---

① 蒋华超:《论网络知识产权侵权纠纷中的保全证据公证》,硕士学位论文,华东政法大学,2013年。

有无形性和无地域性。两相交互,客观上成就了侵犯知识产权的新特点。互联网环境下,通过先进的数字技术瞬间可将所获取的作品变成不需要特殊技术能力的简单操作。数字化作品在网络传输过程中具有"安全"无损耗、成本低、速度快等优特点。只要将作品转换成数字形式就可依赖该数字版本制作出无数个与原件相同的复制品。并且任何人都可以通过便捷的方式在网上获取和传送信息,其结果是专门的盗版者与最终用户中的复制者的分界线变得模糊。这意味着,网络技术与知识产权数字化的联姻大大降低了知识产权侵害的自然障碍,使得网络知识产权无法像有形产品那样被权利人实际控制和掌握,从而极易受到侵犯,侵权行为人的目的则更易得逞。其结果是网络知识产权随着计算机技术的飞速发展和网络技术的日新月异被置于更易受到侵害的处境中。

(四)侵犯知识产权的伦理困境

对于如何尊重和保护信息网络化中的知识产权与保持信息共享的矛盾是在互联网时代探讨侵犯知识产权伦理困境必须面对的一个重要问题。有学者认为由于网络自身的特点,使侵犯知识产权的事件相对于传统社会更容易发生,而且边际成本更低,所以对知识产权必须实行更强有力的保护,否则将挫伤创作者的创新热情,最终将不会有新的信息在网络上流通。另一部分学者提出了相反的看法,他们反对限制网络信息自由流动的做法,加强保护知识产权将阻碍信息流动的通畅,主张在信息庞杂的互联网世界要削弱知识产权,信息应当自由共享,认为信息共享可以使信息、资源得到充分利用,尽可能降低全社会信息生产的成本,推动社会进步。以"谷歌侵权门"关于打造谷歌数字图书馆案为例,据报道称谷歌数字图书馆涉嫌大范围侵权中文图书,570位权利人17922部作品未经授权便被谷歌扫描上网,此举引起众多中国作家公愤。一方面,数字图书馆打破了时间和空间的限制,只要能上网就可以方便查找相关信息，使人们有机会接触到国内外重要文献，为科研工作提供了便利，推动社会科学研究。同时帮助人们在更大范围内共建共享信息资源，尽可能实现信息利用最大化，减少收集信息成本。在这一过程中，我们都知道信息的生产需要创造性的发挥和投入，信息传播者以合理途径传播需要投入大量资金。因此保护信息生产者和传播者知识产权，通过信息产品的销售来收回成本和赚取利润，这是合乎道德的。另一方面，谷歌却未经作者本人、出版商许可就将图书扫描，并通过互联网向用户提供，构成了对著作权和出版权的侵犯，损害利益主体合法权益，此做法是不公平、不道德的。这形成了保护知识产权和侵犯知识产权以实现信息共享之间不协调的局面。

七　个人隐私

（一）个人隐私概述

随着互联网新媒体应用的普及和人们对互联网新媒体的依赖，网络安全问题也日益凸显。恶意程序、各类钓鱼和欺诈继续保持高速增长，同时黑客攻击和大规模的个人隐私泄露事件频发，与各种网络攻击大幅增长相伴的，是大量网民个人隐私的泄露。个人隐私是私人秘密或生活秘密，指个人在生活中不愿让他人知晓或者不愿向外界公开的秘密，如私人空间、个人居所、日记相册、电话短信，以及不愿意公开的情报、资料、数据、财产状况、健康状况等信息，这些各种各样的秘密在法律上即称为隐私。[①] 学界对隐私的研究非常多，但是至今没有一个相对明确的定义。个人隐私的定义主要分为两类：基于价值的定义法，将隐私作为一种人权，是社会道德素质体系的一部分；基于同源的定义法，将

---

① ［美］迈克尔·J.奎因：《互联网伦理：信息时代的道德重构》，王益民译，电子工业出版社2016年版，第204—245页。

隐私与人的思想、感知等融为一体,将隐私看作一种状态,表示个人和他人之间的交易控制,其目的就是减少泄密。

互联网新媒体作为一种新型传播媒介,它的发展使人们的私密信息、私人空间、私人生活在网络中不断被侵扰,而对隐私权的传统保护方式已经远远不能满足时代的需求。总之,在网络时代下个人隐私保护是基于网络技术发展的新要求,并呈现出以下特点[①]:第一,个人隐私的数据化。在互联网时代环境下,个人的信息广泛地分布在网络中,通过对网络数据的整合实现了对个人信息数据的归纳与统一,和对个人隐私数据的掌握。例如到银行办理业务、购买机票和车票、办理手机业务、计算机和手机上网、购物等日常活动都会产生个人的敏感数据,这些数据会被企业所收集,然而企业在保护个人信息的时候安全措施不到位,管理制度不健全,从而导致个人信息泄露。第二,个人隐私的商业化。个人隐私被泄露的重要因素就是二次利用存在市场价值,因此在大数据竞争市场环境下,个人隐私数据化之后,必定会带动个人数据交易现象的出现,个人数据被用来交易的现象越来越普遍。如在网上交易时,消费者在网站注册、填写订单、支付等过程中需要输入自己的个人信息(姓名、联系电话、电子邮箱、家庭地址、银行账号等内容),如果商家不注重对消费者信息的保护,甚至有时为了一己私利出卖、泄露消费者的个人信息,这样容易造成个人信息被滥用或盗用,对消费者的工作、生活带来很大的影响。第三,个人隐私换取个性化服务。基于网络技术的发展,可以通过对个人数据的分析来为用户提供针对性的服务,相关企业通过对个人数据的分析,掌握个人习惯、特点等信息,尤其是通过对数据库之间的共享和线上、线下数据的融合为个人提供了精

---

① 陶茂丽、王泽成:《大数据时代的个人信息保护机制研究》,《情报探索》2016年第1期。

准的服务。例如淘宝网上商品的搜索查询记录和打开的网页都会被记录下来,当你输入一个新的查询项目时,它可以利用这个信息去推测消费者感兴趣的内容并且显示用户可能正在寻找的页面,而且还会根据这些信息定期在网页上更新相应商品内容以满足消费者需求。

(二) 个人隐私泄露原因

1. 我国相关立法体系的不完善

随着互联网新媒体信息技术的不断发展,各种数据信息会不断地被计算机网络所采集,例如到银行办理业务、购买机票和车票、办理手机业务、计算机和手机上网、购物等都会产生个人的敏感数据,这些数据会被企业所收集。基于利益的驱使,部分企业或者个人利用不正当手段倒卖个人信息,而且此种现象越来越突出,虽然经过公安等部门的严厉打击,近些年摧毁了一些不法窝点,但是此种现象仍然存在。究其原因主要是我国法律体系的不健全,尤其是缺乏对个人隐私保护的直接法律体系,人们在受到个人隐私泄露之后更多的是以保护名誉权等方式间接实现,增加了追究侵权的成本。另外在救济方式的选择上也存在局限性,例如在面对个人隐私侵权的时候,我国法律更多的是以停止侵害、恢复名誉、消除影响的方式进行,然而个人隐私一旦被泄露就会造成难以估量的损失,但是在实践中由于缺乏具体的损失衡量细则,导致难以操作。[①]

2. 用户缺乏个人隐私保护意识

基于互联网新媒体技术在社会生产生活中的广泛影响,个人隐私会以各种形式存在于网络中,虽然绝大多数的网络应用软件建立了多种保护措施,但是仍然存在个人隐私被泄露的问题。一方面是由于用户不懂得应用软件的保护功能,例如针对网络风险应用软件都会设置相应的安全保护功能,但是大多数用户在使用中缺乏安全意识,不了解相关的安

---

① 刘映花:《新媒体环境下个人隐私的保护》,《青年记者》2015年第13期。

全设置，导致功能没有被利用，从而加剧了使用风险；例如爆发的"勒索"病毒就是因为用户没有及时给操作系统打安全补丁，从而导致病毒大规模的传播。另一方面用户的个人隐私保护意识不足。基于社交软件的应用，越来越多的用户在手机上不仅有交易软件，还下载了各种社交软件，一些用户在使用相关软件时缺乏安全保护意识，结果给不法分子造成了可乘之机，例如某品牌手机内置的客户地理信息追踪系统就对用户的个人信息进行实时的监测，造成了个人隐私泄露。

3. 社会个人隐私保护环境氛围的影响

良好的社会氛围是营造保护个人隐私的重要举措，然而目前我国个人隐私保护的社会氛围还不高，具体表现在以下几个方面：一是相关部门对个人隐私保护的宣传力度投入不足。虽然每年政府有关部门会在固定的日期开展信息安全宣传活动，但是此种宣传没有形成常态化，难以起到净化环境的效果。二是没有处理好软件服务供应商利润与个人隐私保护公益性质之间的关系。保护用户信息是企业基本的准则，也是企业树立良好社会形象的关键因素，然而企业是以盈利为目的的，因此在巨大利益面前，企业往往受到经济利益的诱惑而侵犯用户的合法权益，因此需要解决企业利益与用户信息保护之间的利益冲突问题。三是社会公德意识的降低导致个人隐私保护文化氛围不高。在市场经济环境下，越来越多的企业在金钱面前"低下头"，为了获得经济利益，毫无顾忌地侵犯用户的隐私。而用户为了满足个人好奇心也无形中积极参加各种个人隐私泄露活动，例如"人肉搜索"虽然具有一定的社会价值，但是其无形中侵犯了用户的个人隐私，加剧社会信息保护风险。

（三）泄露个人隐私的伦理困境

信息技术的迅速发展推进了微博、Facebook等社交网络发展，使人与人之间的沟通交流更为便捷，社会信息资源也能得到利用的最大化。同时在网络社交平台聚集了广大用户的个人信息环境下，保护个人隐私是一项社会基本的伦理要求，也是人类文明进步的重要标志。然而在网络时代下，社交平台为达到某种目的泄露个人信息和保护个人隐私的义务之间出现了严重的道德冲突。譬如，2018年"脸书（Facebook）泄露用户数据"是如今最受关注的关于个人隐私泄露事件。据美国中文网称，Facebook承认英国数据分析公司"剑桥分析"在2016年美国大选前违规获得了5000万Facebook用户的信息，并成功地帮助唐纳德·特朗普赢得了美国总统大选，该事件曝光后遭到众多用户、业界、监管者的指责。Facebook作为网络社交平台，掌握了用户几乎所有的真实信息，其有义务保护用户的个人信息，未经信息权利人同意，他人不得擅自使用这些信息，但为赢得总统选举而泄露了个人信息，严重侵犯了用户的隐私权。

八　黑客、计算机病毒

（一）黑客和计算机病毒概述

1. 黑客概述

"黑客"一词是由英语"Hacker"音译过来的，它最早出现是在20世纪60年代，起先是指专门研究、发现计算机和网络漏洞的计算机爱好者。[1] 黑客对计算机有着狂热的兴趣和执着的追求，他们不断地研究计算机和网络知识，发现计算机和网络中存在的漏洞，喜欢挑战高难度的网络系统并从中找到漏洞，然后向管理员提出解决和修补漏洞的方法。日本在《黑客词典》（第二版）中把黑客定义为："喜欢探索软件程序奥秘，并从中增长了其个人才干的人。他们不像绝大多数计算机使用者那样规规矩矩地了解别人指定了解的狭小部分知识"。换言之，黑

---

[1] ［美］迈克尔·J. 奎因：《互联网伦理：信息时代的道德重构》，王益民译，电子工业出版社2016年版，第295—299页。

客是指那些通过非法途径进入别人的网络寻找意外满足的人。由此对黑客可定义为:"精通计算机技术,并利用这种技术在未经同意的情况下进入计算机信息系统的人。"在互联网上,存在很多设定了密码、指令等访问权限的区域,这些区域中,往往包含了军事、商业等各种机密以及个人隐私。① 黑客则以打破常规、挑战约束为追求,力图突破或绕过设定的关卡,进入限制区域。据统计,当今世界平均每 20 秒钟就有一起黑客事件发生,许多黑客事件给社会正常运转和人们生活带来了严重干扰:如 2013 年 3 月,欧洲反垃圾邮件组织 Spamhaus 遭遇了史上最强大的网络攻击,黑客在袭击中使用的服务器数量和带宽都达到史上之最,黑客使用了近 10 万台服务器,攻击流量为每秒 300GB,使得欧洲大部分地区的网速都减慢。2013 年年末,美国折扣零售商 Target 宣布正值假日购物高峰季,其 1.1 亿个用户账户遭到黑客攻击。黑客从为 Target 提供暖气和空调服务的公司盗取了 Target 的登录信息,然后侵入其支付系统中,并从 7000 万个在线账户中盗走了 4000 万个信用卡号以及卡主个人信息,导致大量个人信息泄露。

黑客会采用不同方式攻击网络,常用的方式有以下几种②:一是通过口令入侵,也就是利用一些软件将别人加密的口令文档打开。这是目前黑客惯用的攻击网络的主要手段,利用一种能够屏蔽或绕开口令保护的程序而攻击计算机,使得攻击计算机网络系统变得轻而易举。二是采用特洛伊木马手段,即在计算机用户的合法程序里安装一个能够帮助黑客达到不可告人目的的特定程序,使得用户的合法程序代码被黑客的程序代码所替代,用户只要触及这一代码,这一代码在不知不觉中被激活,达到黑客的非法目的。采用这种攻击方式的黑客的编程能力十分高

---

① 蒋弦:《网络黑客的攻击方法及其防范技术研究》,《数字技术与应用》2015 年第 2 期。
② 吴秀娟、徐骁:《浅析黑客攻击与网络安全技术的防范》,《电脑知识与技术》2013 年第 17 期。

超,而用户更改代码又需要一定的权限,使得这种攻击防不胜防。除以上两种攻击手段之外,还有一种更具隐蔽性的攻击手段,也就是通过监听手段来攻击计算机,亦称监听法。这是由于在网络上的任意一台主机只要发送数据包,都必须经过网络线路传输才能到达目标主机,且在这一网络路线上的主机都能监听到这些传输数据信息。通常情况下,网卡对这些数据包只进行简单的判断和处理,假如数据包的目标地址和网卡一致,则统一接收这一数据包。反之,假如目标地址和网卡不同,则拒绝接收这一数据包。但是假如把网卡设置成杂凑模式,那么不管目标地址与网卡是否一致,一律接收经过它的数据包。而黑客就是利用了这一原理,把网卡设为杂凑模式,并截流经过它的数据包并加以分析,从而对敏感的数据包做出进一步分析。比如含有用户名和密码等字样的数据包经过时,黑客将其截流并加以分析,以达到攻击发该数据包主机的非法目的。这样的攻击手段通常需要进入攻击目标主机所处的局域网之内,选择一台主机即可进行网络监听,假如在一台具有路由器功能的主机或者路由器上实施监听,则能获得更多数据信息。[①]

2. 计算机病毒概述

(1) 计算机病毒含义与特点

计算机病毒(Computer Virus)在《中华人民共和国计算机信息系统安全保护条例》中被明确定义,指"编制者在计算机程序中插入的破坏计算机功能或者破坏数据,影响计算机使用并且能够自我复制的一组计算机指令或者程序代码"。与医学上的"病毒"不同,计算机病毒不是天然存在的,是某些人利用计算机软件和硬件所固有的脆弱性编制的一组指令集或程序代码。它能通过某种途径潜伏在计算机的存储介质(或程序)里,当达到某种条件时即被激活,通过修改其他程序的方法

[①] 何正玲:《黑客攻击与网络安全防范》,《内蒙古科技与经济》2011年第11期。

将自己的精确拷贝或者可能演化的形式放入其他程序中,从而感染其他程序,对计算机资源进行破坏。①

计算机病毒具有破坏性、传染性、潜伏性和触发性、隐蔽性、寄生性。其中,破坏性体现在对计算机程序和数据起破坏作用,影响计算机运行速度、程序运行、硬件使用。传染性体现在计算机病毒一旦被复制或产生变种,其传染速度之快、程度之甚,令人难以置信。传染途径主要是"共享",如硬盘、光盘等的共享,还有网络共享,网络共享是当前计算机病毒传染的最主要途径。还有些病毒具有潜伏性和触发性,它像定时炸弹一样,什么条件下发作是预先设计好的。比如CIH病毒,不到预定条件一点都察觉不出来,等到条件具备的时候,病毒被触发并对系统进行破坏。隐蔽性表现为有的计算机病毒不能通过病毒软件检查出来,有的时隐时现,变化无常。寄生性主要指计算机病毒寄生在其他程序或数据文件磁盘数据区之中,当程序或数据文件、数据区使用时,病毒就可能对计算机进行破坏,而在此之前,它是不易被人发觉的。

(2) 计算机病毒分类及原因

通常情况下,计算机病毒发作都会给计算机系统带来破坏性的后果,那种只是恶作剧式的"良性"计算机病毒只是计算机病毒家族中的很小一部分。大多数计算机病毒都属于"恶性"计算机病毒,其发作后往往会带来很大的损失。②

计算机病毒按寄生方式可分为引导型病毒、文件型病毒和混合型病毒;按破坏情况可分为良性计算机病毒和恶性计算机病毒;按攻击的系统分为攻击 DOS 系统的病毒和攻击 Windows 系统的病毒。计算机

---

① 陈显来:《保护计算机网络安全及防范黑客入侵措施》,《信息与电脑》(理论版) 2010 年第 10 期。

② 丁媛媛:《计算机网络病毒防治技术及如何防范黑客攻击探讨》,《赤峰学院学报》(自然科学版) 2016 年第 28 期。

病毒的产生是计算机技术和以计算机为核心的社会信息化进程发展到一定阶段的必然产物，它的产生是计算机犯罪的一种新的衍化形式，不易取证、风险小、破坏大，从而刺激了犯罪意识和犯罪活动。计算机软硬件产品的脆弱性也是计算机病毒产生的另一个原因，也是最根本的原因。

通过上文对黑客和计算机病毒的阐述，可简单理解到，黑客是一些能用计算机程序等一些非法渠道入侵别人计算机的人的代号。计算机病毒是一种计算机程序。黑客是攻击网络的主体，而计算机病毒可被视为攻击网络的工具。

（二）黑客、计算机病毒对社会的危害

在当今，特别是计算机网络高速发展的时代，计算机病毒传播迅速。一方面，病毒自身具有较强的再生机制，同时迅速扩散和传染，病毒一旦发作，轻则影响机器的运行速度，使机器不能正常运行，重则内容丢失，给用户造成无法弥补的损失；另一方面，互联网上各种数据信息交换频繁，大大增加病毒接触不同用户的机会，像电子邮件中所携带的病毒，令人防不胜防。在网络上，计算机病毒破坏性极强，这将给企业和个人造成不可估量的损失。①

黑客入侵问题是网络安全中最具有威胁性的安全问题，黑客威胁主要在于其侵害的深度，由于计算机网络本身就存在一定的漏洞，而这些漏洞就是黑客侵入的主要渠道，他们采取搭线、信息轰炸、盗取密码、PING 炸弹和攻入防火墙、计算机病毒等方式，破解机密文件或数据的保护钥匙，造成很多重要数据的失窃、破损甚至是无法修复，给人们、企业和国家带来的损失更是不可估量的。他们还可以肆意地窥视计算机

---

① 丁媛媛：《计算机网络病毒防治技术及如何防范黑客攻击探讨》，《赤峰学院学报》（自然科学版）2016 年第 28 期。

网络中的数据资料，非法篡改甚至是窃取，黑客的侵入一般都具有极强的经济、政治目的。黑客、计算机病毒对社会的危害具体如下。①

第一，造成个人信息泄露。例如，2016年黑客入侵教育平台Edmodo窃取超七千万教师、学生和家长账户信息。通过对营利性漏洞通知网站Leak Base提供的200多万个用户记录的样本进行验证发现，这些泄露数据包括用户名、电子邮箱地址以及散列的（hashed）密码等信息。再如加拿大贝尔公司（Bell Canada），约190万个活跃电邮地址，约1700个客户姓名以及在用电话号码遭到匿名黑客的非法入侵。由于该公司拒绝支付黑客的赎金要求，而导致部分客户数据被在线泄露。

第二，干扰社会正常秩序。例如，2017年4月，达拉斯紧急警报器系统被黑客入侵。导致该城市的156个紧急警报器被激活，警笛声持续一个小时，引发市民恐慌。在警报系统被黑之后，城市官员被迫基本上关掉整个系统，完全停用警报系统。调查后，城市官员确认了系统存在的漏洞，并且进行了及时修补。

第三，造成经济损失，破坏社会稳定。如2016年2月初，孟加拉国中央银行遭多组黑客攻击，黑客成功从孟加拉国央行在纽约联储的账户中转走8100多万美元，成为有史以来规模最大的网络盗窃案。还有美国和加拿大的银行系统正在经受恶意软件——Goz Nym的威胁，在2016年4月初在短短的3天内便盗走了400万美元。

第四，引发网络黑客混战。近年来，黑客活动开始染上政治色彩，如"索尼影业被黑客攻击"。2014年11月，据称与朝鲜有关的黑客为了让索尼影业取消发行"以刺杀朝鲜最高领导人金正恩"为主题的电影《采访》，对索尼影业发动大规模网络攻击，导致该公司的备忘录、

---

① 吴秀娟、徐骁：《浅析黑客攻击与网络安全技术的防范》，《电脑知识与技术》2013年第17期。

员工数据及企业机密曝光。在此次袭击事件发生数月后，其影响依然在持续发酵，计算机故障频发，电邮持续被冻结等，之后该公司联席董事长艾米帕斯卡也因此引咎辞职。虽然黑客在维护国家利益而阻止不必要事情发生，但这过程却对企业正常运营造成了重大伤害。事实上，这种以高科技手段为后盾的网络攻击战，极大地危害了网络的公共安全。

除此之外，当黑客非法入侵个人计算机系统时，即使没有破坏个人数据，但是黑客的行为会占用受害人宝贵的 CPU 资源，其危害性显而易见。另外，如果黑客入侵大型的网站，也许只是到处转转，留下某某到此一游的涂鸦，但是网站的工作人员需要花费大量的劳动和资源来检测网络是否遭受破坏以及网络的安全漏洞，同样黑客们的所作所为给别人带来很大的麻烦，造成了实质性的伤害。

网络空间是亿万民众共同的精神家园，网络空间天朗气清、生态良好，符合人民利益，反之，网络空间乌烟瘴气、生态恶化，不符合人民利益。互联网新媒体并非不受法律制约，任何一种利用网络进行欺诈活动、散布谣言和色情材料、进行人身攻击、煽动极端民族主义等行为都会受到制止和打击。我们需要依法加强网络空间治理和网络内容建设，加强网上正面宣传，培育积极健康、向上向善的网络文化，用社会主义核心价值观和人类优秀文明成果滋养人心、滋养社会，做到正能量充沛、主旋律高昂，为广大网民特别是青少年营造一个风清气正的网络空间。①

---

① 中央宣传部（国务院新闻办公室）、中央文献研究室、中国外文局：《习近平谈治国理政·第二卷》，外文出版社 2017 年版，第 336—337 页。

第四章 互联网新媒体伦理生态解析

第一节 互联网新媒体产业链的伦理生态

产业链的思想起源于亚当·斯密对分工的看法,在 17 世纪初期他对纺织产业的制造和生产过程进行了深入的研究。亚当·斯密认为:"产品的制造与生产需要各环节的必要劳动,这些必要的劳动由具有不同工种的劳动者来分担。"① 他描述了企业内部的一种生产销售活动的过程,当时主要研究的对象是企业生产的基本流程包括生产要素的采购与组装,通过一整套的生产劳动活动为产品消费者传递商业价值的过程。在亚当·斯密之后,经济学家马歇尔认为不仅企业内部的各工种之间存在生产分工,企业之间也通过一定的分工对最终的产品注入价值。企业间分工协作同样具有重要性,这也是产业链理论出现的真正雏形。产业链理论的诞生催生了一系列围绕相关理论的研究,在产业链研究的基础上,价值链理论和供应链理论成为产业链研究范畴中重要的研究方

---

① 转引自郭大力、王亚南《国民财富的性质和原因的研究》(下卷 Vol Ⅱ),商务印书馆 2014 年版,第 120—135 页。

向，在产业实践的应用中，价值链和供应链理论能够较好地指导产业和企业进行生产和价值创造活动，高效利用价值活动的创造、传递进行价值的增值，丰富了产业链研究的对象和方法。

一 互联网新媒体产业链

习近平总书记在主持召开网络安全和信息化工作座谈会时强调："我国经济发展进入新常态，新常态要有新动力，互联网在这方面可以大有作为。要着力推动互联网和实体经济深度融合发展，以信息流带动技术流、资金流、人才流、物资流，促进资源配置优化，促进全要素生产率提升，为推动创新发展、转变经济发展方式、调整经济结构发挥积极作用。"[1] 随着我国经济结构的不断转型优化，新媒体行业正在不断融入我国社会经济和民生生活的各个领域，成为影响中国未来发展的重要因素。新媒体平台已成为经济发展新动能，"互联网＋"成为媒体深化融合的新引擎。国家战略持续助推新媒体行业发展，传统媒体与新兴媒体通过优势互补，"一体化"发展深度影响中国社会各个层面发展。

新媒体产业是新兴技术与新型媒体的结合体，是近年来兴起的产业类型。新媒体产业主要是以数字技术、计算机网络技术和移动通信技术等新兴技术为产业发展的依托，以网络媒体、手机媒体、互动性电视媒体、移动电视、楼宇电视等新型媒体为主要产业载体，并且按照工业化标准进行内容生产与再生产的产业类型。新媒体产业是文化创意产业的重要组成部分。关于新媒体产业的定义，有学者认为："是指以数字化智能网络为基础，以点对点互动传播和社会化平台服务为核心模式与增值动力，立足于平台经济和双边市场实现生存和盈利，直接拥有或直接

---

[1] 习近平：《让互联网更好造福国家和人民》，中国网信网（http://www.cac.gov.cn/2016-04/19/c_1118672081.htm）。

互联网新媒体伦理生态及治理研究

依附于用户第一人口的软件或硬件技术开发商、内容提供商和数字网络运营商等信息传播主体,以及由这些行为主体所提供的产品、服务,所创造的用户和网络社区构成的复杂市场。"① 随着新媒体产业的发展,新媒体产业链的分工正在变得越来越清晰,上游环节向下游环节输送产品或服务,下游环节向上游环节反馈信息,产业链中大量存在着相互价值交换、信息共享和上下游关系。新媒体产业是依靠产业链的互联互通而形成的,从内容的创意到内容制作再到内容传播,内容提供商、技术提供商、网络运营商、平台提供商、终端提供商和受众在整个产业链中发挥着极为重要的作用,他们的行为一环紧扣一环,这些环节的连接形成了一条完整的新媒体产业链条。

产业链中的企业为了形成最终产品市场上的优势就必须合作,而产业链中上下游企业之间由于利益的冲突又必然会竞争。这种合作导致了产业链中企业的共存,而竞争又导致了产业链结构的优化。产业链中企业之间的合作与竞争导致了共生或共同发展。如 IBM 和它的供应商、原始设备制造商、配送服务商等构成的供应链,就是一个典型的共生产业链商业生态系统。个性化和多样性是保持生态不断进化的能力。在生态系统中的每一个企业和产品都有自己独特的位置和竞争力,不仅仅是生态帮助个体成长,个体也为整个生态做出贡献。所处的生态层次越低,企业自我控制命运的能力就越弱,因此其自身的发展也就越多地依赖于生态的进化。在生态战略的布局之下,未来考验的不是企业单打独斗的能力,而是与整个生态的协同能力。

二 互联网新媒体产业链伦理分析

互联网在应用与推广的过程当中,逐渐体现并完善了人性化、全球

---

① 周笑:《新媒体产业年度趋势解析及战略远景展望——平台全能化成为新动力机制》,《新闻大学》2016 年第 3 期。

互联化、智能化等层面的特征。但这些特征在彰显其优势作用的同时，也在客观上为其在生产、生活领域等的应用带来一些挑战，尤其是对于网络设施设备制造商、运营商、应用服务提供商以及终端设备制造商等产业链主体而言，这其中就包含了伦理层面的悖论。

伦理是一个比较抽象的名词，它是指人与人相处的各种道德准则。互联网新媒体与伦理有很强的内在联系和相关性，一方面互联网活动是人类社会活动的一种形式；另一方面在互联网新媒体环境中"信息技术改变了旧的伦理问题出现的语境并且给旧的问题加入了有趣的新花样"。① 因此，互联网新媒体的发展自然离不开伦理的规范作用。

网络设施设备制造商（产品供应商）在新媒体产业链中决定了设备功能、设备性能和设备的稳定性。也决定了设备对国际标准、国家标准、行业标准及企业标准的符合度，以及设备新媒体的经营战略分析与研究自身的开放性对新媒体业务领域投入的广度和持续性。

运营商主要包括内容运营商和基础网络运营商，内容运营商在新媒体产业链中起到的作用是将新媒体内容和应用与相关软件进行组合，成为完整的产品和服务将高附加值的服务整合其中，进行内容和应用的品牌推广和营销，提供终端用户的关注度，同时降低搜寻成本，完善终端用户小费行为的实现过程。内容运营商扮演了两个角色，一是系统整合者，协助用户设定计算机系统以便能够迅速链接上网，帮助终端用户平滑享受新媒体服务。由于相关技术和平台标准尚未完全实现标准化，所以系统整合者有存在的必要性。但当设备的硬件标准和应用平台实现了标准化后，由于设定更加便捷，内容运营商作为系统整合者的生存空间将会逐渐被上下游的战略群组侵蚀。二是通道整合者。通道整合则细分

---

① 邹雨希：《论网络技术的发展与伦理道德》（https://www.xzbu.com/9/view-3529064.htm）。

了市场目标，将各自不同的资讯内容整合到一个或者多个新媒体平台，进行整体的市场宣传，并推广具有高附加值的客户体验，为细分用户提供个性化、差异化的服务。在市场培养初期，通道整合者会有大量的竞争者参与市场份额的分配，但从长期来看，会由于战略群组内部的博弈，以及各企业与上下游企业结成的联盟合作的博弈，最终仅仅会只有几家具有规模经济效益的厂商能够存活。

基础网络运营商为新媒体产业链创造价值主要有全面部署网络、配送或传输的基础设施建设支撑；创建业务和品牌，主导上下游合作；释放新媒体业务发展潜能；打造以运营商为核心的新媒体价值链，促进整个产业链的形成和完善。中国的基础网络运营商主要有中国电信、中国网通等固网运营商，以及中国移动、中国联通等移动网络运营商，还有就是广电阵营的全国有线、数字地面、移动多媒体运营商，一起构成了中国的基础网络运营商。各个领域的基础网络运营商渐渐难以将彼此的业务界限像以往那样分得一清二楚，造成一定程度的恶性竞争和大量的重复投资，三网融合的要求越来越迫切。

应用服务提供商提供的产品将直接影响新媒体的内容和应用的丰富性、性价比以及差异化服务的程度。新媒体内容和应用服务提供商是专业化程度很高、同时也是力量比较分散的行业。他们创造并提供新闻、音乐、影视节目、生活资讯、医疗健康、体育和财经等双向或单向资讯，提供点播、互动或单机网络游戏和手机游戏、博彩互联网与手机、家庭多媒体多界面互动的多媒体跨平台应用等，是新媒体产业的基础价值创造者，他们的劳动成果是加强客户新性，保持新媒体蓬勃发展的最根本的驱动力。新媒体内容和应用服务供应商可以根据是来源于传统媒体力量还是新兴媒体力量分为两个部分，来源于传统媒体的内容和应用服务供应商借助于内容运营商和基础网络运营商的力量，将原本置于传统媒体平台的内容和应用移植到新媒体平台，短时间内极大丰富了第

四、第五媒体的内容空间。这些传统媒体的力量有电视台、影视公司、唱片公司、专业的内容制作机构和自由歌手、自由撰稿人及其他自由创作人等。除目前广泛可见的将传统媒体内容向新媒体平台大量移植外，越来越多的新媒体从业人员已经意识到应该为新媒体平台量身定做更适合新媒体的内容，以及为新媒体挖掘和创造更富创意的应用。从某种程度上来说，在未来新媒体平台内容为王的时代，只有能够真正适应新媒体平台特点的优秀内容和应用服务，才能真正承载起新媒体平台的商业价值。

网络设施设备制造商（产品供应商）的核心竞争力体现在标准制定、联盟的能力、固定网络或者移动网络组全线产品支援、从端到端整体解决方案的完善程度、低成本的整合能力、跨系统的合作能力等方面；运营商中内容运营商的核心竞争力主要体现在对用户需求的把握能力、创造能力、运营平台的研发与维护能力、新媒体内容应用的整合营销能力以及运营平台的上下游整合能力上，基础网络运营商的核心竞争力则主要体现在品牌优势、兼顾品质与成本的服务提供能力、网络扩容能力、网络稳定能力、新兴应用的发掘、传递和对用户、市场潜在需求的引导能力以及与下游厂商的合作能力上。

终端设备制造商的核心竞争力体现在供应链整合能力、由简单的整机技术研发能力转变为对应用和产业链的把控能力、创新性、生产能力、营销能力等方面；应用服务提供商的核心竞争力体现在对用户、市场和产业链需求的把握能力、创新意识和创造能力、内容的丰富性和拓展发行能力以及成本控制能力等方面；

由此可见，新媒体产业链上的战略群组间的核心竞争力有很大差别，似乎说明实力强大的战略群组有能力相互渗透和介入有相当门槛限制的战略群组。但实际上，信息技术的发展促进技术和各个环节的日益开发，同时政策环境也出现日趋自由的趋势，使得各个战略群组间的进入门槛大大降低。每个生产链上战略群组的企业都有可能出现潜在的竞争者，同时另外的战略群组会可能形成稳固的行业联盟。新媒体产业随着蛋糕越来越大，形成了错综复杂的合作竞争局面。

第二节　互联网新媒体载体可靠性的伦理评价

一　关于硬件和软件

新媒体的发展历程与互联网系统的完善与运营情况息息相关。硬件体系结构的发展主要体现在两个方面：一是研制新型计算机体系结构，提高并行计算和处理能力，并特别体现在智能体系结构的理论和应用方面；二是以硬件或固件为发展主线的大规模集成电路的研制和开发。也许，在未来的几年里，计算机的大小并没有显著的变化，但其性能足以胜任人们出于旺盛的好奇心和丰富的想象力而衍生出的各种念头所做的行动。计算机软件指的是计算机系统在执行任务的时候所运用的程序、数据的集合，是计算机的核心。截至 2017 年 12 月，中国域名总数同比减少 9.0%，但".CN"域名总数实现了 1.2% 的增长，达到 2085 万个，在域名总数中占比从 2016 年底的 48.7% 提升至 54.2%；国际出口带宽实现 10.2% 的增长，达 7320180Mbps；此外，光缆、互联网接入端口、移动电话基站和互联网数据中心等基础设施建设稳步推进。在此基础上，网站、网页、移动互联网接入流量与 APP 数量等应用发展迅速，均在 2017 年实现显著增长，尤其是移动互联网接入流量自 2014 年以来连续三年实现翻番增长。①

现在软件技术的发展越来越迅速，在给人们带来方便的同时也存在

---

① 数据资料来源：中国互联网络信息中心（CNNIC）2018 年第 41 次《中国互联网络发展状况统计报告》。

很多问题。新媒体的发展依托于网络技术不断完善，而技术的发展会一直处在一个动态的发展与演进的过程当中，同其他技术层面的应用一样，互联网技术也会在道德层面存在着一定的道德两难问题。在互联网技术的影响下，整体的技术应用也会陷入一种悖论。也就是一些学者所提出的技术崇拜或者说技术依赖所产生的诸多的不利影响。例如，互联网技术在最大限度为人类的生活提供了便利，人类只需要动动手指就可以完成诸多的操作，人类对网络技术平台依赖的程度越高，也从侧面反映出技术层面所具有的优势，从某种层面来说也意味着人类自身在发展层面存在着一定的退化现象。所以，如何平衡好在技术应用过程当中所呈现出来的道德两难问题，还需要在今后的研究与应用推广中进一步发展。同时要尽快在核心技术上取得突破，要有决心、恒心、重心，树立顽强拼搏、刻苦攻关的志气，坚定不移实施创新驱动发展战略，抓住基础技术、通用技术、非对称技术、前沿技术、颠覆性技术。[①]

软件作为计算机的灵魂和内核，是计算机运行的基础，没有计算机软件，计算机只是电子元器件，有了计算机软件才实现了人机交流和人机对话，才使全世界的计算机都能够通过计算机网络实现信息传递、共享和交互。同时也是实现我国在各行各业自动化、智能化进程的关键所在，现代社会中计算机的渗透可谓无孔不入，计算机软件的应用范围有金融、制造、服务、航空航天、国防、建筑、水利、工程等各行各业，尤其是专业软件在各自的领域内都有深入发展。同时，通用软件在人们的日常生活和社会交流中的应用随着网络的普及也越来越广泛。用计算机、手机、平板上网进行即时通讯、刷卡消费、收发电子邮件、玩网络游戏等，此外许多专用软件在人们的日常生活中也得到了广泛应用，如

[①] 习近平：《让互联网更好造福国家和人民》，中国网信网（http://www.cac.gov.cn/2016-04/19/c_1118672081.htm）。

GPS卫星导航系统、网络订票系统、酒店预订系统等都可以通过现代计算机软件实现。

现代社会高速发展的信息网络技术使计算机软件的需求量与日俱增，为了满足社会上各行各业功能需求和满足计算机技术和网络信息技术的发展，计算机软件越来越复杂。庞大的软件系统必然导致安全漏洞和安全风险增大，为了保证计算机和信息的安全，对计算机软件中存在的安全漏洞进行预防和安全检测在目前的形势下显得十分有必要。计算机软件安全漏洞的存在，主要是因为计算机软件的设计、编写或研发人员在研究开发计算机软件时，由于考虑不周或设计失误，导致软件或系统中存在弱点或漏洞，这些弱点或漏洞可能被黑客或病毒利用，成为入侵或攻击的路径，将对新媒体用户使用者造成重大影响。

同时，由于计算机软件可复制的特性使计算机软件作为一项知识产权和发明没有得到很好的版权保护和著作权保护。大量的盗版软件不仅伤害了软件生产者的利益和软件制作的热情，盗版软件中的许多漏洞也可能被不法分子利用，最终导致用户蒙受巨大的损失。因此未来计算机软件的发展趋势将会进一步加强计算机软件的著作权和知识产权，将计算机软件作为一项发明创造来保护，使软件编写和软件生产企业的利益得到最大限度的保护，同时也给用户更加稳定和安全的使用体验，为新媒体产业的发展奠定坚实的基础。

二 关于数据和信息

新媒体的发展是建立在网络技术基础之上的，网络是一个巨大的信息容器，无论是集体的还是个体的相关数据、信息，都可以通过一定的网络检索手段来进行获取。这在一方面有助于数据信息的汇总与分析，但是也会在客观上造成网络信息垃圾的泛滥，当然也包括新媒体用户个人隐私信息的泄露。这种信息的公开在很大程度上就是当前的互联网技术在伦理层面所面临的挑战。

因此，在新媒体发展过程中如何在发挥互联网所具有的信息共享价值的同时，为信息的安全，尤其是新媒体用户个人隐私信息提供更大层面的安全将会是一个主要的挑战。明尼苏达大学教授安德鲁·M.奥德泽科说过："我们发明了互联网，但我们无法将之保密。"在现代信息社会中，数据信息是重要的资源。网络上有着无比丰富的数据信息资源，这些资源有的对公众无条件开放，有的需经许可才能使用，有的仅为特定对象服务，如银行或证券机构、国防信息系统。在通常情况下，未经许可是无法访问或调用那些不对公众开放的网络资源的，因为它们都由专门设计的密码程序把守，有防火墙这种建立在企业网（局域网）和外部网络之间的电子系统控制着，以阻止外部入侵者进入企业网（局域网）内部。网络黑客凭借自己的技术优势，凌驾于他人之上，随心所欲地进入他人计算机系统，把自己的自由建立在损害他人权益的基础上，这就会造成整个网络空间的混乱和无序。

计算机网络病毒、黑客的产生和演变，都是典型的技术异化。异化，源于拉丁文 alienatio，英文为 alienation，是转让、让渡、疏远、离间的意思。黑格尔第一次赋予异化以哲学含义，并把他作为构造自己思想体系的基本范畴。黑格尔认为，"异化"是指主体由于个体的内部矛盾运动而否定自我，转化、派生出与自我相对立并压迫、制约着自我的他物的过程。费尔巴哈用"异化"的概念来说明、批判宗教，他把神归之为人的本质的自我异化。就是说不是神创造了人，而是人创造了神，人创造出来的神反过来却控制、奴役着人，这是人的本质的异化。从一定意义上说，互联网社会产生的伦理问题，是一种技术异化的反映。人类创造出计算机技术，本意是让该技术为人类服务的，体现了人类的智慧和能力，但是由于缺乏正确伦理价值观的指导，计算机技术从服务造福于人类的工具演变为企图驾驭危害人类的力量。随着网络技术在现实社会的广泛运用，计算机病毒对社会安全和人民财产的危害和威胁越来越大。

　　在网络社会中用户个人信息受到严重侵犯，利用网络侵犯人们隐私权的行为主要包括侵犯消费者的隐私权和侵犯员工的隐私权。在消费者方面，由于消费者在购买某些产品和服务（如贷款、看病、申请免费邮箱、加入某个社团等）时，往往要提供一定数据的个人资料，这些资料在网络社会常常被收集、出售，用于商业或其他目的，这就可能造成对消费者隐私权的侵犯。在员工方面，一些公司或组织利用计算机网络对员工进行监视，以了解员工的工作习惯和工作效率，或利用公司的网络管理部门查看员工的电子邮件，从而有可能侵犯员工的隐私权。随着网络技术的发展和普及，尤其是移动设备的大众化，用户会在网络上工作、娱乐、购物和交往，这些都通盘被互联网电子网络文件所记录，计算机很容易地采集、检索、处理和传播这些信息，由此获得他人信息和隐私，个人的隐私受到了空前的威胁。在电子信息网络发达的国家，对用户个人隐私权能否得到有效保护的担心，已经成为一种普遍的社会性忧虑，保护用户个人隐私是现代社会基本的伦理要求，是人类社会文明进步的重要标志。尊重人的隐私是尊重个人自由和尊严的必要条件。

　　同时，网络色情、垃圾邮件、网络谣言、网络虚假信息等严重污染了互联网环境，对互联网生态系统造成严重破坏。垃圾邮件的漫天飞舞，虚假信息和网络谣言的骚扰等，这一切不仅污染了互联网环境，更是对人们的生活和青少年的成长构成威胁，而且占用大量宝贵的互联网资源，降低了网络运行的效率，也使诚实信用原则经受着前所未有的挑战。

　　互联网新媒体生态社会存在的这些伦理问题，有的可以通过进一步改善技术，得到一定的控制和缓解，如信息数据与网络的安全问题，需要不断拓展计算机网络自我保护的控制技术，通过研制和开发反病毒软件，采用"防火墙"、数据加密等技术手段保护信息系统，这些技术手段确实在一定程度上提高了信息系统的安全系数。但有的问题是由于技术本身的发展引起的，如网络的开放性和符号的通用性，使得网上记载的个人隐私难以得到有效的技术上的保护。互联网新媒体的发展是建立在现代计算机信息技术进步的基础上的，但技术本身不可能解决社会一切问题，即使是对信息安全的保障，仅靠技术手段也是不够的。许多问题超出技术范围之外，而是一种社会问题，在很大程度上是伦理道德问题。

第三节 互联网新媒体使用者的伦理生态

伴随互联网的不断发展创新，互联网新媒体用户逐年增加，规模持续扩大。党的十九大报告提出，加强应用基础研究，拓展实施国家重大科技项目，突出关键共性技术、前沿引领技术、现代工程技术、颠覆性技术创新，为建设科技强国、质量强国、航天强国、网络强国、交通强国、数字中国、智慧社会提供有力支撑。[①] 其中，网络强国战略再次被提及，互联网的发展，已经成为国家战略的一部分。而这种通过国家战略助推的新兴产业，它又与个体生活、工作等密切相关，从客观上推动了互联网新媒体用户的增加。而随着互联网新媒体用户数量的不断增加，规模持续扩大，该群体伦理生态更加复杂，在此，主要从用户心理视角进行分析。

---

① 《十九大报告再提及网络强国战略》，中国军网（http://www.81.cn/2017wlmtlt/2017-11/24/content_7840487.htm，2017-11-24）。

一 使用者心理分析

猎奇探究心理。探究事情的真相是人的心理需求之一，在扑朔迷离的事件面前，网民探求事件真相的心理尤为明显。在这种心理的驱使下，网民追求事件真相的心理得到激发。搜索引擎的出现，使网民获知信息的手段多样且快捷，搜索范围也更广阔。一些网络事件也是借助网民穷追不舍的精神才推动了事件的进程。最典型的事例是，在华南虎事件中，不确定性、矛盾性、争议性的特征，使得人们对此有着强烈的心理预期和寻求真相的需求，这种迫切想得知真相的心理迫使网民持续关注并参与事件中，以推动事件的发展。

减压宣泄心理。生活节奏快、竞争激烈，经常会遇到一些挫折和不遂人意之事，社会现实与民众期待之间存在一定的落差，民众在现实社会中常常会产生越来越多的精神焦虑。网络空间虽然是虚拟的，但网络传播的议题却无不是来自于现实社会中。人们积累的心理能量总要寻找宣泄的出口，以获得情绪上的解放。因此如果常规的民意表达渠道不畅，传统媒体又不能及时发挥报道功能，那么网络便成为网民泄愤的出口。

跟风从众心理。从众心理源于群体对个体的强烈影响以及跟网民信息缺乏有关，许多事件被发布到网络，首先引起网民的注意，接着就会有留言和跟帖，在这样的情况下，如果事件能够有足够的话题焦点就会吸引更多人参与传播这个事件，在这样的过程中就会出现观点鲜明的两派——支持派与反对派。很多网民是被无意之中卷进来的，并不知道事件的缘由，一些自称为事件的知情者或者观点鲜明的"意见领袖"就起到了引领的作用，其中也不乏商业化的操作。

网民个体对每个事件有着自己不同的心理需求，而当网民个体处在一定的群体当中，个体意见的表达可能会受到群体意见的限制，在这种情况下，一部分网民成为该网络群体事件中的"意见领袖"（意见领袖心理），而另一部分网民则成为网络群体事件中的"盲从者"（从众心理），在当前互联网新媒体发展状态下，"框架效应"① 明显。

自我实现心理。自我实现的需要是最高层次的、人类所独有的，也是人追求的最高境界，每个人存在在社会中就希望自己有所作为被人重视，实现自己的价值，然而激烈的社会环境，人的生存压力越来越大，人的自我价值的实现越来越困难，网络的便捷与虚拟，正好满足了网民追求自我的心理要求。网民可以无拘无束的交流，获得认同感与成就感，很多在现实中不能实现的心理获得了满足。在多起网络事件中，网民通过关注事件发展，追求事件真相，最后使事件的解决得到大家的认可，可以说这是一种平民的胜利，也是网民自我价值、自我满足的实现。

当然，除了以上分析的互联网新媒体用户的心理诉求或导向外，还有最基础的休闲娱乐的心理取向，获取知识的心理取向等。而最基础的心理取向一般情况下属于正常合理使用互联网新媒体的范畴，较少产生伦理问题，而其他部分使用互联网新媒体过程中的心理取向则存在较大的"问题"空间，易于对互联网空间及秩序产生较大不良影响，甚至产生较为严重的伦理问题，这是本书研究关注的重点方面。

二　使用者伦理生态

新媒体用户即网民始终是新媒体产业链上最为活跃的因素，他们的前瞻意愿和行为影响着终端价格、业务使用费用、使用习惯、内容的丰富性和内容与应用的个性化特征。互联网新媒体既是敞开的窗口和自我

---

① 框架效应（Framing effects），指人们对一个客观上相同问题的不同描述导致了不同的决策判断。框架效应的概念由特沃斯基（Tversky）和卡纳曼（Kahneman）于1981年首次提出。

电子书写的界面也是隔离人与世界的帐幕，主体在互联网新媒体世界中不仅要面对他人，而且必须面对身体和心灵同在的自我。这种情境是以往人们从未遭遇过的，即自我在真实与幻想、幻想与幻想之间不停地转换。如何不至于丧失相对稳定的自我认同，如何避免上瘾和沉溺如何使自我在新媒体这一新的境遇中获得幸福的生活，可见互联网新媒体使用者如何善待自我是新媒体使用主体必须面对的伦理问题。"网络空间同现实社会一样，既要提倡自由，也要保持秩序。自由是秩序的目的，秩序是自由的保障。我们既要尊重网民交流思想、表达意愿的权利，也要依法构建良好网络秩序，这有利于保障广大网民合法权益。网络空间不是'法外之地'。网络空间是虚拟的，但运用网络空间的主体是现实的，大家都应该遵守法律，明确各方权利义务。要坚持依法治网、依法办网、依法上网，让互联网在法制轨道上健康运行。同时，要加强网络伦理、网络文明建设，发挥道德教化引导作用，用人类文明优秀成果滋养网络空间、修复网络生态"。①

根据腾讯数据报告显示，2018年微信活跃用户近10亿，可见仅腾讯一家就几乎掌握了中国绝大部分网民的个人信息，而我们在社交网络上无时无刻地暴露着自己的个人隐私。有国外学者将个体在互联网中隐私泄露分为四种情况：真实隐私泄露（Factual/personal exposure）、视觉隐私泄露（Visual exposure）、身份和情感隐私泄露（Exposure of-identity and emotions）、偏好隐私泄露（Exposure of preferences）。② 真实隐私包括我们基于社交需求提供的姓名、年龄、性别，教育背景、工作经历等；

---

① 《习近平在第二届世界互联网大会开幕式上的讲话》，新华网（http://www.xinhuanet.com/politics/2015-12/16/c_1117481089.htm）。

② Uval Karniel, Amit Lavie-Dinur, "Privacy in New Media in Israel: How Social Networks are Helping to Shape the Perception of Privacy in Israeli Society", *Journal of Information, Communication & Ethics in Society*, Vol. 4, 2012, p. 290.

视觉隐私包括我们上传的照片，小视频等；身份和情感隐私包括了我们对某一事物的看法、意见、政治观点、宗教信仰等；偏好隐私包括互联网企业基于我们在互联网上的行为轨迹分析出我们常去的地点、喜欢的事物等。当商家掌握了这些信息，就能对用户进行精准的广告投放和推广。

企业或者商家基于自身管理和成长的需要，收集到的用户信息越多，提供的服务就会越体贴和个性化。这样的做法本无可厚非，然而由于技术漏洞、内部人员出卖，商业交易等原因，用户的隐私全面暴露，几乎成了"透明人"。北京大学中国社会与发展研究中心邱泽奇教授在其文章《智慧生活的个体代价与技术治理的社会选择》[①] 中，深刻指出了这一问题。例如 12306 铁路网站由于技术漏洞造成用户资料大量泄露，这个漏洞将有可能导致所有注册了 12306 用户的账号、明文密码、身份证、邮箱等敏感信息泄露，而泄露的途径至今还不知道；学校、银行、电信企业、教育培训机构，甚至公安机关，如果对员工疏于管理，都可能成为信息泄露的源头，很多诈骗分子都是通过打包购买内部人员提供的公民信息进行诈骗；在网站并购、重组，进行商业交易时，往往会将用户信息进行打包交易，然而用户对这一切并不知情。更令人恐惧的是，搜索引擎功能越来越强大，无论用户从哪一个渠道暴露出的个人信息，都能通过相关整合技术收集到更多的信息，包括家庭住址，就职单位，人际关系等，新媒体时代的隐私泄露不仅广泛，而且无孔不入，而这一切都是形成网络事件的土壤。

从诸多网络事件中我们都可以看见，无论是媒体还是个体，对于新奇、刺激、揭露他人隐私有一种嗜血的冲动，为博眼球不择手段。当用户处在一定群体当中时，个体意见的表达可能会受到群体压力的限制，

---

① 邱泽奇：《智慧生活的个体代价与技术治理的社会选择》，《探索与争鸣》2018 年第 5 期。

而在这种状况下，互联网用户的心理取向和行为表现是不一样的。一部分用户成为群体事件中的意见领袖，即在人际传播网络中常常给他人提供意见、信息以及评论，并能够对他人造成一定影响的比较活跃的人；而另一部分用户则成为群体性事件中的盲从者。因此，在网络群体性事件发生后，该事件的直接利益相关者最容易成为领袖，而一旦产生了领袖意见，就会迅速被其他用户们追捧，进而表现为深受其感染和暗示，这种心理实质上是自我实现的需要。每个人都希望能够实现自我价值，并获得他人的认可，但是在现实生活中，高强度的生存压力和激烈残酷的生存竞争使得人们自我价值的实现变得越来越艰难，而此时，互联网的便捷性和虚拟性，正好满足了用户追求自我实现的这一心理要求。同时，因为群体的优势意见所产生的群体压力以及信息的模糊性和领袖意见的出现，其他用户从众心理也随之产生，跟随领袖意见的发展方向，于是表现出盲目的从众的现象。进一步导致用户从信息泄露的受害者变成了他人隐私的围观者，越是好奇和探寻，就越成为扒人隐私的帮凶。在互联网上传播信息几乎"零成本"，可以在短时间内进行飞速的传播，而网络新媒体为了博取点击率，满足用户猎奇和窥探他人隐私的心态，往往会将新闻或者信息从公共领域转到私人领域。

  商业机构的操纵，媒体追逐的盲从，黑客的恶意发布，与隐私相关的各种内容充斥在网络的各个角落。无论有意识还是无意识，个人隐私已经成为公共消遣的对象，甚至同行竞争靠曝光他人不雅的隐私来获取利益。然而对于这样的隐私泄露，用户不仅不以为然还乐见其成，在一定程度上纵容了隐私的泄露和扩散，同时也在转移人们对社会应有的关注。当网络社会形成一种全民窥探隐私的狂欢时，甚至会改变现实社会的文化心理氛围。现实生活中我们已经有了一套较为完整的伦理体系，并时刻规制着人们的行为，但在互联网社会中个体隐私被拿来窥视、消费，会逐渐形成一个窥视型社会，道德和法律意识在这种氛围中被逐渐消解，很容易形成消极的社会认知和社会行为。

由于网络社会匿名性、虚拟性的特点，使得在现实社会的一整套法律体系、道德规范和伦理体系在网络社会中陷入了尴尬境地。因为互联网上的平台是建立在虚拟的空间中的，所以用户可以将现实中的真实自我隐藏起来，以一种非现实、虚拟的形象出现在网络上。从目前互联网的实际情况来看，网络上的论坛、贴吧、微博等平台，尽管要求使用者进行注册，但并非要求以实名的方式注册，从政策法规层面来看，许多领域的相关规章制度还是不够完善。虽然用户注册了网名，但网名并不是唯一的，同一个人也可以注册多个不同的网名，同一个网名也可以在不同的网络社区使用。因此，当互联网上突发性事件爆发后，网络的监管机构难以明确参与事件的用户的真实身份，也很难理清参与人员的构成并与其进行沟通对话，更难把握事件的发展规律和走向，最终难以对事件进行及时应对和妥善处理。

通常在网络群体性事件发生后，网络监管机构由于对事件的发动者、参与者无从下手而错失处理网络群体性事件的最佳时机。相比于传统现实社会道德和法律规范的实实在在的个体和组织，网络社会的主体是虚拟的数字化存在。这加大了互联网立法中法律主体界定的难度，如用户相信了网站上的诈骗信息，网站需不需要承担相关责任，或者网站被黑客攻击，用户信息遭到泄露，用户受到的伤害该由谁来承担责任，这些问题都是有关互联网法制建设中出现的法律难题。

习近平主席在网络安全和信息化工作座谈会上强调："网络空间是亿万民众共同的精神家园。网络空间天朗气清、生态良好，符合人民利益。网络空间乌烟瘴气、生态恶化，不符合人民利益。我们要本着对社会负责、对人民负责的态度，依法加强网络空间治理，加强网络内容建设，做强网上正面宣传，培育积极健康、向上向善的网络文化，用社会主义核心价值观和人类优秀文明成果滋养人心、滋养社会,做到正能量充沛、主旋律高昂,为广大网民特别是青少年营造一个风清气正的网络空间。"①

第四节 互联网新媒体监管的伦理评价

互联网新媒体在其产生以来,如何有效治理便成为世界各国共同面对的难题。一方面,互联网发展迅猛,不断创新,治理滞后的现状难以有效改善;另一方面,有效的治理既面临法律的困境、技术的困境,也面临着伦理的困境。治理监管措施严密且细致,容易窒息互联网发展的活力和动力,也在某种程度上侵犯了个体自由享用的权利;治理监管措施太粗,面对互联网的数字化存在状态,又难以发挥监管的实效性。政府治理?市场调节?抑或第三方监管?

在2017年世界互联网大会上,中国国家主席习近平指出:第一,网络安全保障能力不断提升。他指出,没有网络安全就没有国家安全,没有信息化就没有现代化。中国制定出台《网络安全法》《国家网络空间安全战略》等一系列法律法规和战略规划,建立健全网络安全责任制、网络安全审查机制、网络安全监测预警响应机制,修订《国家网络安全事件应急预案》,提升网络安全态势感知、事件分析、追踪溯源以及遭受攻击后的快速恢复能力。强化关键信息基础设施安全保护,首次在金融、能源、电力、通信、交通等重要行业领域开展全国范围的关键信息基础设施网络安全检查工作,以查促改、以查促建。加快网络安全标准化建设,截至2016年底,全国信标委发布信息安全国家标准数量达195个。网络安全产业规模迅速扩大,网络安全企业超过1000家,

---

① 习近平:《让互联网更好造福国家和人民》,中国网信网(http://www.cac.gov.cn/2016-04/19/c_1118672081.htm)。

2017年网络安全产业规模有望超过1355亿元。建立网络安全一级学科，公布7个一流网络安全学院建设示范项目，21所高校成立网络空间安全学院。坚持网络安全为人民、网络安全靠人民，强化网络安全宣传教育，连续举办四届国家网络安全宣传周活动，覆盖人数超过20亿人次，全社会网络安全防护意识和技能明显提升。

第二，网络空间日渐清朗。习近平总书记指出，网络空间是亿万民众共同的精神家园，网络空间天朗气清、生态良好，符合人民利益。网络内容建设与管理始终坚持正能量是总要求、管得住是硬道理，加强网上正面宣传，创新传播手段，把握网上舆论引导的时、度、效，提高新闻舆论的传播力、引导力、影响力、公信力，推出了一大批符合网络传播特点、群众喜闻乐见的现象及新闻报道和主题宣传产品，有力提升了正面宣传报道的到达率、阅读率、点赞率。大力培育和践行社会主义核心价值观，实施中华优秀文化网上传播工程，培育积极健康向上的网络文化，提升网民网络素养，用社会主义核心价值观凝聚人心、滋养社会。综合运用法律、行政、技术等手段，全面加强网络生态治理，完善网络信息执法体制机制，推动依法管网、依法办网、依法上网，强化主管部门属地管理责任、网站主体责任，提高工作科学化、规范化水平。充分发挥社会组织、企业、专家学者等各方面作用，建立多主体协同参与的网络生态治理模式。完善违法违规信息和网站快速联动处置机制，围绕网民反映强烈的问题，完善举报工作机制，例如，2016年受理举报近4000万件次，有害信息有效处置率达92%以上。深入开展"清朗""护苗"等20余个专项行动，有效处置各类违法有害信息，为人民群众营造天朗气清的网络空间。

《中国互联网发展报告2018》于2018年11月发布，报告提出了互联网治理的中国方案。党的十九大以来，在习近平新时代中国特色社会主义思想特别是习近平总书记关于网络强国的重要思想指引下，我国抓住信息化发展的历史机遇，推动互联网发展取得了一系列新成就和新进展。尤其是在全国网络安全和信息化工作会议上,习近平总书记发表了重要讲话,指出我国信息基础设施持续升级,网络信息技术取得积极进展,网络安全保障能力显著提升,网络空间日渐清朗,网络文化日益繁荣,人民群众对互联网的获得感显著增强等。

习近平总书记所指出的网络安全以及清朗的网络空间的打造都需要网络监管来保证实施,互联网新媒体的高速化、网络化、数字化等特点决定了互联网信息流通的广泛性和迅速性,因此政府对信息的过滤、审查对实现清朗的网络空间以及网络安全的实现显得尤为重要。但是,从另外一个方面看,这种对信息的审查、过滤,在一定程度上侵犯了个人的知情权、信息共享权、自由权利等权利,伦理困境由此产生。

一 监管现状

随着互联网新媒体的快速发展,众多媒介产品的涌现,使得互联网新媒体监管的诸多问题浮出水面,受到越来越多业界、学界以及政府的关注。在认识互联网新媒体对人们的生活和工作起着正面作用的同时,所有人也有责任和义务认真对待互联网新媒体带来的负面效应,以及对社会稳定和文明进步可能产生的消极影响。在对互联网新媒体的监管中,政府作为主要的监管主体,担负着最为重要的监管责任。

以政府为主体来讨论互联网新媒体监管的问题,其实就是讨论管理职能的履行和管理方法的运用。首先需要明确,网络监管与互联网新媒体监管是两个概念,两者范围不同。网络监管指的是整个虚拟社会的监管;互联网新媒体监管要考虑虚拟社会特征,也要讨论多样终端,还要讨论比传统网络技术更复杂的新媒体技术、社交性等独有特征。目前,我国的互联网新媒体的监管在管理主体、管理客体、管理措施和法制建设方面都取得了不同程度的进步。

从管理主体来说,目前我国政府参与互联网新媒体管理的部门众多，一类是互联网安全管理部门，如信息产业部、国务院信息化办公室等；另一类是互联网经济、应用管理部门，如广电总局、工商总局等。除了具体的职能部门，国务院法制办也是一个重要的互联网新媒体监管部门，它的主要职责是负责协调有关部门制定和完善加强互联网管理的有关法律法规。

从法制建设来说，目前我国没有针对互联网和新媒体管理的专项法律。法制建设主要依靠国务院及其他部门的行政性法律和部门规章，法制建设缺乏系统性，使得部门间的行政律令也出现了重叠。

从管理客体来说，有学者认为，可以根据我国目前的互联网新媒体管理法规，将互联网新媒体管理的客体划分为九大领域：互联网资源管理领域、互联网网络犯罪管理领域、互联网保密管理领域、互联网网络安全管理领域、互联网内容监管领域、互联网业务管理领域、互联网著作权管理领域、反垃圾邮件管理领域、电子商务管理领域。其中，互联网网络犯罪管理领域、互联网保密管理领域、互联网网络安全管理领域、互联网内容监管领域侧重于互联网网络信息安全管理这一大领域，而互联网业务管理领域、互联网著作权管理领域、反垃圾邮件管理领域、电子商务管理领域则侧重于互联网的应用管理。

从管理措施来说，目前我国主要对网站、用户、服务商这三个网络主体进行监管。具体监管措施包括许可审批和备案制度，如网站许可审批和备案制度等；网络数据实时监测，例如舆情监测办法等；技术手段监管，如绿坝、红盾等针对具体网络问题推出的解决办法；事后惩戒，例如对网络犯罪、盗版等问题的惩戒打击。

虽然我国的互联网新媒体监管已经有了一定的规模，力度也较大，但是仍然存在许多问题，主要有以下几个方面：①法律规范不成体系。没有专项法律，各部门的法规制定交流不足，有疏漏或重叠，需要加强法理研究，提高法理层次，建立相关法律体系。②管理部门职能交叉。

没有专门的管理部门,各项管理工作有疏漏或重叠,并增加了执法的成本。③管理思维单一。我国目前的互联网监管大多采用以业务准入为主的制度管理模式,重安全和内容管理,轻产业开发,重事前,轻事中、事后,容易导向事前审查,不利于激发互联网市场活力。④管理空白。我国的互联网管理领域还存在空白或缺失,如近年大幅兴起的电子商务、电子支付、互联网个人网络隐私权保护、未成年人网络保护等。这些空白或缺失极大地影响了我国互联网新媒体的发展。

二 法律规范

国内关于新媒体的法律规范,除了《中华人民共和国著作权法》《民法》《刑法》等基本法律中涉及网络、手机等新媒体的相关条款之外,主要有国务院发布的相关行政管理条例以及工业与信息化产业部、国家广播电视电影总局、省市等发布的部门法规与行政规章。

(一)我国政府关于互联网新媒体的法律与行政管理条例

表1　　有关新媒体的全国性法律规范

法规的制定部门	法规名称	发布时间
国务院	《中华人民共和国互联网信息系统安全保护条例》	1994年2月18日
国务院	《中华人民共和国计算机信息网络国际联网管理暂行规定》	1996年2月1日
国务院	《中国互联网域名注册实施细则》	1997年6月1日
国务院	《中华人民共和国电信条例》	2000年9月25日
国务院	《互联网信息服务管理办法》	2000年9月25日
国务院	《互联网上网服务营业场所管理条例》	2002年9月29日
国务院	《信息网络传播权保护条例》	2006年5月18日
全国人民代表大会常务委员会	《全国人民代表大会常务委员会关于维护互联网安全的决定》	2000年12月28日
全国人民代表大会常务委员会	《中华人民共和国电子签名法》	2004年8月28日

(二) 有关行政部门和地方政府关于新媒体的行政规章

国务院工业与信息化部（包括原信息产业部等）、电信管理局（原邮电部）、国家广播电影电视总局、国务院新闻办公室、新闻出版总署、文化部、公安部、国家保密局、卫生部等国家行政部门及省市地方政府也发布了有关新媒体的行政规章。

表 2　　　　　　　　　　有关新媒体的行政规章

行政规章发布部门	行政规章名称	发布时间
公安部	《公安部关于对于国际联网的计算机信息系统进行备案工作的通知》	1996年1月29日
邮电部	《计算机信息网络国际联网出入口信道管理办法》	1996年4月9日
邮电部	《中国公用计算机互联网国际联网管理办法》	1996年4月9日
国务院新闻办公室、新闻出版总署	《利用国际互联网络开展对外新闻宣传暂行规定》	1997年1月
国务院信息化工作领导小组	《互联网域名注册暂行管理办法》	1997年5月30日
邮电部	《中国公众多媒体通信管理办法》	1997年9月10日
国务院信息化工作领导小组	《〈中华人民共和国计算机信息网络国际联网管理暂行规定〉实施细则》	1997年12月8日
国家广播电影电视总局	《关于加强通过信息网络向公众传播广播电影电视类节目管理的通告》	1999年10月1日
国家保密局	《计算机信息系统国际联网保密管理规定》	2000年1月1日
北京市工商行政管理局	《对网络广告经营资格进行规范的通告》	2000年5月16日
教育部	《教育网站和网校暂行管理办法》	2000年7月5日
信息产业部	《教育网站和网校暂行管理办法》	2000年7月5日
国务院新闻办公室、信息产业部	《互联网站从事登载新闻业务管理暂行规定》	2000年11月7日
新闻出版总署、信息产业部	《互联网出版管理暂行规定》	2002年7月15日
文化部	《互联网文化管理暂行规定》	2003年5月10日（2004年7月1日修订）
信息产业部	《关于规范短信息服务有关问题的通知》	2004年4月

续表

行政规章发布部门	行政规章名称	发布时间
信息产业部	《中国互联网络域名管理办法》	2004年11月5日
国家广播电影电视总局	《互联网等网络传播视听节目管理办法》	2004年7月
国家版权局、信息产业部	《互联网著作权行政保护办法》	2005年4月29日
国务院新闻办公室、信息产业部	《互联网新闻信息服务管理规定》	2005年8月
信息产业部	《关于进一步加强移动通信网络不良信息传播治理的通知》	2005年9月
公安部	《互联网安全保护技术措施规定》	2005年12月13日
国家广播电影电视总局	《互联网视听节目服务管理规定》（自2008年1月31日起施行）	2007年12月20日
新闻出版总署	《电子出版物出版管理规定》	2008年3月17日
卫生部	《互联网医疗保健信息服务管理办法》	2009年3月25日
贵州省新闻出版局	《贵州省手机报管理暂行办法》以及《贵州省手机报质量深度评估标准（试行）》（这是我国首个针对手机报的地方管理暂行办法）	2006年10月
北京市市政府	《北京市微博客发展管理若干规定》	2011年12月16日

（三）我国新媒体的管理制度

我国政府对网络、手机等数字新媒体的管理体制主要包括许可证制度、备案制度和实名制。

1. 我国互联网新媒体的许可证制度

信息产业部制定了《电信设备进网管理办法》《移动通讯检测标准》和《关于调整〈电信业务分类目录〉的通告》，实施进网许可的电信设备需要获得信息产业部颁发的进网许可证。2008年3月按照《互联网视听节目服务管理规定》向央视网、新华网、激动网等23家网站颁发了《信息网络传播视听节目许可证》，随后，酷6网（ku6.com）、悠视网（UUSee.com）分别成为获批的视频分享、P2P视频直播网站。网络游戏经营的申请除符合有关规定外，还应当具备1000万元以上的注册资金；电子出版物则要求有必需的资金和相应的人才。①

2. 我国互联网新媒体的备案制度

中国实行互联网备案制，其中经营性网站要求领取工商营业执照且有相关营业范围，注册资本的门槛则由工商部门指定。网络视听节目由国家广电总局按业务类别、接收终端、传输网络等项目分类核发。其中业务类别分别为播放自办节目、转播节目和提供节目集成运营服务等；接收终端分为计算机、电视机、手机及其他各类电子设备；传输网络分为移动通信网、固定通信网、微波通信网、有线电视网、卫星或其他城域网、广域网、局域网等。外商独资、中外合资、中外合作机构不得从事信息网络传播视听业务。

3. 我国互联网新媒体逐步实行实名制

国内关于网络实行实名制的问题一直存在争议，而且在部分地区开展了试验，但效果一直不明显。自从北京市微博实行实名制以来，网络实名制开始进一步逐步推进实施。而手机实名制则较为普遍，除了预付话费的神州行卡的用户之外，其他用户都实行有效证件入网登记。

(四) 中国互联网新媒体的技术管制

国家对网络媒体普遍采用防火墙阻止进入技术进行网络保护，采用过滤王等软件过滤技术进行网络过滤，还采用反病毒软件保护网络运行。对手机垃圾短信息实行过滤，如对短信息关键词进行过滤，工信部12321网络不良与垃圾信息举报受理中心接受垃圾短信息举报。中国移动2009年3月推出"信息管家业务"过滤短信息，防控垃圾短信息。通过反病毒软件来维护手机安全，如卡巴斯基、赛门铁克、瑞星、江民等传统综合性反病毒软件都推出了手机反病毒软件，对手机病毒实时拦

---

① 殷俊：《新媒体产业导论——基于数字时代的媒体产业》，四川大学出版社2009年版，第215—216页。

截、提示不安全信息、对已确认的病毒进行杀除,并恢复感染文件等。还有网秦推出了手机反病毒、反入侵、手机防火墙等安全套装,而且网秦的"通信管家"和信安易的"信安易卫士"等可以对短信和通话记录进行加密,并且可设置多种访问策略和情景模式,以保障隐私内容不会轻易被他人偷窥。

以上我国对互联网新媒体的监管采取的种种措施,代表着我国互联网新媒体监管方面取得的成就,将对今后的网络社会的健康发展产生深远的影响。这是一个良好的开端,但这并不意味着我们可以一劳永逸。网络空间是一个新事物、新情况层出不穷的地方,需要我们不断探索,适时调整我们的方案。因此,加强互联网新媒体的监管是一个长期的任务。

三　监管影响

(一)　互联网新媒体政府监管的必要性

互联网新媒体给人类带来福音的同时,也隐含了巨大的风险与挑战。例如,谷歌2007年推出的"街景"服务为公众带来了极大的便利和全新的使用体验,但同时也带来了侵犯个人隐私等一系列道德领域问题,谷歌"街景"在全球大受欢迎的同时也在多个国家处境尴尬,甚至被投诉。正如理查德·斯皮内洛所说的:"如果很容易发表和传播真实而有价值的信息,那么就很容易传播诽谤、谣言和色情信息。如果很容易即时复制和共享数字化信息,那么就很容易侵犯版权。如果很容易与用户建立个人联系,那么就很容易监视用户的行为,侵犯他们的隐私"。[①] 新媒体赋予人们越来越多的行为能力,人们的社会交往活动不

---

① [美]理查德·斯皮内洛:《铁笼,还是乌托邦:网络空间的道德与法》,李伦等译,北京大学出版社2007年版,第65—70页。

再受物理时空的限制,传统道德规范对网络言行的限制力大为削弱,由此带来的道德失范便不可避免,具体表现在:垃圾信息、病毒信息、网络暴力和知识产权与个人隐私受到侵犯等。因此,为了维护网络政治与国家安全,为了维持网络文化与社会的稳定,为了维护网络道德与社会风尚,为了使互联网新媒体能够更好地发展以及更好地为人们生活和工作带来便利,互联网新媒体的政府监管显得十分必要。

但是由于互联网新媒体的虚拟性特征使得每一个人都可以隐藏在茫茫的网络中"为所欲为"地做一些现实社会中不敢去做的事情,网络信息的流动性非常大,这使得政府对互联网新媒体的监管难度不断加大,使得很多网络中违法的行为也很难得到举证,很难及时阻止和拦截不良信息的传播。在对于加强互联网新媒体监管的力度和有效性上不仅需要应对技术更加先进,也需要政府的网络立法具有更多的预见性和及时性。没有规矩,不成方圆,要想让网络社会健康有序发展,必须要创建适合于互联网新媒体运行规律的一套管理办法。也只有法律的强制约束性才能使网络的失范现象得到有效的控制,从而建立运行良好、管理有序的网络社会。

(二) 对互联网新媒体政府监管的思考

然而对政府而言,净化网络环境的任务尤为艰巨。管理者面临的困境在于,政府对网络信息的监管既面临着国内民意的压力,又担心西方意识形态的传播,结果往往是对"最坏状况"的想象和假定以致于做出某些极端的整治措施。实际上,如何平衡诸多价值和利益是互联网内容政策的重要组成部分,如果这一政策的目标是维护和建设一个作为公共领域的网络空间,那么这个世界的秩序只靠严格的法律法规来维持和封堵是无法实现的,我们需要进一步讨论网络秩序将如何形成,其与现实世界秩序的关系如何,现有的管理手段能否帮助塑造新秩序。

如果网民并不把互联网想象成和现实世界有所区别的"空间",而是后者的延伸，或者就是后者的一部分，甚至是工具，那么就不太可能指望单纯通过互联网改变网民的行为模式，后者可能会破坏前者正在形成的新秩序。我们可以从两方面考虑逐渐改善这种状况。第一，在现实中改进人们的交往模式，培养规则意识，并让他们清楚地认识到网络空间对其行为的约束实际上大为降低。这需要相当长的时间，也同样面临着多重博弈的问题。第二，进一步发现和研究不同网站、社群正在兴起的某种秩序。分析现实世界中的日常规范是否影响了前者，具体要素包括成员的身份、网站技术的架构、群体内部的互动规则、社会网络与社会资本的程度，等等。这些要素可以对网民形成不同程度的约束，而无序就意味着它们基本上都不起作用。

（三）互联网新媒体政府监管的新思路

以政府对网络谣言的审查删除为例，实际上，谣言并非完全是需要打击的非法存在，不如说其根源在于信息不对称。只要存在信息模糊和不公开的情形，就会有谣言存在。而消除谣言的最好方式不是压制和打击，而是及时公布真实的信息，扭转人们的心理倾向性，将通过谣言获利的空间降至最小。越来越多的人认识到，尽管通过微博传播谣言迅速，但及时辟谣才是真正有效的救济方式。与其将大量资源投入到封堵、整治和删除中，不如用于加强信息公开，改善社会整体的认知和预期环境，这同样是一种事先预防，但收效更大。治理谣言还可能和言论自由发生冲突，如果用户并不清楚自己的言论能够带来哪些后果，受"最坏状况"思维影响的事先禁严的预防原则就容易过度，对言论施加了不必要的影响。所以，在没有可预见的现实危害之前不宜对网络言论加以限制，否则会导致自我审查、分享和创新意愿的降低，我们需要综合地考虑政府治理方式与其他重要社会价值之间的关系。

因此，相比于对信息的"一刀切"式的删除，政府应当鼓励各种媒体、社会团体和个人提高发布真实信息的能力，特别是涉及公共利益的信息，要动员社会资源以降低其成本。特别是一些和人们生活相关的谣言，例如食品和药品安全，应当由专业研究人员和机构及时向公众介绍相关专业知识，或引起讨论和关注，供公众和业界选择，并深化公众对科学知识的了解。这一过程本质上是提高公共信息质量，互联网新媒体已经提供了一个很好的平台，需要考虑的是如何生产高质量的信息、如何加强公开以及如何让公众及时接触到这些信息，免受垃圾信息的干扰。就事后救济而言，政府也应当尽量将关于个人的谣言和诽谤交给私人主体处理解决，把有限的精力放在培育良好的信息环境上面。

政府一方面应当努力促成更多基于共同经验、职业和兴趣为纽带的虚拟社群，自下而上地产生有公信力的意见领袖，并训练网民在不同群体中参与公共生活的能力，使碎裂化的空间在一定程度上得到弥合；另一方面，此过程中国家应当增强政府公信力，加强信息公开，与不同群体积极互动，提升自身的文化舆论主导权。这将是一个重塑互联网新媒体舆论生态系统的复杂过程。这一过程还意味着需要摒弃过去仅仅将沟通看作宣传和传播的单向角度，而是要看作平等主体之间的双向交流。信息和事实的公开与确认是一个过程，不会一蹴而就，应有反复和争辩，但这个过程本身有很大的价值。它提醒参与对话的人，事实的澄清需要证据证明，并需要平和与有建设性的心态。

第五节 互联网新媒体内容的伦理生态

互联网新媒体时代的到来，以日新月异的速度改变着人类的生活方式、交往方式，它已经与每个个体的生活紧密地联系在一起，与传统的产业紧密地结合在一起，不断创新的平台建设和终端发明成为人类文化交流的重要载体，影响着每一位用户的世界观、价值观、人生观，对培育文化自信、推进社会主义文化强国建设、增强国家文化软实力意义重大；同时，它也以前所未有的冲击力重塑文化生态，并日渐形成一种有别于传统媒体时代的表达方式、话语体系，形成网络文化。

一　人类文明成果的新舞台

（一）互联网新媒体使得知识传递更加快捷方便

一般来说，知识是带有个体特征的事物，但如果知识始终为个体所持有，那么便没有发挥知识的功用，因此知识的传递在人类知识增长意义上是非常必要的，这种传递在个体与个体、自然环境、共同体、社会之间发生。知识的传递也是沟通的一种体现。[1]

互联网新媒体对知识的传递主要体现在以下两个方面：第一，相较传统媒体的线性传递，互联网新媒体的传递方式改变为多人对多人的传递。互联网新媒体对知识的传递有三个特点：（1）每个人都可以进行传递；（2）信息与意义无直接关联；（3）受众的主动性大大增强。传统媒体的传递是上对下、主对从、强对弱、社会精英对普通大众的传递，是单向、线性、瀑行式、不可选择的，受众只能被动接受，而互联网新媒体的传播方式是双向或多向的，传统的发布者和受众现在都成为信息的发布者，而且可以进行互动，使得知识变得更有价值，受众也强烈地体会到一种参与感，主动性和积极性被调动起来。第二，相较传统媒体，互联网新媒体的知识传递的成本大大降低。对于传统媒体而言，无论是纸质媒体还是电子媒体，在采集信息、制作成品和推向市场的整个流水线生产过程中，每一步都是以大量资金投入为保障的，报纸杂志的纸张，印制报刊必不可少的印刷设备、发行和售卖，电台电视台的节目制作设备、信息采集和节目制作乃至特技、字幕音响等的生产过程，无不需要很大的人力成本和资金投入。因此，总体上来说，传统媒

---

[1] 方环非：《知识之路：可靠主义的视野》，上海人民出版社2014年版，第75页。

体本质上是"富人的事业"。但自从互联网新媒体的出现,情况就发生了根本性变化,一台计算机,一部手机,就可以进行知识的传递,其成本大大降低了。

(二) 互联网新媒体使得知识共享交流更加顺畅

知识共享是知识在提供者以及需求者之间进行传递的过程。[①] 在这个过程中,提供者借助一定手段条件,使得知识能够被很好地传递与接受,与此同时,需求者需要具备在众多知识中搜寻符合自己预期的知识的能力,这个过程通常不是单向进行的,提供者与需求者之间的身份会随着知识的需求的改变而进行转化。

互联网新媒体环境下的知识共享更能体现互联网新媒体的开放性与虚拟性,其特点是具有高度开放性、新颖性和组织灵活性。互联网新媒体促进知识共享主要体现在以下几个方面:第一,参与者构成的多元化,所贡献的核心能力不同。由于互联网新媒体的开放性,使得参与者不断多元化,他们具备不同的核心能力。参与者按规模不同可以分为个体参与者和组织参与者两类,而这两类都可以是各个领域的精英或者核心人物,其对知识的共享更加具有权威与可参考性。第二,参与者知识容量增加,共享资源更具凝聚性。互联网新媒体平台下可以凝聚全球智慧,使资源拥有者与创意提供者直接交互,最大限度内凝聚参与者的知识资源,使知识共享更加强大。第三,知识共享环境开放友善,共享氛围逐步活跃。自由开放的知识共享环境能够极大地提高参与者的知识共享踊跃性。互联网新媒体的开放性使得参与者在得到知识共享成果前乐于将知识无私地贡献出来,达到帮助他人的目的。包容、开放的共享环境不仅促使参与者提高信任感,还使参与者自身获得满足感和荣誉感。

---

① 陈楠:《基于互联网的开放式创新平台参与者知识共享过程研究》,硕士学位论文,河北大学,2017年。

二 时事新闻的集散地

（一）互联网新媒体对重要政治事件的传递

互联网新媒体促进民主政治的发展主要表现在两个方面。一方面，互联网新媒体的发展使民众获得政治信息更加便捷化。民主发展的一个重要因素就是增加民众的知情权，只有公民能够充分了解到政策信息和相关背景，以及政策实行之后可能带来的结果，才能做出正确的决策，行使自己享有的公民权利。其便捷化主要有以下原因：（1）互联网新媒体的发展增加了政治信息传播的速度，尤其是在微博和手机网络的普及后，很多新闻都能在极短的时间内就在互联网上流传；（2）互联网新媒体的发展增加了政治信息传递的准确性，信息技术的发展使得互联网的传播更加直接化，减少很多中间层次，在一定程度上提高了政治信息传递的准确性；（3）互联网新媒体的发展减少了获取政治信息的成本，随着互联网的不断发展和信息共享理念的影响，我们在互联网上只需要敲出简单的几个关键词，就可以搜索到大部分我们需要的信息，省时省力。另一方面，互联网新媒体的发展增加了公众的政治参与度。民主的广度是社会成员是否可以普遍参与政治发展的决策，而民主的深度则是参与者是否充分地参与其中。① 互联网的发展很好地解决了这两方面的问题，使得更广大的公民参与到政治发展中来，又使得人们对政治发展的探讨向更深层次发展。互联网新媒体的虚拟性在一定程度上避免了等级制度带来的人们参政议政的风险，使得人们可以按照自己的想法去发布政治信息，充分调动了公众政治参与的热情。并且，互联网新媒体改变了人类社会现实生存的不平等性，它淡化了人与人之间的差距，为人们平等地参政议政创造了良好的条件。

---

① 王磊：《信息时代社会发展研究》，硕士学位论文，中共中央党校，2011年。

（二） 互联网新媒体对社会影响力事件及时传递

互联网新媒体对社会影响力大的事件的传达主要有以下两个方面。一方面，互联网新媒体能够及时传达社会上的一些有影响力的事件，传递一些正面的精神，增强人们对国家的自信心以及认同感。2018年5月15日，一篇川航机长救了128条生命的文章刷爆了微信的朋友圈、公众号。15日早上7点左右，因为机械故障，重庆飞往拉萨的3U8633航班在飞行途中备降成都，此次飞行途中飞机副驾驶一侧的挡风玻璃突然爆碎，满载乘客飞机突然失控，飞机开始剧烈颠簸，氧气面罩开始掉落，情况十分危急，驾驶舱内的正副机长凭借自己的力量挽救了整机人的生命，他们凭借着自己的经验与勇气、技术与胆识在自动仪器几乎全部失灵的情况下完成了一次无人员伤亡的迫降。大家无一不感叹中国民航机长的专业水平，以及他们的临危不乱，力挽狂澜保住了这些家庭的完整与幸福，极大地增强了大家的民族自豪感与自信心；另一方面，互联网新媒体通过对一些有启示作用的事件的及时循环报道，可以对人们起到一定的警示作用。如对于校园欺凌问题，通过互联网新媒体对于处罚措施、监管以及举报电话的公布，引起了各个部门的重视，可以更好地预防和避免此类案件的发生。

三　正能量的新阵地

互联网新媒体由于其传播速度快，传播范围广的特征，因此其传播内容的正能量价值承载诉求显得尤为重要，主要表现在以下三个方面。

（一） 互联网新媒体对红色文化的弘扬

互联网新媒体对红色文化的弘扬主要表现在两个方面：第一，互联网新媒体是弘扬红色文化的重要载体。互联网新媒体环境充分调动了大众参与信息讨论的热情，信息传播者和接收者之间的互动性更强。实现红色文化与时俱进，大力弘扬红色文化，提升红色文化自身吸引力和感召力则需要借助新媒体这样一个传播工具，利用其多样化的文化呈现形式、海量化的信息资源和信息传播速度快、成本低等特点，将原本单调、枯燥的信息变得形象、生动，使其为广大人民群众所喜闻乐见，达到"润物细无声"的效果。由此可见，新媒体的显著优势使其成为新时期弘扬红色文化的重要载体。第二，弘扬红色文化是新媒体义不容辞的政治责任。红色文化是我们共产党人宝贵的精神财富，必须加以保存和传承。互联网新媒体以其强大的表现力，拓展文化传播平台，丰富文化传播形式，以更鲜明、多元化的表现形式大力弘扬红色文化，推广红色文化，营造良好的网络生态空间，把红色文化作为宝贵的精神财富一代代传承下去，使其丰富的精神的内涵在网络空间得到更好的发展，这是新媒体义不容辞的政治责任。

（二）互联网新媒体对社会主义先进文化的传播

互联网新媒体对社会主义先进文化的弘扬主要表现在两个方面：第一，互联网新媒体为社会主义先进文化的传播提供了新的形式。与传统媒体不同，通过互联网新媒体，人们可集中发布、寻找自己喜欢的文字、声音、图像和视频等不同的文化传播载体，满足自己的文化需求。再加上新媒体技术所拥有的大容量的数字化储存特点和高性能的信息加工特点，可以满足人们各个感官对丰富多彩的文化信息的选择。移动性的新媒体又给人们增加了信息文化获取的便利性，人们可以随时通过移动终端获取信息、收看视频。新媒体集声音、形象、文字于一体的多重属性，可以满足不同群体对不同文化的选择需求，提升了社会主义先进文化传播的有效性。第二，互联网新媒体为社会主义先进文化走向世界提供了新渠道。新媒体传播是先进文化走向世界最直接的表现，大大增强了中国文化在世界的影响力。众所周知，新媒体作为一种新型的文化传播载体，以其高效性、便捷性和传播成本低等优势，为各种文化交流提供了支撑。全球化时代，文化传播的开放性、交互性，扩大了人类文化交流的深度与广度,新媒体的网络化进一步成为许多国家弘扬民族传统文化、扩大自身文化影响力、学习借鉴国外一切优秀的文化成果与经验的重要平台。中国先进文化走向世界最直接的意义即展示了中国良好的国际形象,有利于增强人们的民族文化认同,有力地回击了西方国家"中国威胁论"的论调,充分展示了文化软实力在国际交往中的作用。

(三) 互联网新媒体对马克思主义理想信念的弘扬

互联网新媒体由于其自身特殊属性,为满足人们的马克思主义信仰需求提供了一个全新的平台,主要体现在:第一,丰富的信息渠道所带来的多元化价值观念,拓展了人们广阔的文化视野,给受众群体在信仰抉择过程中有更大的选择余地。不同文化价值观的摩擦碰撞,有助于人们追求符合历史前进方向的文化,激发对这些文化信念的需求,从而产生信仰需求、产生推动力。第二,互联网新媒体作为一种新的文化形态对人们马克思主义信仰生成这一复杂的心理机制作用过程产生巨大的影响,它增加了人们对马克思主义信仰的认知途径,丰富了信仰情感体验方式以及信仰行为表现形式。

四 休闲娱乐的新 "场所"

根据文化的品位,可以把文化大体分为精英文化和大众文化两大类,而互联网新媒体的文化主流形态是大众文化,是一种快餐式的消费文化。总体上来说,互联网新媒体的文化特征符合大众文化的基本要素,是大众文化的展示平台、集散中心和孕育之地。

(一) 互联网新媒体提供网民休闲娱乐的功能

互联网新媒体的多样性和大众性给人们提供了多样的休闲娱乐方式。一方面,互联网新媒体文化具有多样性的特征。首先是他的表现手法的多样性,传统的文化创造都有一定的局限性,如书籍局限于文字的表达，而在互联网上表达方式多样，人们可以同时利用声、光、图、文字等多种手法来表达自己的意见。抖音、快手小视频等形式的出现，都为网民表达自己提供了新的平台。其次是其内容的多样性。互联网新媒体文化的内容多种多样，只要不违反相关法律法规，任何内容都可以在互联网上自由表达。一些为传统方式所没有的内容，如单纯个人情感的宣泄、山寨春晚等，都成为网络文化的一部分。微博、抖音等全新的网络文化，也在公众中尤其是青年人中流行起来。

另一方面，互联网新媒体文化是一种真正的大众文化。它在物质层面体现了大众性。传统的文化产品，无论是图书、音像制品，还是电影、戏剧，由于本身的价值较高，限制了一批低收入者的参与，然而伴随着手机网络的普及，全国数亿部手机都加入到互联网这一行列中来，从这一方面来看，互联网新媒体文化是大众的文化。同时由于各式各样创作者的参与以及众多网民的精神文化需求，越来越多的创作者以人们的日常生活作为他们文化作品的基础，创作出了一大批与人们的生活紧密相连的文化产品，使得网络文化的内容真正做到了大众化。同时，网上流行的山寨、草根等新文化，也成为大众喜闻乐见的文化形式，得到了大众的认可与支持。很大程度上为广大网民提供了更多休闲娱乐的方式，缓解了现在社会越来越大的社会压力，丰富了人们的生活。

（二）互联网新媒体促进了人际交流与情感交流

一方面，互联网新媒体打破了以往除大众传播以外的面对面的交流模式，人们不再受空间限制，可以随心所欲地交流，最具代表性的是微信、QQ、微博、贴吧等。一些在现实生活中遇到不顺或性格内向、不善交际的人，往往会通过网络寻找"知音"和同仁，不会再顾及现实社会中的一些眼光和束缚。于是，从网友到网恋，从网恋到现实相恋，极大地改变了传统的人际交往关系与情感交流关系，扩大了人们的交友范围。

另一方面,随着社会压力的加大,人们的生活被忙碌的工作占据了所有的时间,外出打工求学的年轻人无法经常回家与父母亲人见面,朋友之间由于距离远、时间紧等原因也没有办法经常见面,因此微信等这些互联网新媒体工具成为亲人朋友之间联系以及交流感情的最主要的方式。

五 负面信息的新源头

任何事物的发展都具有两面性,互联网新媒体传播的海量信息满足了人们的信息交流和获取,丰富和便利了人们的生活,承载了精神文化,传递了某种价值信号和取向。然而,由于多方面的因素,伴随互联网新媒体健康文化传播的同时,亦有大量负面、低俗甚至违法犯罪的内容传播。[①]

(一)网络虚假信息

互联网新媒体的发展,使得人们可以更加方便快捷以及随心所欲地发表自己的看法和观点,为人们表达自己提供了更加广阔的平台和空间,然而,互联网新媒体的快速发展,也使得网络虚假信息的传播速度更快,范围更广,并且对正常的社会秩序造成不良的影响。

(二)网络低俗文化

互联网新媒体的快速发展,网络上各种信息琳琅满目,人们可以在网络上获取到各种自己想要的信息,在这种条件下,一些人为了寻求刺激或者满足自己的好奇心在网络上发布各种色情、暴力、赌博等视频以及文字来夺人眼球,也有些网站为了盈利,打法律的擦边球,和传播一

[①] 于孟晨、梁华平:《生态学视角下互联网新媒体伦理解析》,《理论导刊》2018年第5期。

些不良视频来获得更多的点击量。这些负面信息的传播对青少年的影响尤其较大,青少年正处于心态不成熟,世界观、人生观、价值观形成的重要时期,很容易受外界环境影响的阶段,网络上传播的一些暴力的信息,让他们产生了崇拜甚至模仿的冲动。例如,2018年初,在湖南武陵山区的一个贫困县,沉迷于一款暴力电子游戏的15岁少年小唐,为了在现实生活中体验虚拟世界杀人的"刺激快感",将23岁的女邻居小西残忍杀害。暴力、色情、贪婪、玄幻等各种吸睛的因素,让很多孩子欲罢不能。这些暴力视频已沦为不少未成年人荒废学业、增加家庭经济负担甚至诱发犯罪的"精神毒品",严重影响青少年健康成长,危害社会安定。

(三)危害社会稳定安全信息等

互联网新媒体使得一些暴乱分子以及一些别有用心的人利用网络传播的快捷及便利来发布一些煽动国家分裂、不利于民族团结的言论,严重危害了国家安全以及民族团结。

当然,由于互联网是一个开放平台,自媒体的发展使得海量信息难以得到有效监管,负面信息充斥,绝不仅仅是上文所能罗列穷尽的。互联网新媒体丰富多样的内容满足了广大用户的需求,但充斥的大量不良信息也在败坏着社会风气、侵蚀着道德文化,违背了社会正常的伦理诉求,带来了需求与伦理的悖论。

第六节 互联网新媒体黑客病毒的伦理分析

互联网自诞生以来,黑客、病毒如影随形。它们以及背后的"他们"的存在,只是整个互联网"暗世界"的沧海一粟,满足着他们的猎奇心理、满足着他们的不正当诉求,这是一群技术精英利用其掌握的丰富的互联网知识和精湛的互联网技术在获取不正当利益,这也正是技术"两面性"的淋漓尽致的体现。一般而言，黑客和病毒的存在具有不正当甚至非法性，但在特殊的领域和场合，也有其积极作用，如为国家战略和利益与他国开展的电子对抗和较量等。这种"异化"的存在，其伦理问题显而易见。

在黑客的伦理准则中，他们不是根据常规化和不断优化的工作日来安排自己的生活，而是根据创造性工作与生活中其他激情之间的动态方式，在他们的生活节奏中为玩耍留下了一席之地。黑客工作伦理包含了自由与激情的融合，他们不是把金钱本身视为一种价值，而是把它视为实现社会价值和开创性目标的行为动机。黑客渴望与他人一起实现激情，渴望为社区创造有价值的东西，并因此获得同行的承认，他们允许自己的成果被任何人使用、发展和检验，这样人们就能互相学习。尽管当今信息时代的许多技术进步是在传统的资本主义和政府项目中产生的，但是，如果没有将自己的创造奉献给他人的黑客，它的一个重要部分——包括我们时代的象征即网络和个人计算机——将不会存在。①

毋庸置疑，网络黑客在计算机技术上都是当之无愧的精英人物，但是黑客们的行为又是很难与人类赖以生存和发展的一些基本的秩序相容的。黑客们通常通过制造病毒等方式对网络信息、网络资源乃至网络安全造成巨大威胁，扰乱了网络社会的基本秩序，给他人和社会造成了物质或精神上的巨大损失。

一 危害国家安全

一方面，黑客通过篡夺权力发布命令。这种黑客通常在军事演习或商业重大交易活动中出现，主要进行篡夺对方权力，实施"垂帘执

---

① ［美］派卡·海曼：《黑客伦理与信息时代精神》，李伦等译，中信出版社2002年版，第86—90页。

政"。越是经济发达、互联网络发展普及的国家，越容易产生"垂帘执政"式的黑客。美军在进行一次代号为"联合勇士"的联合作战演习中，一名年轻的上尉军官用普通计算机与互联网络相连，随后将隐藏有病毒的电子邮件发向海上的舰队。不一会儿，一行令在场人感到恐惧的字出现了：控制完成。一份军事命令注进美国海军大西洋舰队的指挥和控制系统，几分钟就控制和调动了该舰队，而舰队则浑然不知。随着隐藏电子邮件中的计算机病毒在各军舰的计算机中不断复制，海上的军舰一艘接一艘地"拱手"交出指挥权，整个舰队在这个小上尉操纵的计算机面前不战而败。

另一方面，黑客可以左右国家军政大事。这种黑客主要是指通过制造各种虚假信息以达到使敌对国家政治、经济、军事瘫痪目的的黑客。在21世纪的某一年，中东某个国家试图在海湾有所动作，美国准备出兵，混乱却发生了。先是加利福尼亚和俄勒冈电话系统中断，陆军在华盛顿附近的基地电话中断；一列高速火车撞上迎面而来的货车；一架正准备降落的飞机坠毁；佐治亚州两家银行的自动柜员机肆意在顾客的账目上增减；有线电视网信号中断；五角大楼用于分物资、调动部队的时间表变得杂乱无章。在美国还没有弄清楚真正的对手是谁时，华盛顿的所有电话系统，包括移动电话全部停止工作，白宫同外界的联系也中断，世界各地美军的大部分军用基地的计算机被攻击，反应迟缓、失去联系或被摧毁。迫不得已，美国被迫暂时停止战争。

并且，黑客也对能源安全造成严重危害。高科技给人们带来便利的同时，也为黑客的犯罪行为带来了温床，黑客可以利用相关技术破坏发电站、自来水公司、空中交通的国家基础设施、重要部门的计算机系统。以发电厂为例，黑客进入网络系统，对一家炼油厂的某个关键组件发送指示，致使该组件变得过热，此举可令整个炼油厂陷于瘫痪，他们透过掌握的技术，侵入控制系统，就可以让机器自我毁灭。通过录像，可以看到，机器开始震颤、冒烟，然后自行毁灭。在现实世界里，大型发电机价格昂贵，从订货到取货大约需要三到四个月时间，一旦出现故障，不可能立即获得新机器恢复生产，这可以让一家发电厂停产数月。

二　盗取商业机密

1995 年，来自俄罗斯的黑客弗拉基米尔·列宁在互联网上上演了一次精彩的偷天换日，他是历史上第一个通过入侵银行计算机系统来获利的黑客。1995 年，他侵入美国花旗银行并盗走 1000 万美元，他于 1995 年在英国被国际刑警逮捕，之后，他把账户里的钱转移至美国、芬兰、荷兰、德国、爱尔兰等地。2008 年，一个全球性的黑客组织，利用 ATM 欺诈程序在一夜之间从世界 49 个城市的银行盗走了 900 万美元。一般来说，银行不希望外界知道他们的网络系统遭受攻击，因为这样会影响他们的声誉，这也助长了罪犯通过自动提款机的国际网络实施盗窃的行为。

随着计算机用户的网上商业行为越来越多，很多黑客的行为从纯粹的攻击兴趣转为非法牟利，通过网上攻击获取用户密码窃取账户钱财的事情几乎每天都在发生，曾经有一家大型国有公司，被黑客入侵到公司内部网络的数据库，大量窃取了公司的商业活动机密，然后在网上出卖给国际商业竞争对手和国际股市"黑庄"，结果使该公司蒙受了巨大损失。在中国的一些重要招标中，也出现了黑客通过网络窃取投标信息的行为。一次政府的工程招标，黑客攻入了招标单位的网站，获得了多家投标单位的电子标书，交易给竞争对手，最终导致这次招标不得不宣布废标。

三　破坏社会秩序

一方面，存在着一些散播色情图像的黑客。由于互联网络四通八达，任何人只要通过自己联网的计算机都可以随意编写资料成为网页供人浏览。不法之徒便利用这种特性来传播色情图像和其他非法信息，有的可收取高额回报，也有恶作剧等。1998年一名黑客（年仅16岁）侵入美国空军的专用计算机网络，将一个有关空军战机统计图表的数字和战机图像删去，换成了一幅鲜血直滴的一对红眼球的画面，上面写着"欢迎进入真相"。引言是"你可以在这里了解美国政府的一切腐败丑闻，知道他们不希望你知道的秘密……"被更改过的网页中有一张淫秽图像，文字说明是"这就是美国政府每天都在做的事……"

另一方面，存在着一些蓄意报复破坏的黑客。许多计算机入侵者利用计算机向私敌进行报复，报复的形式多种多样，如删改对方计算机系统中的宝贵资料，毁掉对方的信贷记录，在其信用卡名下记录多次购物的费用；或者编造受害人的犯罪记录，向其雇主透露有关受害人的"不光彩的经历"；有的在计算机中埋设"逻辑炸弹"，在特定的时间发作，破坏网络中的贮存；还有的在网络中输入病毒程序，扰乱网络的正常运作。如台湾的集成电路生产公司爱普生公司的一名高职位员工因特殊原因离开公司后，怀恨在心，便多次侵入该公司的计算机系统进行窃改破坏，使公司为客户生产的 IC 晶片出现问题，蒙受数千万元的损失。

第七节 互联网新媒体技术的伦理分析

随着互联网新媒体技术的迅猛发展，人类社会正逐步由工业化社会转向信息化社会。全世界各个国家正在规划和实施适应信息时代的全国性，乃至全球性高速信息公路。互联网新媒体技术的产生和发展深刻地改变了人类的生活方式和思维模式，给人类生活带来了极大的便利，这是一场跨越时空的新的信息网络革命，它将比历史上的任何一次技术革命对社会、经济、政治、文化等带来的冲击都更为巨大，它将改变我们的生产方式、生活方式以及工作和学习方式。但是也应该看到，所有的新生技术，或者说在每项技术诞生的时候，都会对现有的社会伦理规范提出挑战。互联网新媒体技术亦不能例外，它在带给人们巨大利益的同时，也带来了不可忽视的新伦理问题。人类无法也不应回避这些伴生的伦理困惑和道德难题，要积极主动地迎接挑战，对其进行深刻的反思，从伦理关怀的角度，理性地认识互联网新媒体技术的现实意义及可能引起的新的伦理问题，并构建与其相适应的道德原则和伦理规范，以此约束和引导互联网新媒体技术沿着正确的方向发展。

一 互联网新媒体技术现状

互联网新媒体技术是由计算机技术与信息技术相互结合的产物，它是一种虚拟技术和数字化技术。

（一）互联网新媒体技术加快了社会的发展

互联网新媒体技术的发展加速了信息的国际化和高速性，使"数字地球"的理想得以变成现实。人类不但可以利用信息资源处理各种生产和生活中的问题，而且还可以充分地共享各种信息，为生产和生活服务。"网格计算、高清晰度电视、强交互点到点视频语音综合通信、智能交通、环境地震监测、远程医疗、远程教育等"[①] 都是互联网新媒体技术发展的高级形式。与这些高级技术形式相伴，互联网新媒体技术的积极社会影响将不仅表现在生产和人们生活的领域，而且还会对人们的思想观念和思维方式产生深刻的影响。在政治领域，计算机网络有利于扩大民主与增强政府管理的透明度，有利于促进政府和民众之间的密切联系，有利于提高政府机构的办事效率、提高科学管理和科学决策的水平；在经济方面，计算机网络的应用极大地促进了商贸信息的迅速传递和经济单位之间、消费者和生产者之间的广泛沟通，加强了生产的计划

---

① 李必成：《计算机网络技术概述》，《中国计算机用户》1994年第9期。

性和目的性；在科教文卫方面，计算机网络为人们进行科研合作、查询各种信息资源、开展远程教学提供了条件；在生活方面，计算机网络促进了人们活动方式和交往方式的改变，在网上求职、购物、交友甚至恋爱，使人们的组织方式、交流方式，以及工作和接受教育的方式，都随着网络技术的发展而表现出新的形式和特征。互联网新媒体技术的应用具有使人们在短时间内获得地域范围最广、信息量最大、工作效率最高、计算最准确等优势，也可以使监督管理和业绩考核最真实科学、情感交流最普遍，互联网新媒体技术的综合价值和积极的社会影响，不仅提高了人们生活的质量，而且加快了社会发展进程。

（二）互联网新媒体技术的另一面

自然界中万事万物都有着一定的发展规律，都存在着矛盾的对立面，互联网新媒体技术的发展亦是如此。因此，互联网新媒体技术在促进社会快速发展的同时也常常难以克服自身带来的问题，就像黑客技术、病毒编制的技术，不论正统技术发展的速度多快和水平多高时，它都会略高于于正统的技术。"据中国科技大学网络中心曾经对25000个网络服务账号密码进行了简单的穷举攻击测试，结果仅用一台高级PC在短短数小时之内就破解了其中18496个账号，这说明网络系统本身是脆弱的，大多数网络失范行为之所以得逞，主要在于网络技术的缺陷。此外，真正懂得使用和驾驭网络安全防护工具和技术的人微乎其微。这就大大妨碍了网络安全技术在国民中的推广和普及"。[①]

对于病毒来说，编写病毒的人多，打击病毒的人少，病毒在暗处，所以网络病毒常常是难以预知和超越的，病毒的防护技术常常是处于被动状态。一些过滤软件也无法投入使用，比如说用一些过滤软件去过滤一些色情信息，来达到净化网络空间的目的。但这些过滤软件会把所有

---

① 张晓冰等：《网络伦理道德失范的原因和对策》，《新闻界》2009年第3期。

包含乳房、性器官的信息都给封锁，这使得一些医学知识不能呈现给所需要的人。机器毕竟是机器，它不具有意识，不能像人一样能动地反映世界，只是不分青红皂白，一概都给过滤掉。网络具有自身漏洞性的特点，使得一些破坏性技术有可乘之机。无论任何一项技术，不论多么完美，不论多么前沿，总会有一个破解这项技术的方法。就比如说我们计算机防范最基本的防火墙技术，防火墙技术在预防和阻止一些网络行为失范的方面起着至关重要的作用，但是人们往往还可以用更为先进的技术突破防火墙的安全技术手段，这使得防火墙技术常常处于被动地位。技术的使用归根结底首要的因素是人，网络道德失范除了外部的入侵还有就是内部的网络犯罪。

二 技术的伦理困境

爱因斯坦曾经说过："科学是一种强有力的工具，怎样用它，究竟是给人类带来幸福还是灾难，全取决于自己，而不取决于工具，刀子在人类生活上是有用的，但它也能用于杀人。"[①] 互联网新媒体对人们来说已不陌生，它正以神奇的速度向世界各个角落蔓延，日益渗透到社会生活的各个方面，但互联网新媒体在使全社会受益的同时，也产生了一系列负面的影响。邱泽奇在其《智慧生活的个体代价与技术治理的社会选择》一文中写道："互联网技术应用的发展让市场在技术上有能力超出传统范围，脱离公共制度的监管，直接索取曾经由政府背书的识别信息，甚至也不告知对识别信息的运用。"[②]

（一）隐私难以保护

在当代，隐私权不仅被许多国家纳入法律保护的范围，而且呈现出

---

① 许良英编译：《爱因斯坦集第三卷》，商务印书馆1999年版，第56页。
② 邱泽奇：《智慧生活的个体代价与技术治理的社会选择》，《探索与争鸣》2018年第5期。

国际统一化的趋势,联合国现已将隐私权作为一项基本人权,并数次纳入国际公约条款。一般对隐私权是这样定义的:"隐私权是人的基本权利之一,是指自然人就个人私事、个人信息等个人生活领域内的事情不为他人所熟悉、禁止他人干涉的权利。它是基于个人与社会相互关系的处理而产生的保护人的内心安宁以及与外界相隔离的宁居环境的权利。"① 一个人的隐私被公布于众,很可能对这个人造成不可估量的伤害和损失,甚至影响与其有关系的人们的正常生活,从而破坏社会的和谐与平衡发展。正如一位观察家所说的那样:卷宗社会的基础正在建设之中,在这样一个社会里,利用消费者平常交易中所采集到的数据,计算机可被用来推测个人的生活方式、习惯、社会关系等。② 因此确立与保护隐私权,是人类文明发展的重要标志,也是实现人类与社会基本和谐,达到整个社会安定的必然要求。

网络主张系统要开放,符号要通用,强调言论的自由与人际关系虚拟沟通,鼓励追求"真实"与张扬"个性"。作为它的结果,这也会使个人的隐私权被剥夺,私人生活价值受到贬值。以前人们可以把自己重要的信息放在保险柜中,但在现在开放的环境下,面对计算机黑客无孔不入的盗窃行为,信息的安全性就显得岌岌可危,人们往往在不知情中就受到损害,因而侵犯个人隐私的问题也越来越引起人们的高度重视。

据专家分析,这种侵犯一般分为三种类型:第一,对个人隐私的直接侵害。人们在因特网进行的所有活动都被记录下来,这些活动包括电子邮件、远程文件传输、远程登录、网上漫游等。第二,对个人隐私进行多手传播。据美国电子隐私信息中心(EPIC)最近发布的一份调查显示,许多人在线购物,上网查看了自己的礼物之后,网站会将他们的

---

① 王利明等:《人格权利》,法律出版社2000年版,第34页。
② [美] 理查德·斯皮内洛:《世纪道德:信息技术的伦理方面》,中央编译出版社1999年版,第169页。

爱好、习惯等个人信息收集起来，以备扩大商务之用。第三，对个人信息进行歪曲。一些网站管理工作人员或别有用心的人对上网用户的记录进行窜改或有目的地加以传播，使个人隐私安全受到严重的威胁。个人隐私权是一种天赋权利，应该受到法律的保护，这已经得到了世界各国的普遍公认。同时，对个人隐私权的尊重程度标志着一个国家的文明和民主程度。"全球信息共享"是网络建设的目标，网络资源共享在给人们带来信息搜集的便利性的同时，也面临着对个人信息受到侵犯的伦理难题。人类在迈向信息化社会的过程中，也同时受到网络安全问题的困扰。如何切实保护个人隐私的问题，已经成为互联网新媒体伦理道德必须要考虑到的问题。

（二）知识产权易于侵犯

知识产权被定义为：公民或法人等主体依据法律的规定，对其从事智力创作或创新活动所产生的知识产品所享有的专有权利，又称为"智力成果权""无形财产权"，主要包括发明专利、商标以及工业品外观设计等方面组成的工业产权和自然科学、社会科学以及文学、音乐、戏剧、绘画、雕塑、摄影和电影摄影等方面的作品组成的版权（著作权）两部分。

因为信息的传输、复制、采集、处理、使用等网络技术的出现，引发知识产权的发生、使用和分配出现了许多的新情况，使得知识产权问题越来越复杂化。据专家研究，互联网新媒体中出现的知识产权问题大致存在以下几个方面：第一，知识产权的形式发生了变化，给侵犯知识产权的界定也带来了困难。信息技术使作品能够被迅速拷贝后扩散到网络中去，不能轻易改变作品的表现和编排方式。第二，有形载体的"无形化"，使知识产权的专有性和物质化不再明显。由于网络上知识产权的载体是传输和储存信息的媒介，如磁盘、光盘、光纤、电缆、各种计算机存储器等，是以无形化为产权，给知识产权的识别和使用标准的界定带来新的难题。假使给予这种形式以著作权的话,那么原著者的权利也将不再得到保护。第三,在网络上有无产权的信息难以分辨。网络具有开放性交互性特点,信息传递的渠道也非常复杂,有无产权更加难以辨别。第四,网络服务和网络技术应用的全球化对知识产权的地域性也形成了巨大的挑战。

由于信息产品是受世界各国知识产权法的制约,世界各国之间的保护标准和保护水平存在差异,因而导致网络上的侵权行为难以认定。由于信息技术的发展,复制软件程序变得轻而易举,侵犯知识产权已经成为网络世界难以控制的现象。侵犯知识产权的另一面是信息垄断,设想一下如果在网络上非法复制有知识产权的软件是一种不道德的行为,那么当某种社会性的、公开性的知识由于个人垄断而妨碍了社会发展是否同样也是一种不公平、不道德的行为呢?这里不仅仅涉及关于知识产权保护和知识公开合理利用的关系,而且引发了一个重要的哲学与道德的问题:即信息产品开发者的财产权是否合理是否有道德规范,如果有,那么这种道德基础的限度又是多少?这些问题迫使人们作深刻的思考并尽快对知识产权作出符合网络时代特征的新的伦理道德规范,这为网络伦理道德提出了新的挑战。

(三) 国家之间鸿沟拉大

网络是一个无边界的世界,世界各种不同的文化意识形态、思想观念在这里汇集交织,它对世界各国意识形态领域的影响将是巨大的。这种影响又是不平等的,具体表现为:网络信息的发送者和网络信息的接收者之间单向信息流动上的不平衡。由于这种不平衡的信息流动,使信息输出国将本国的社会价值观和社会思想意识形态通过网络传递给其他国家,就会形成一种文化扩张,从而造成了文化被同化的现象。发展中国家与发达国家之间在网络建设中存在着相当大的差距,网络建设落后的国家文化就必定受到网络建设发达国家的侵略,现在世界各国都在实行信息网络发展计划,该计划对经济发展的影响是不可估量的。即在信息社会中,谁能更有效地搜集信息、掌握信息、使用信息、加工信息,谁就能够在社会中发挥更大的作用并处于更有利的地位。那些信息网络设施建设迅猛发展的国家,信息资源开发利用得好的国家,其社会总产值将会成倍增长,综合国力就会越来越强,而那些信息网络设施建设速度缓慢,信息资源开发利用得不好的国家,其经济发展会越来越被动与缓慢,社会总产值甚至会大幅度下降。因此,在现代经济活动中,会形成强的更强,弱的更弱,最后形成新的世界性贫富两极分化,这种不平等性对各国的传统文化和思想意识形态都是一种毁灭性的打击和侵害。

据有关调查表明,网上各种语言的使用频率依次为英语84%,德语4.5%,日语3.1%和法语1.8%。网络中语种的比例已经超出它本身反映的问题。语言不仅表达着思想,而且传递文化与生活方式,共同熟悉的语言方便大家去沟通其民族文化和生活理念,这种语言使用国家在某种程度上支撑着一种意识形态统治和文化侵略。其导致的结果是,有些国家可以通过网络传播达到强求其他国家接受其价值观的目的,而还有一些国家则有可能遭遇到信息殖民化或文化殖民化的危险。

(四) 导致信息污染

信息污染是指因人有意地制造和发布有害的、虚假的、过时的和无用的不良信息而导致的人类健康生存和信息活动低效率的状况。[①] 当前,在网络空间中垃圾邮件、网络色情、网络谣言、网络虚假信息满天飞,它们严重污染了网络社会环境,已经成为网络空间的公害。当今在互联网世界,打开计算机,就可能遭遇铺天盖地的垃圾邮件的轰炸,虚假信息和网络谣言的骚扰,以及网络色情的诱惑。这不仅有碍网络环境的纯洁,对人们的生活和青少年的成长构成威胁,而且这些有害、虚假

[①] 沙勇忠:《信息伦理学》,北京图书馆出版社2004年版,第156页。

信息占用大量宝贵的网络资源，大大降低了网络运行的效率。更有甚者，不顾青少年的身心健康，把充斥着暴力和色情的东西编入计算机"游戏程序"中。

三 技术之于人伦

(一) 交往自由使人性过度开放

人们之所以愿意相互交往很多情况下是由于他们能够取得信息、获得他人的物质与情感支持、与他人形成伙伴关系，更重要的是获得群体归属感和生活的快乐。从理论上讲，大多数人都可以在日常交往中实现这些愿望。但在实际生活上，人们在现实生活中的交往要受到性别、种族、资源、社会地位等多种身份因素和个人的相貌、体态、表达能力等多种交往条件的制约，并不是每个人都能够实现上述意愿的。追其根源就涉及交往中的吸引力这一问题：人们总是愿意和那些自己感觉喜欢的人交往。吸引力最初更多的是来自外表和气质，然后才是社会地位和社会资源的占有程度，最后才是知识、智慧、修养等更为深层的内涵的东西。正是这一些因素，使许多内涵很好但因为外表或社会资源一般的人在日常交往中处于劣势地位，在现实生活中难以正常运转；网络所起的作用就是能改变现实交往中作为吸引力的优势和劣势地位，使一些由于外在因素欠缺导致交往中相形见绌的人重新获得交往的自信心。现实生活中的人际交往具有很强的"面具性"，当借助于网络时空交往时，人心的放大更具戏剧性、伪装性；人的压抑和宣泄心理得以释放，在"虚拟现实"的特殊环境里使人们更加毫无顾虑地释放自我，这种释放是否合理，就必须有个新的合理伦理来评判。

(二) 虚拟真实逐步替代现实生活

虚拟真实性源自计算机仿真，是与网络并行和交叉的一种新技术，其对现实生活的影响大大超过了仿真计、操作训练、医疗手术之类的技术领域，很多人沉浸在网络空间中，使其成为一种超前的行为方式和心理伦理实验室。由此引发了真实被虚拟入侵的恐慌，虚拟真实性会使人的认知感觉有一种升腾的狂喜。这些就使主客体之间、事实与真假之间等重要的哲学概念和生活常识都在不同程度上受到了冲击。沉浸于虚拟真实性是一种新的非人性认知体验，它最重要的特点就是，使用者对经验世界的感知的界限淡化。随着体验的深入，使用者还会在心理上产生一种依赖，甚至会把虚拟的东西，当作现实真实的东西去认可，而客观现实东西都会成为不真实的存在。虚拟真实性的实践表明，当使用者沉浸于虚拟真实性之中时，身体的感性知觉的作用无疑显得比在现实中真实，人与虚拟环境的关系不再以理性认知为主，而主要是以感性知觉为主，沉浸就是使人只停留在感性知觉层面，无须思考就会将虚拟真实性作为行为的对象和环境。虚拟真实性中，人们可以依照自己的自由意志行事，遇到不合心意的时候，可以中止活动或修改程序，这样就助长了人的随心所欲、不受规矩约束的心理，产生只注重个人，轻视他人的不良习惯与品格。还由于虚拟真实性的模拟仿真效果，会形成明显的移情效应，就是习惯了虚拟环境的人，在现实社会生活中也会要求一切按照其个人意志为转移，个人主义越来越强。无疑，这种行为方式不利于现代利益与价值多元社会的整合。随着虚拟真实性行为的普及，人们必须思考的一个问题就是在虚实之间怎样转换自己的行为方式和心理思维，尽可能避免由于虚实不分而产生的不良后果和身心的不健康。

（三）匿名交往使人无所节制

在现实生活中，人们的社会交流、活动方式受制于各种条件和道德约束，一定意义上相对容易规范，能够控制。而在网络世界中，由于网络运行的"数字化""虚拟化"特点，人们的交流以符号为媒介，使得人与人之间的交流简化为人机交流、人网交流等。这种"相逢对面不相识"的交流，表现得非常自由。这种"匿名性"使得人们之间的交流范围无限地扩大，交流风险却大大降低。但是由于交流更具随机性和不确定性以及匿名性，所以交往中的伦理非道德问题尤为突出，难以控制。人和人之间不仅直接接触减少了，而且在自身不能很好节制的情况下，可能做出许多现实中不敢做也不可能做的事情，使人无所节制，表现出与现实社会生活伦理道德规范不相符合的情况。这种无所节制的非道德心理也将会演变成现实的非道德行为，进而危害社会。

总之，科学技术是一把"双刃剑"，科学技术在应用的实践过程中，其正负价值是共同显现的。互联网新媒体技术作为高技术体系的一个重要组成部分，在应用过程中，也表现出"双刃剑"的性质。在互联网新媒体技术广泛应用并产生积极社会影响的同时，也引发了一系列社会问题，它在创造人类奇迹的同时，也潜在地伤害着人类自身，我们需要对网络技术的应用进行深刻的伦理思考和评判，制定相应的道德法规，应用伦理尺度对网络技术的应用加以正确的引导，从而保障人类的幸福生活。

第五章　互联网新媒体治理

2015年12月，习近平总书记在第二届世界互联网大会开幕式上的讲话中指出："要坚持依法治网、依法办网、依法上网，让互联网在法制轨道上健康运行。同时，要加强网络伦理、网络文明建设，发挥道德教化引导作用，用人类文明优秀成果滋养网络空间、修复网络生态。"① 2018年4月，他在全国网络安全和信息化工作会议上强调，信息化为中华民族带来了千载难逢的机遇，我们必须敏锐抓住信息化发展的历史机遇，加强网上正面宣传，维护网络安全，推动信息领域核心技术突破，发挥信息化对经济社会发展的引领作用，加强网信领域军民融合，主动参与网络空间国际治理进程，自主创新推进网络强国建设，为决胜全面建成小康社会、夺取新时代中国特色社会主义伟大胜利、实现中华民族伟大复兴的中国梦做出新的贡献。

在互联网领域，经过二十余年的不断建设，其治理理念与时俱进，立法规范不断完善，监管举措不断创新，互联网治理的组合拳在不断探索和创新。

---

① 习近平：《在第二届世界互联网大会开幕式上的讲话》，新华网（http://www.xinhua-net.com/world/2015-12/16/c_1117481089.htm）。

第一节 互联网新媒体空间的法治化

互联网新媒体空间的法治化是时代要求，是依法治国的需要，是国家治理体系和治理能力现代化的体现，是建设网络强国的必要条件。

从互联网发展现状来看，我国新媒体的发展已上升为国家战略，并进入新阶段，体现在六个方面：中国成为移动互联网大国；微传播正成为一种主流传播；网络空间法治化得到加强；中国互联网企业国际影响力剧增；各种自媒体发展迅速；媒体融合转型加快。近年来互联网的快速发展，让人们更多地发现互联网在带给我们便捷生活的同时也暴露了各种问题。究竟要怎样面对和解决互联网新媒体带给我们的机遇和问题，需要我们认真思考。

2014年2月，习近平总书记在中央网络安全和信息化领导小组第一次会议上，将网络安全的重要性提升到了前所未有的高度：没有网络安全就没有国家安全。在2016年的网络安全和信息化工作座谈会上，在中共中央政治局第三十六次集体学习时，习近平总书记已多次对网络安全作出指示，指出要树立正确的网络安全观；网络安全为人民，网络安全靠人民，维护网络安全是全社会共同责任；加快提高网络管理水平，加快增强网络空间安全防御能力，加快用网络信息技术推进社会治理，加快提升我国对网络空间的国际话语权和规则制定权，朝着建设网络强国目标不懈努力。

依法治网、依法管网、依法办网、依法上网，全面推进网络空间法治化，这是促进国家治理体系和治理能力现代化的要求和党的十八届四中全会精神在"网络中国""虚拟社会"的贯彻落实，是建设网络强国的必由之路。我国的网络管理正在一步步纳入法治化轨道，对互联网规律的认识越来越深刻。尽管互联网新媒体治理已取得不少成就，但依然存在短板和薄弱环节,需要政府部门、法律工作者、社会组织等协同发力,尤其要加快互联网治理的法制化进程,促进互联网新媒体空间的法治化。

当前,从外部环境来看,世界多极化、经济全球化、文化多样化、社会信息化深入发展,新一轮科技革命和产业变革蓄势待发,全球治理体系深刻变革,传统安全威胁和非传统安全威胁交织,外部环境不稳定不确定因素增多;从发展任务看,我国经济进入"新常态","十三五"时期将成为全面建成小康社会的决胜阶段。面对错综复杂的国际环境和艰巨繁重的国内改革发展稳定任务,互联网既提供了创新发展的巨大动力,又对现实政治秩序和社会稳定造成冲击,挑战各级政府的治理能力。互联网既是国家治理的重要对象,也是改善和加强国家治理的有力工具。互联网治理已经成为一国经济社会发展战略与公共政策的重要组成部分,深度融入构建现代国家治理体系和提升国家治理能力现代化水平的进程。

一 中国治理

(一) 治理历程

1994年2月18日生效的《中华人民共和国计算机信息系统安全保护条例》(国务院令第147号)被公认为是中国对互联网实施官方管制的首个标志性政策。2014年,是中国全功能接入互联网的第二十个年头,互联网治理政策也因互联网走进千家万户而变迁,二十年间,互联网可公开查阅的中央政府层面的政策共280份文件。

(1) 以规制接入为核心的起步阶段(1994—1999)

这个阶段中,中央政府发布重点涉及域名、互联网国际联网、网吧等议题的规章政策25项。互联网应用普及的第一步是接入。因此,起步阶段的核心议题便是接入相关政策。然而,客观地看,起步阶段的接入政策导向重在规制互联网连接的秩序。另外一些例如普遍服务、网络中立性等议题尚未纳入政策议题中。或许，这也是当前在互联网接入领域无论是城乡之间、还是省与省之间，抑或是人群之间存在互联网普及差距的原因之一。

需要特别注意的是，在这个阶段，信息安全就已经被纳入政策议题框架，先后出台了《中华人民共和国计算机信息系统安全保护条例》（国务院令第147号）、公安部《关于加强信息网络国际联网信息安全管理的通知》（公通字〔1996〕40号）、《计算机信息网络国际联网安全保护管理办法》（公安部令第33号）、人事部办公厅《关于加强人事部门在国际互联网上所建站点及网页管理防止发生失泄密事件的通知》（人办发〔1999〕34号）。这说明，信息安全在中国互联网治理的政策体系中，从初期就占有一席之地。当然，在这个阶段涉及信息安全的政策还是主要以部委"通知"这一文种出现，其约束范围和约束力相对较弱。

（2）以规范应用为重点的发展阶段（2000—2009）

自2000年3月10日纳斯达克指数触及5048.62点以后，网络经济泡沫达到了最高点。3天后，高科技股被大量抛售引发连锁反应，投资者、基金和机构纷纷开始清盘。仅仅6天时间，纳斯达克就损失了将近20%，股指一度下滑到4580点，由此宣告互联网经济泡沫的破灭。自此以后，中国的互联网治理政策进入以规范应用为重点的发展阶段（2000—2009），这是公共政策变迁进程中的关键阶段。这种关键性不仅体现在公文数量的大幅提高上，而且所关注的议题从接入问题向服务性、应用性问题发展。

这个阶段中央政府的年均发文量超过21份，发文量的两个高峰分别出现在2004—2005年以及2009年，2009年的年发文量为25份，达到最高点。越来越多的应用主题，包括医疗卫生、网络出版、网络知识产权、数字印刷、互联网地图、医疗卫生、网络文化、网络游戏、网络音视频传播、电子商务、电子支付、电子银行、网络税务、网络民事纠纷等被纳入政策议题。在这个阶段，对互联网普及应用产生巨大影响的《中华人民共和国电子签名法》颁布实施。当然，冷静分析，一方面，这个阶段对于信息安全议题虽然有所涉及，但是持续关注不足。仅体现为 2000 年 12 月 28 日第九届全国人民代表大会常务委员会第十九次会议通过《关于维护互联网安全的决定》。另一方面，这个阶段的重要逻辑脉络是，从重点规制技术应用向重视意识形态管控延展。当信息成为公共物品、自媒体大行其道、点对点传播成为常态、互联网成为公共空间，这无疑是一个无法回避的现实治理议题。

（3）以引导产业发展为特征的转型阶段（2010—至今）

21 世纪的第二个十年，作为战略性信息产业的互联网产业在全球范围内异军突起，成为创新发展热点，也成为创业投资热点。这个阶段，产业界非常活跃。2010 年，团购网站在国内风生水起；2011 年，微信平台投放市场，首批 27 张第三方支付牌照下发，百度、腾讯、新浪微博、360、阿里巴巴等纷纷开放平台导致"平台+应用"的竞合格局出现，智能手机开始快速普及；2012 年，国家提出实施宽带中国工程，当年中国手机网民规模首次超过计算机网民数量；2013 年，互联网金融、可穿戴设备给互联网产业带来新增长；2014 年，"互联网+"在带来新业态的同时对政府的公共行政提出前所未有的挑战。与实践发展相吻合的是，这个阶段的互联网治理政策也进入了以引导产业发展为特征的转型阶段（2010—至今）。产业主管部门、意识形态主管部门纷纷出台政策，推动互联网接入服务、数据服务、应用服务、网络文化等行业的转型。当然，信息安全仍旧被这个阶段的政策关注，先后出台了《互联网网络安全信息通报实施办法》（工信部保〔2009〕156 号）、《关于加强互联网域名系统安全保障工作的通知》（工信部保〔2010〕53 号）、《通信网络安全防护管理办法》（工业和信息化部令第 11 号）、《电信和互联网用户个人信息保护规定》（工业和信息化部令第 24 号），以及 2012 年 12 月 28 日第十一届全国人民代表大会常务委员会第三十次会议通过的《关于加强网络信息保护的决定》。

然而，互联网接入中国的 20 年以来，行政管理体制改革在一定程度上滞后于经济领域的各项改革。互联网产业的蓬勃发展，"互联网+"战略部署的逐步实施，对深化行政体制改革，特别是转变政府职能提出了新的要求。以"互联网+交通"的出行服务为例，2015 年在中国境内引起轩然大波。而这场由技术变革引发的产业态创新，最终将矛头指向出租车行业的现行管理制度。也就是说，转型阶段的公共政策不能仅针对互联网产业的引导，还需要将行政管理体制改革纳入政策议题。所以，转型阶段不仅是指互联网治理的政策议题的转型，而且也指政策特征的转型。这要求有关互联网治理的公共政策更加系统化、站位更宏观，涉及技术、产业、制度的方方面面。

中国已是互联网大国，并且具备成为互联网强国的雄心和潜质，建设网络强国的宏伟目标已经纳入国家"十三五"规划和国家信息化发展战略。中国寻求与其地位相称的利益，应当顺应并积极影响全球互联网治理的历史演进趋势。作为国际社会责任的利益相关方，中国需要在为互联网作出贡献的同时实现自己的利益诉求，二者相辅相成。在全球互联网治理新的实践中，我们应当抓住机会，积极参与，发出中国声音、贡献中国智慧。持续参与全球互联网治理的讨论和政策辩论至关重要，因为这将奠定今后相当长一段时间内全球互联网治理机制和框架的基础，从而使"中国声音"和"中国力量"成为一种获得国际互联网社群广泛认可和尊重的正能量。

（二）治理现状

1. 取得的成就

（1）积极构建天朗气清的精神家园

网络空间是亿万民众共同的精神家园，网络空间天朗气清、生态良好，符合人民利益，网络空间乌烟瘴气、生态恶化，不符合人民利益。2016年4月，习近平总书记在网络安全和信息化工作座谈会上强调，"我们要本着对社会负责、对人民负责的态度，依法加强网络空间治理，加强网络内容建设，做强网上正面宣传，培育积极健康、向上向善的网络文化，用社会主义核心价值观和人类优秀文明成果滋养人心、滋养社会，做到正能量充沛、主旋律高昂，为广大网民特别是青少年营造一个风清气正的网络空间"。

党的十八大以来，相关部门大力推进网络空间法制化建设，有效规范网络行为，维护网络秩序，净化网络环境，亿万网民共有的精神家园日渐清朗。相继出台《互联网新闻信息服务管理规定》《互联网用户公众账号信息服务管理规定》等法规规章，为依法管网、办网、用网提供基本依据。开展了"净网""剑网""清源""护苗"等系列专项治理行动，网络谣言、网络色情等网络乱象得到有效整治。"全国网络诚信宣传日""中国好网民工程"等一批活动成功实施，公民网络文明素养大幅提升。

（2）全社会共筑网络安全防线

万物互联的时代，机遇与挑战并行，便捷和风险共生。"没有网络安全就没有国家安全，就没有经济社会稳定运行，广大人民群众利益也难以得到保障。"习近平总书记高屋建瓴的话语，为推动我国网络安全体系的建立，树立正确的网络安全观指明了方向。2017年6月1日，网络安全法正式施行，将网络安全各项工作带入法治化轨道；《国家网络空间安全战略》《通信网络安全防护管理办法》等配套规章、政策文件相继出台，网络空间法治进程迈入新时代。

通过对微信、新浪微博、淘宝网、京东商城等网络产品和服务的隐私条款进行评审，企业违法违规收集用户隐私信息的行为得到有效整改，个人信息保护制度日益完善。金融、能源、电力、通信、交通等领域的关键信息基础设施建设不断加强；网络安全审查、数据出境安全评估等重要制度逐步建立，为网络安全织密防护网。"网络空间安全学院"在多所大学落地，"网络空间安全"成为一级学科；连续四年举办国家网络安全宣传周，使"网络安全为人民，网络安全靠人民"的理念深入人心。

（3）亿万人民在共享互联网发展成果上有更多获得感

2017年，中国数字经济规模达27.2万亿元，占GDP比重达32.9%。电子商务、网络零售持续增长，电商推动农村消费规模稳步扩大，物流、电信、交通等农村消费基础设施进一步完善。从在线办税、医疗挂号、到车主服务，不断细化的信息服务全方位覆盖百姓生活，"互联网+政务服务"让信息多跑路、群众少跑腿，互联网发展便捷了群众生活，智慧生活使群众有了更多的获得感。

2. 存在的问题

（1）立法内容不完善

经过对我国网络立法的梳理，目前我们在互联网立法方面存在着缺乏整体性规划、立法权限划分不清、立法内容相互冲突的问题，没有体现出合乎逻辑的、体系化的法律系统，一些法规之间甚至出现结构重复及抵触。有学者对重复立法现象的危害作了这样的阐释："内容存在重复和冲突是法治的一种消极因素，它将极大地损害法律的尊严，削弱法律的实效；在重复立法中改写法律条文或者摘抄法律条文的做法，实际上肢解了法律，破坏了法律的完整，损害了法律的严肃性"。[①] 例如，"关于出版物不得含有下列内容"的规定就都出现在《互联网信息服务管理办法》《互联网站从事登载新闻业务管理暂行规定》《互联网文化管理暂行规定》《互联网电子公告服务管理规定》《互联网出版管理暂

---

① 高广慧：《重复立法的现象与技巧》，《法学杂志》2004年第6期。

行规定》几个法规、规章中。上述规定中，立法内容的重复出现不但没有对互联网法律的完善起到应有的作用反而造成了法律适用的无序和混乱，导致法律冲突现象时有发生。此外，各个法律对相同的违法行为的定性和定量可能还存在一定的差异，有损法律的尊严。

（2）立法程序不健全

法治是形式正义与实质正义的统一，现代法治理论普遍认为法律是以保障人民的根本利益为目的，为了保证这个目的的实现，立法必须要有形式和程序的保障，从而实现法律的科学性。从形式正义来看，互联网立法也应该在现代立法程序的指导下进行，公开也更能适应和体现网络社会的特点，从而能有效地保证互联网立法的科学性和民主性。《中华人民共和国立法法》总则第五条规定：立法应当体现人民的意志，发扬社会主义民主，保障人民通过多种途径参与立法活动。有关国家机关在其立法活动中，要采取各种有效措施，广泛听取人民群众的意见。但当前在互联网领域的立法缺乏公众参与，而且，我国目前的互联网立法中，部门规章占了半数左右，由于立法层级和部门利益等各种原因，立法程序不规范的现象主要存在于部门规章制定过程中，这可能出现程序的不正义，进而损害实质正义。

（3）适用法律较滞后

由于互联网新媒体的迅猛发展，监管、立法的滞后成为一种常态。我国1994年接入互联网，最早的《互联网信息服务管理办法》是2000年出台。随着新的传播技术不断涌现，有关互联网的法律法规需要继续完善，有些需要补充新内容、增加新条文。此外，针对互联网领域当前存在的一些乱象，需要加强互联网立法的统筹规划和总体协调，增强现行法律、法规的适用性和操作性，不断提升互联网管理的效能和水平。

3. 法治化水平不高

党的十九大报告指出，科学立法、严格执法、公正司法、全民守法深入推进,法治国家、法治政党、法治社会建设相互促进,中国特色社会主义法治体系日益完善,全社会法治观念明显增强。经过二十余年的建设,我国互联网领域立法不断健全和日益完善(详见第四章第四节),基本做到了有法可依。当然,由于互联网新媒体领域的特殊性,法律规范的滞后性依然存在。除此之外,在互联网新媒体领域,严格执法、全民守法的要求和规范还需进一步提高。

(三)治理措施

1. 互联网新媒体治理主体

习近平指出,要提高网络综合治理能力,形成党委领导、政府管理、企业履责、社会监督、网民自律等多主体参与,经济、法律、技术等多种手段相结合的综合治网格局。要加强网上正面宣传,旗帜鲜明坚持正确政治方向、舆论导向、价值取向,用新时代中国特色社会主义思想和党的十九大精神团结、凝聚亿万网民,深入开展理想信念教育,深化新时代中国特色社会主义和中国梦宣传教育,积极培育和践行社会主义核心价值观,推进网上宣传理念、内容、形式、方法、手段等创新,把握好时效,构建网上网下同心圆,更好凝聚社会共识,巩固全党全国人民团结奋斗的共同思想基础。要落实关键信息基础设施防护责任,行业、企业作为关键信息基础设施运营者承担主体防护责任,主管部门履行好监管责任。要加强互联网行业自律,调动网民积极性,动员各方面力量参与治理。

(1)政府机构

中国互联网治理,是政府主导下的治理。在网络信息时代,政府的网络治理能力,已经成为评价一个国家的综合国力、经济竞争实力和民族生存能力的重要内容。需要指出的是,政府主导下的治理并不意味着政府包揽治理。同时,政府网络治理有别于传统意义上的政府治理和政府管理。与传统政府单向性的管理相比,网络治理是多向的、互动的,需要政府主导、企业自律和公民自觉参与。政府是从事管理、控制、协调和组织社会经济文化等事务的公共组织。维护网络公益，是政府的重要职能。互联网秩序的监管是一项复杂的社会系统工程，不能简单地视为技术问题，而应该从社会公共利益出发，通过政策法规供给、资源和技术投入、行政监督等方式进行监管。政府在互联网的发展进程中，要尊重市场规律，充分营造发展信息产业的良好环境，制定规则，搞好政策法规建设，鼓励竞争。

政府对互联网的监管主要有以下几个方面：

完善各项法律法规制度。近年来，我国政府结合互联网发展状况，制定了一系列法律文件和行政法规及规章，为依法规范和保护我国互联网的健康有序发展提供了法律依据。完善的网络法律体系包括内容和形式两个方面。在内容方面，既要有综合性的通信与信息服务、电子商务、电子知识产权等方面的法律法规；又要有涵盖信息采集与处理、互联网信息接入与提供服务、电子出版与网络新闻等内容的法律法规；还要有关于网络信息安全的，如信息网络安全、信息网络保密数字签名与认证等方面的法律法规。在形式方面，既要有法律文本，又要有行政法规，还要有行政规章。当然，完善的立法离不开有效的执法，科学立法是保障互联网领域健康发展的前提条件，而严格的行政执法则是法律能否贯彻实施并发挥其效力的关键举措。

协调网络立法的国际性与适应性。第一，互联网全球性互联互通的特点，使得人们交流和共享信息几乎不受时空限制，也带来了网上跨国信息交流如何管理的问题。这就要求网络立法必须加强与各个国家就网络立法问题进行沟通与合作。第二，网络立法不仅应当具有强制性，更应具有激励性。在确定否定式的消极性法律后果时，应确定肯定式的积极性法律后果，从而起到网络立法的激励作用。第三，网络立法应与网络经营方式、管理方式的发展变化相适应。同时，还要将有法可依同有法必依、执法必严联系起来，加强网络执法和网络司法，完善行政执法体制，明确职责，通过法律手段来保护公民的合法权益，保障国家的政治安全和经济安全，保障和促进信息网络健康有序地发展。

主流舆论引导。随着互联网新媒体的迅猛发展，形成了全新的舆论传播载体，社会话语权重新分配，各种信息充斥其间，如何正确对待网络世界的舆论和舆论场，是非常重要的现实问题。一方面，政府要主动搭台，善于利用自己掌握的舆论场地发声；另一方面，政府还要善于利用别人的平台，善于监管别人的平台，掌握舆论的主导权。从而使主流声音、主流思想、主流价值得到大力传播和弘扬，压缩不良信息的生存空间。

（2）企业

在"互联网+"浪潮的席卷下，企业这个重要的市场经济主体不断融注网络表达要素，并成为网络空间的重要实践者与行动者，其履责水平的高低直接关系着网络安全事件发生的频次与强度。因此，企业必须不断提升其履责水平，以更好地参与到网络综合治理行动中来。对于非互联网企业而言，建立健全企业网络安全制度，明晰网络安全的主要责任者，确保责任到人；积极开展网络安全培训，力求所有人员都能在安全的范围内操作与使用互联网。对于互联网企业来说，要加大信息保护技术开发，构建网络安全和诚信体系，规避用户隐私信息泄露，确保用户安全。

（3）社会

有效的社会监督是当前社会综合治理的重要组成部分，在互联网新媒体领域，社会监督亦会扮演重要角色。社会监督虽然没有政府监管的强制力，但它可通过及时有效的发声来规范网民言行，引导网络舆论，净化网络空间。这里的社会监督主要是指社会依据宪法和法律赋予的权利，以法律和社会及职业道德规范为准绳，对互联网领域的言行进行的监督,是不具有国家权力的社会团体、群众组织、公民个人和大众传媒等社会力量。这种监督的特点是非国家权力性和法律强制性,监督的实现在很大程度上取决于利益相关者的法律意识、道德水平以及社会舆论的作用。

(4) 民众

在网络空间所建构的媒介场域中,网民是最直接的参与主体。目前,我国网民数量已达到 8.02 亿人(截至 2018 年 6 月),这个庞大的数据不仅是对网络奇观现象的简单描述,更透射出这个群体所蕴含的无穷能量。如果网民能够控制好自己的行为,那么网络治理的难度就会大大降低。由此,在网络综合治理体系的建构中,网民这一主体的自律意识不容小觑。网民自律意识的强化,做到心有所畏行有所止,对国家在网络治理方面的法律法规心存敬畏,这样才能在网络冲浪中时刻保持警醒状态,慎思、慎言、慎独,不触碰法律和道德的红线,积极上网、健康用网,培养正确与健康的网络传播理念。

2. 治理手段

以经济手段调控互联网利益。无论是谣言传播,还是色情泛滥,抑或信息泄露,这些有悖于网络安全精神的行为之所以出现,都是利益得不到满足的一种"负面"显露。比如,网络上频频发生的用户信息泄露事件,主要原因就是互联网公司或技术人员受到他人利益的诱惑,而违背职业准则,把用户信息以商品的形式出售给第三方。也就是说,任何一起网络安全事件背后都隐藏着利益关系。所以,在网络综合治理的具体操作中,以经济手段有效调控利益关系是缓和冲突的根本方法。首先,以市场规律为基准,规范互联网行业市场秩序,稳定价值(价格)体系,提高经济满意度,坚定发展信心;其次,强化经济整合促进利益和价值共享,以利益共同体为目标,加强互联网企业之间的合作关系,降低个体风险,实现利益与价值的双重提升;最后,完善经济奖励和绩效考核，提高互联网从业者的满意度，有效抵制各种形式的网络寻租，降低网络安全事件发生的概率。

以法律手段规制互联网空间。在充斥着虚拟化与自由性的网络空间中，网络主体的复杂性以及表达方式的随意性极容易诱发网络安全事件，挑战既有的社会公共秩序。归其原因，是与网络空间的法律规制缺乏有密切关系。由此，通过法律手段来约束与规制网络空间的各种行为，必将成为网络综合治理的重要方式。首先，构建网络法律体系。在现有法律的框架下进行涉网调试，确定网络法律的使用范围，明确行使主体、责任对象、权利义务、行为规范与惩罚机制等，以此为网络空间的正常运行提供一套基本的参照体系；其次，设立专业的网络仲裁机构。很多网络安全事件的发生基本上都缺乏第三方部门的协调处理，应专设网络仲裁机构来化解网络冲突与纠纷，把利益冲突降到最低，同时，鼓励民间力量积极参与仲裁。

以技术手段规范互联网行为。从全球网络治理的演进道路来看，技术手段是最早的网络治理形式。因为网络社会的诞生本身就是技术的一种反映，对任何新技术形式的治理往往都要从技术本身出发来进行审视。如今，虽然治理方式日渐多样化，但是技术手段仍然是网络治理的重要实践形式。首先，推进信息技术的自由研发。国家要加大信息技术的投入，为信息技术自由研发提供资金保障、政策支持、平台搭建，推动自主信息产品研发，确保在全球网络空间中能够拥有一席之地，进而有效遏制其他国家的网络攻击；其次，提高网络使用的安全系数。互联网企业要不断提高技术生产水平，建立完善的数据安全系统，确保用户信息安全；最后，完善网络监管体系。大力推进互联网安全系统的开发与使用，对网络用户的信息能够进行有效监管，一旦监控到有悖于国家利益、集体利益的负面信息，系统则通过预警、报警等方式向相关部门发出提示，使负面信息在最短时间内得到监控并尽快消除，切实维护好网络空间秩序。

2. 治理对策

网络治理的核心问题主要集中在网络秩序与网络道德的维持、网络犯罪的惩治与预防、国家的网络主权维护等几个方面。互联网新媒体的发展，机遇与挑战并存。如何看待这些问题、研究有效解决对策，对于新媒体的风险防控、健康发展与社会和谐稳定起着至关重要的作用。

（1）构建治理体系

互联网新媒体治理体系的构建，可从治理主体构建、治理机制构建、治理能力构建三个维度来进行综合考虑。

1）治理主体构建

第一，进一步放权和分权，让各类治理主体在新媒体治理中发挥更大作用。新媒体的管控和治理，仅靠各级党委和政府是不够的。需要改变现有的自上而下的、单一主体、全能全控型的治理模式，力求转向一核多元良性互动合作管理的治理模式。在新媒体治理上，需要各级党委政府向市场和媒体放权，向社会组织放权，向基层自治组织放权，倡导社会参与和监督，做强做大各类治理主体，着力打造一批形态多样、手段先进、具有竞争力的新型主流媒体，建成几家拥有强大实力和传播力、公信力、影响力的新型媒体集团，构建新媒体治理体系。

第二，要科学界定政府的核心管理职能。各级党委、政府在新媒体治理体系中，有着不同于其他主体的关键地位，要在职能履行的过程中，统一规划、统一标准、统一制度，提高整体服务保障水平。要进一步明晰管理职责，破除新媒体治理中存在的"九龙治水"现象，在中央网络安全和信息化领导小组的统筹下，实现国家互联网信息办公室与中央外宣办、全国"扫黄打非"办、工业和信息化部、公安部、文化部、国资委、国家工商总局、国家新闻出版广电总局等部门的协同治理。要发挥好管理监督者的角色，监督并促使相关法律规范的尽快出台和有效实施，使新媒体治理真正走向"法治"。

第三，规范互联网新媒体企业和从业人员的主体责任。要组织新媒体企业和从业人员开展培训，提高其新闻业务水平，切实掌握有关法律和法规。要全面展开监督检查，对传播低俗虚假信息、涉嫌"网络暴力"、侵权抄袭等行为切实整改。要督促新媒体从业人员在技术、内容、销售、管理岗位上遵守职业操守，提高服务意识。

第四，提高新媒体用户的主体意识。要提高新媒体用户的新闻媒介素养和法律意识，形成有序参与的公民意识，强化社会公众的公共责任，提高公众抵御移动新媒体不良信息的自觉性，鼓励用户积极举报涉嫌传播不良信息的媒介机构。

科学的监管主体需要有效的落实，才能发挥各自力量，形成监管的合力作用。因此，在明确了互联网新媒体治理主体的基础上，落实主体责任，明确不同主体的权利和义务，形成责、权、利相统一的格局，才能有效发挥各方力量，协同发力。

2）治理机制构建

第一，构建形成对话机制。要在更多的亚社群中形成对话机制，形成团结统一的舆论场。目前，各级政府不断利用政务微博微信、法人微博微信等新媒体，及时发布各类权威政务信息，尤其是涉及公众重大关切的公共事件和政策法规方面的信息，并充分利用新媒体的互动功能，以及时、便捷的方式与公众进行互动交流，以新的姿态面对新媒体及其受众。

第二，形成快速响应机制。要建立整体性回应机制，充分整合相关行政资源，联合社会团体、意见领袖、各新媒体终端组织等建立跨机构信息处理机制，要形成党委统一领导、统一部署，政府协调共管的体制机制，实现政府在新媒体时代的整体性治理模式。要提升对新媒体的舆情监控能力，建立专业的民意调查机构，确保在第一时间及时了解事态发展情况，多渠道、多角度、多侧面掌握公众的思想反应，在调查数据的基础上分析研判处理舆情热点敏感问题，找出问题症结，对症下药。要对新媒体信息内容进行详细分类，实行严格的分级和信息过滤。

3）治理能力构建

第一，提高信息管控能力。要促进政府组织结构的变革，破除金字塔状垂直领导的刚性结构在信息获取、处理、反馈上的时滞性，改变政府行为过程的机械性、低效性，对公共组织进行结构再造。要打破基于组织等级链的信息封闭流动，对传统政府组织权限职能条块划分导致的"玻璃门""弹簧门"说"不"，实现基于信息共享和数据库的信息树状辐射传导，从而真正实现信息共享和无障碍传导。要通过新媒体技术改善政府的决策过程和政策质量，解决决策信息的不充分导致决策效果失误、时间延误的问题，解决决策过程缺乏沟通导致决策对象对决策内容的逆反问题，促使决策模式向开放式的强调决策者与决策对象共同参与的方向发展，真正实现民意表达、民智集中、信息共享、利益互动决策透明的民主决策。

第二，提高舆论调控能力。要整合网络和新媒体资源，实现社会主义核心价值观的新一轮内化进程。要探索以广大网民能接受的形式弘扬主旋律，以科学的、大众喜闻乐见的思想观念和精神食粮占领移动新媒体阵地，讲好"中国故事"；要利用好意识形态传播教化的多元化新平台，破除单一落后的思想灌输方式，做到以正确信念引导分散性、片面性、不自觉的公众舆论；要建立舆论调控的应急机制，防止误读；要探索新媒体"柔性监管"，创造条件培养一批思想进步、技术娴熟、粉丝众多、弘扬正能量的新媒体用户充当上级"管理员"。

（2）延伸治理空间

过去几年，我国互联网治理空间集中在大众传播的微博、BBS 等显性舆论场。鉴于半敞开的微信"朋友圈"在舆论场越发明显的信息交互角色,《刑法修正案(九)》规定,对于包括微信"朋友圈"在内的网络传谣最高可判七年。随着QQ群、贴吧群、微信群等互联网群组不断涌现,网络群组方便人们生活交流的同时也出现涉黄、涉毒等乱象,有的群组由于缺乏约束甚至被违法者利用,违规信息从群组中溢出,扩散至各个平台。为适应移动社交化,国家网信办发布《互联网群组信息服务管理规定》等,要求互联网群组建立者、管理者应当履行群组管理责任,明确将移动互联网群组纳入到网络治理的体系中,有效扩展了网络治理空间范围。

(3) 强化舆论监管

加强国家政府的舆论管控,引导舆论向正确方向发展。传播学教授郭庆光在《传播制度与媒介规范理论》一章中认为:"国家和政府的政治控制是媒介控制的主要方面,这种控制的目的是通过法律、法规和政策,来保障媒介活动为国家制度、意识形态以及各种国家目标的实现服务。它主要包括以下几个方面:1. 规定传媒组织的所有制形式;2. 对传播媒介的活动进行法制和行政管理;3. 限制或禁止某些信息内容的传播;4. 对传播事业的发展制定总体规划或实行国家援助。"[①] 由于互联网信息生态的复杂性、多样性、海量性,以及信息生产者的多元性、全天候、跨时空等特征,主流舆论的宣传和引导显得尤为重要。尤其在当前复杂的国际国内形势下,舆论的有效引导和监管对净化网络空间、引领社会思潮、维护社会稳定、树立文化自信、助推民族复兴等都具有重大意义。

(4) 净化信息生态

互联网新媒体信息的生产具有多头性,传播呈几何级增长,不受时空限制。而这些信息背后的生产者目的多样、诉求不同,内容千差万

---

① 郭庆光:《传播学教程》,中国人民大学出版社2011年版,第145页。

别，甚至违规违法的内容充斥网络空间，易于产生不良影响。尤其对于青少年而言，其人生观、世界观、价值观正在形成过程中，影响尤甚。如网络空间精神文化的"泛娱乐化"特征，裹合追逐流量最大化的自媒体商业生态，给网络空间文化秩序带来了诸多新的问题。《娱乐至死》作者波兹曼认为，"娱乐至死"可怕之处不在于娱乐本身，而在于人们日渐被轻佻的文化环境影响，失去对社会事务进行严肃思考和理智判断的能力。十三届全国人大常委会第二次会议全票通过了英雄烈士保护法。该法自5月1日起施行。英雄烈士的姓名、肖像、名誉、荣誉将受法律保护，禁止歪曲、丑化、亵渎、否定英雄烈士的事迹和精神，宣扬、美化侵略战争和侵略行为，将依法惩处直至追究刑责。再例如近几年兴起的网络视频直播、短视频等在网络传播移动化的趋势下，主播为了经济利益或其他利益，肆意迎合部分观众的低俗需求，使得网络空间乌烟瘴气，也加大了相关部门和行业监管审查的难度。

信息审核是筛选网络信息是否适合传播的第一道门槛，在网络飞速发展的过程中，互联网平台经营单位要按照"谁经营，谁负责"的原则，坚持社会效益和经济效益相统一、社会效益优先，切实履行内容审核主体责任，从源头上有效遏制不良网络信息的大面积传播。相关政府监管部门也要切实履行责任，加强网络巡查，严查价值导向偏差、含有法律法规禁止内容的互联网文化产品，情节严重的，依法从重查处并列入文化市场黑名单。进一步加强对互联网文化单位的引导规范，自觉抵制和清除不良内容，提供积极健康、向上向善的互联网文化产品。

二 全球治理

在浙江乌镇举行的第二届世界互联网大会上，习近平主席指出，"世界范围内侵害个人隐私、侵犯知识产权、网络犯罪等时有发生，网络监听、网络攻击、网络恐怖主义活动等成为全球公害……网络空间是人类共同的活动空间，网络空间的前途命运应由世界各国共同掌握。各国应该加强沟通、扩大共识、深化合作，共同构建网络空间命运共同体"。这意味着，互联网的发展高度提升了人与人之间、国与国之间的利益关联性，也使得人类更进一步意识到"同舟共济"的含义。习近平主席提出互联网全球治理所面临的挑战之余，进而提出了推进全球互联网治理体系变革的四原则：1. 尊重网络主权；2. 维护和平安全；3. 促进开放合作；4. 构建良好秩序，从而为应对互联网全球治理的诸多挑战提出了中国方案，这其中，强化互联网全球治理的国际合作是非常重要的环节。

基于国家安全的互联网全球治理模式，包括美国、加拿大等国宣扬的"多利益相关方"治理模式和中国、俄罗斯等国倡导的"多边主义"治理模式。互联网全球治理的实践表明，以民族国家为主导的"多边主义"治理模式能够更好地维护国家安全。互联网全球治理机制的完善，需要进一步强化互联网合作互助机制、标准实施协调机制、风险防范与评估机制等方面的建设，并注重互联网国内治理与全球治理的互动。斯诺登事件之后，原本远离公众视野的内容审查线上监控、私营企业代理执法等问题浮出水面，触发了对实体背后自由、民主、隐私保护、网络安全、产业激励、商业创新和知识产权保护等政治、经济、社会性议题的关注和热议。

（一）互联网全球治理历程

第一个阶段，从互联网诞生到1998年。

互联网产生之初，较少关注治理问题。1998年互联网从学术网络逐步变成商用网络以后，全球担心美国对互联网的管理和控制会影响整个互联网的公平参与和可持续发展，某种程度上因为迫于国际社会的压力，美国政府将互联网基础资源的管理权从美国商务部分离出来，在加州注册成立了一个名义上的国际机构ICANN，这是在互联网领域非常重要的举措。之后,在国际社会中来自政府、技术社群以及公民社会的诸多力量都在积极参与和推动互联网治理的核心工作。

第二阶段,以2006年互联网治理论坛,也就是联合国框架下的IGF论坛召开为分割时间点,标志着互联网治理探索的开始。

2013年的斯诺登事件再次把美国推到了风口浪尖上,美国政府在2014年3月宣布向全球多利益相关方社群移交关于互联网基础资源的管理权。由于全球多利益相关方社群是一个模糊的概念,于是这项工作各方共同努力足足进行了932天才结束,从2014年宣布计划移交到2016年才移交成功。

第三阶段,从2014年到2016年期间。

国际社会关于互联网治理也有很多平台在讨论,比如说世界经济论坛,以及巴西NET mundial(未来互联网治理全球利益相关者大会)会议等。

第四阶段,2016年是全球多利益相关方至少形式上共同参与互联网治理的标志时间点,互联网治理从此进入了一个全新的阶段,其特征是寻求互联网治理解决方案。

(二) 互联网全球治理现状

互联网创造了人类生活新空间,也拓展了国家治理新领域。作为20世纪最伟大的发明之一,互联网把世界变成了"地球村(global village)",深刻改变着人们的生产生活,有力推动着社会发展,具有高度全球化的特性。互联网具有极大的便捷性,它是信息交流的高速公路,意见表达的广阔平台。尤其是移动互联网和社交新媒体的广泛使用,使得全世界的人们都可以实现一瞬间的资讯分享、刹那间的信息分发,人们前所未有地被联结在一起,结合成声息相连的网络命运共同体。互联网还具有极大的聚合性,新闻、教育、医疗、政务、金融、交通、科技、市场等几乎人类所有的一切都可以被放置在同一个互联网平台上,实现同一个网络、同一个世界。但是全球互联网的治理还存在着许多问题。

互联网全球治理的协调合作、有效机制还处于探索阶段，多边、多方治理结构并行。在当前的互联网全球治理的组织架构方面，既有主权国家、次国家行为体、国际组织、跨国公司、非政府间国际组织，也有各种正式或非正式的对话机制、定期和不定期组建的专业性机构等。如互联网名称与数字地址分配机构（ICANN）负责关键互联网资源的分配，国际电信联盟（ITU）主管信息通信技术事务，互联网治理论坛（IGF）给利益相关方提供一个平等的对话平台，信息世界峰会论坛（WSIS Forum）作为一个政府间峰会专门探讨 WSIS 相关事务并敦促和跟进信息世界峰会的目标实施。组织机构繁多并不代表治理体系的完善，反而呈现出一种政出多门的杂乱无章之局面。具体表现如下：

首先是缺乏强制力。互联网关键资源被发达国家尤其是美国所把控，导致在物理层和规则层面的其他主体的地位缺失，而正是这种缺位使得信息弱势和新兴网络大国在技术层面很难通过自身的联合来建立具有强制性的组织架构，这种劣势延伸到内容层更是很轻易地造成了实质上的不平等地位。此外，惩罚性措施的缺乏也从另一个方面弱化了强制性组织体系的产生基础。

其次是协调性不足。无论是在物理层、规则层还是内容层，各主体利益诉求的相互冲突是显而易见的，而当前的互联网全球治理组织架构却并未形成一个协调各方利益的良善框架。协调性不足往往易于衍生无政府状态，使各类行为体都面临日益增长的风险和威胁。网络空间具有跨国界、无边界特性，网络空间风险和威胁往往一点突破、全网蔓延，任何一个国家或者行为体都难以独善其身，也难以独力应对，迫切需要建立起一套与国家安全及经济社会利益相契合的国际治理体系。

最后是没有系统化。虽然说各类有关互联网的组织机构或对话方式均有自身的构建目标和原则，但是多有交叉和重叠，甚至是相互抵牾。

如欧盟发起的"伦敦进程"是一个专门针对网络安全和网络空间治理问题的多边进程,这与巴西主办的"全球互联网治理大会"、我国举办的"世界互联网大会"等对话框架有着一定程度的功能重叠。联合国大会下设的联合国信息安全政府专家组(GGE)、上海合作组织成立的国际信息安全专家组、英国政府支持下的国际网络安全保护联盟(ICS-PA)和计算机安全学会(CSI)等组织机构均致力于对网络安全的维护。这就催化了互联网全球治理领域"各自为政""政出多门"的碎片化状态,并未形成一个系统性体系。

案例:典型国家互联网治理实践

(1) 美国的互联网安全治理

美国是"多利益攸关方"模式一个最有力的倡导者,但实际上并非毫不重视政府在网络空间治理中的作用。在近年来的国家战略中,美国一方面继续倡导"多利益攸关方"模式,另一方面则主张通过政府行动保护本国的关键基础设施,应对网络安全挑战。

美国互联网治理立法走在世界前列,法律几乎涵盖互联网治理的每个领域,其中主要涉及:

1) 互联网行业规范与信息自由。1996年《电信法》规定互联网领域向各方全面开放,为互联网行业的拓展清除了制度壁垒;其后出台了一系列规范电子商务、保护知识产权、减免税费等方面的法律。尤其是1997年《文明通讯法》(CDA),免除了互联网服务不受由于第三方的内容引起的任何责任,最大限度地避免了互联网服务机构的自我审查和对用户的监视,确保了信息在互联网中的自由流通。

2) 网络基础设施保护和国家安全。1987年《计算机安全法》、1996年《国家信息基础设施保护法》等对计算机系统、网络基础设施、网络数据等予以保护。"9·11"事件后火速通过的《爱国者法案》,赋予了FBI、ICA等机构监控网络信息以有效反恐的强势权力。2002年通过《国土安全法》，成立国土安全部，将网络空间安全升级为国家安全。

3）个人隐私保护。除1974年的《隐私法》外，1986年《电子通信隐私法》、1997年《消费者互联网隐私保护法》、1998年《儿童在线隐私保护法》均致力于对互联网个人隐私的保护。2007年《信息自由法》规定政府信息公开的内容不得侵犯他人隐私权。不过，个人隐私权面临的最大威胁来自于与国家安全的冲突。

4）未成年人保护。限制网络信息以保护未成年人，在美国互联网立法中并不顺利。CDA期望限制色情信息以保护未成年人免受伤害，而ACLU等民权团队却认定其侵犯言论自由，后联邦最高法院判定CDA相关条款违宪。无独有偶，1996年《儿童色情保护法》、1998年《儿童在线保护法》、2000年《未成年人互联网保护法》均因此而落得同一下场。

（2）日本的互联网安全治理

政府指导型治理模式是日本互联网治理采取的一种方式，在这一模式的指导下，日本政府很少直接干预互联网的治理，其主要任务是制定互联网治理的大政方针，为互联网的治理、发展创造良好的环境。日本政府并不直接干预互联网的治理，各项互联网整顿活动并不是由政府部门牵头，而是由互联网行业协会等非政府组织牵头，互联网治理有权威的法律依据，政府很少制定大量的行政法规、规章制度。

日本非政府力量在互联治理中起主要作用，包括互联网企业、广大网民、互联网行业协会等其他非政府组织。互联网企业有极强的社会责任感，自发成立各类互联网协会，制定各类规章制度并严格遵守。其中《互联网事业伦理准则》是互联网企业的金科玉律，各企业都能够严格遵守《准则》中的各项规定。日本网民的网络素养较高。在日本的网站上几乎看不到弹出的各类广告小窗口，这既与互联网企业自律性强有关，也与出现这类窗口网民一般情况下会进行举报有关。

从日本角度看，日本政府对互联网治理的干预极少，但政府又通过一系列的法律法规将互联网掌握在可控范围之内。一方面，通过政府干预可以弥补市场资源不足、市场无序竞争为互联网带来的负面影响。同时为社会群体引导互联网发展方向，降低了市场发展的无序性；另一方面，充分放权于社会群体，可以调动社会的积极性，提高政府工作效率，达到事半功倍的效果。

（3）欧盟的互联网安全治理

欧盟对网络空间的治理更倾向于一种广泛而全面的社会治理模式，突出对公民个人权益的保护，把网络空间视为民主法治之地而非军备竞赛场所。欧盟网络安全治理的短期目标是遏制网络攻击对基础设施造成的危害、减少网络犯罪引发的损失、预防网络恐怖主义事件的发生，长期目标则是增强网络防御能力、在欧盟内建设一体化的网络防御体系、促进欧美认同的全球网络安全治理理念和机制。在此目标指导下，欧盟建立了网络安全法律框架与组织体系相结合的治理机制，在"欧盟—成员国—民间"三个层面上调动各利益攸关方参与到治理进程中。总体来说，欧盟网络安全治理的目标有三个关键词："防御""打击"和"宣传"。"防御"即通过制定相关防御政策，鼓励和发展相关网络技术，以增强网络安全防御能力以及受到损害后的复原能力，尽可能的止损；"打击"即发展欧盟及其成员国对网络犯罪、网络窃密和网络恐怖主义的打击能力，通过加强组织机构建设增强部门间的分工协调，完善网络犯罪的法律框架，对其进行惩治，同时调动企业和私人部门参与到网络犯罪的监控和治理体系中；"宣传"即通过普及网络安全知识，培育健康的网络文化，培养相关技术人才，为网络安全治理储备后备军，同时在国际合作中提出欧盟主张，宣传欧盟的网络安全治理价值观，使之成为世界各国认同和遵守的治理理念。

欧盟网络安全治理实践大致可分为三个阶段：20世纪末的网络数据安全治理阶段、2001年"9·11"事件后的网络非传统安全综合治理阶段和2013年"棱镜门事件"后顶层设计和全面治理阶段。随着欧盟网络安全治理进程的推进，欧盟各机构和各国间协调更加有力，治理措施日益丰富并取得了显著的成效，体现出鲜明的共同体特色。除了网络安全内部实践，欧盟也重视与全球其他行为体的合作。在欧盟对外行动署和各国外事部门的协调下，欧盟积极参加联合国、国际电联、ICANN（互联网名称与数字地址分配机构）等多边机构的合作，参与并组织召开全球网络安全治理会议，力促国际网络安全公约的形成。欧盟与美国以其相似的治理理念和共同利益，双方保持着密切的双边合作，积极维护欧美理念下的国际网络空间秩序。

但随着欧盟内外局势的恶化，欧盟也日益重视与广大欠发达国家和新兴国家的互动，在治理"数字鸿沟"、联合打击地中海周边网络恐怖主义、治理网络走私诈骗犯罪、共同应对网络霸权主义等问题上与亚非拉国家和金砖国家开展合作，以保障其域内网络安全局势并增强国际网络治理话语权。

（三）互联网全球治理的机遇与挑战

1. 机遇

（1）平台和机制的搭建。互联网的全球治理需要全球性的平台和机制，到目前为止，包括联合国在内的部分国际组织、国家政府组织、非政府组织都在积极探索有效的互联网全球治理机制，搭建平台，并取得了一定的实效性。尤其世界互联网大会（World Internet Conference，WIC），备受瞩目，成效显著。它是由中国倡导并每年在浙江省嘉兴市桐乡乌镇举办的世界性互联网盛会，旨在搭建中国与世界互联互通的国际平台和国际互联网共享共治的中国平台，让各国在争议中求共识、在共识中谋合作、在合作中创共赢。

互联网全球治理的基本框架源于联合国"信息社会世界峰会（WSIS）"，其宗旨是利用知识和技术潜能以促进联合国千年目标的实现。2005年的突尼斯会议开始关注互联网治理问题，并设立了"互联网治理论坛（IGF）"以作为全球互联网治理的基本对话平台。IGF每年举行一次，由"利益相关者咨询委员会"决定大会议题后，任何机构或个体都可以向大会提交提案并参与讨论。IGF并不对各方提出具有约束力的文件，而只是为决策者在关键议题上提供参考。

2014年在巴西举办的首次"未来互联网治理全球利益相关者大会（NET mundial，或称巴西会议）"被视为IGF的补充和加强，其旨在寻找互联网治理的解决方案。但事实上，巴西会议直接源于斯诺登事件所揭露的网络监控问题。2013年，时任巴西总统罗塞夫在联合国大会上猛烈抨击美国国家安全局针对巴西政府及其本人的监控行为，并倡议建立"多边体系以重塑互联网治理规则"。罗塞夫的倡议得到了ICANN总裁（ICANN是互联网名称与数字地址分配机构，负责全球范围内的IP地址空间分配和域名管理等职能）切赫德的响应，并由其共同促成了巴西会议的召开。

为进一步落实巴西会议成果，世界经济论坛（WEF）和ICANN于2014年11月共同发起了"巴西会议倡议"。但该倡议的志向却远不止于此，它最终想打造的是互联网治理领域的"联合国安理会"，WEF和ICANN各占一席任常任理事。ICANN原本是互联网名称与数字地址分配机构，不过我们已经看到，ICANN事实上已经超越其初始职能，而延伸至互联网治理的广泛领域。

（2）共识度提升。习近平主席在第二届世界互联网大会讲话中提出，"中国愿同各方一道，加大资金投入，加强技术支持，共同推动全球网络基础设施建设，让更多发展中国家和人民共享互联网带来的发展机遇"。这一主张，得到了与会各国的普遍相应和赞赏。显而易见的是，

"构建网络空间命运共同体"需要各国意识到在当前情况下，需要携手合作才能迎接挑战，因而有必要建立一个互联网全球治理的合作机制，而这种机制不仅有助于强化互联网的全球治理，也为各国加强互联网及其相关方面的合作提供了更好的平台和机遇。也就是说，在互联网方面加强国际合作，很可能会有助于其他国际问题的解决，真正起到"互联网+"的作用。而且各国普遍承认，在互联网领域，传统的国界区隔不再明显，治理的国际化已成共识，借助网络空间命运共同体的建设，人类可以收到"总体大于部分之和"的功效。

（3）"领头羊效应"显现。在互联网全球治理问题上，中国扮演了非常重要的"领头羊"角色，其倡议得到与会各国的普遍响应和赞赏，并且由于中国在此方面的不懈努力，提供了重要的互联网全球共享共治的平台和机制，也取得了显著的成效，尤其在支持欠发达国家发展互联网技术和进行互联网治理方面，中国的声音更是得到了积极的回应。基于互联网发展中的"南北问题"严重，作为负责任大国，中国有必要与其他新兴经济体一道，给予互联网发展落后的发展中国家更多的技术支持和互联网建设支持，从而强化中国与广大发展中国家的"网络空间命运共同体"意识。而中国在全球网络空间中的迅速崛起将不仅会为自己赢得更多国际话语权和互联网全球治理主导权，而且也有利于保持互联网全球治理的平衡，在一定程度上抵消美国网络霸权所带来的负面影响。由于互联网发展需要的是互相包容、互相欣赏、互相信任，随着互联网全球治理的强化，国与国之间、文化与文化之间的包容心与信任感可望不断增强，互联网进步在国际关系方面的积极影响将会进一步显现。在这个过程中，中国不仅是提供了一个积极的思路，更是扮演重要的参与者和领导角色。

2. 挑战

（1）互联网领域的发展鸿沟问题，即有学者讲的互联网发展的"南北问题"。① 互联网发展水平与国家经济发展程度一般情况下呈正相关关系,因此,互联网领域也出现了学者张国庆分析的"南北问题",而这一差异既表现在互联网技术水平方面,也表现在互联网治理水平方面。由于相当一部分发展中国家缺乏网络技术的研发能力,也缺乏积极发展互联网的意识,或者是被动地接受发达国家企业所提供的服务,受到发达国家在技术、标准、产业等全方位的制约,或者是错失了互联网发展的大好机遇及其带来的推动社会进步的良机。而互联网发展上的这种"南北问题"及国家之间的"数字鸿沟",也会随着互联网及信息技术的进一步发展越发凸显出来,并失去了一个解决其他国际问题的重要途径。

(2) 全球治理的互信问题。互联网领域面临的安全形势各不相同,分裂了全球治理的互信基础。2014年2月,在中央网络安全和信息化领导小组第一次会议上,习近平就将网络安全放到国家战略的高度,指出,"没有网络安全就没有国家安全,没有信息化就没有现代化。"这说明了,中国领导人已经充分意识到缺乏网络安全将会给国家及社会治理带来巨大隐患,也会给国家安全带来极大危害。但中国、美国等国对网络安全的高度重视,与相当一部分国家对网络安全的忽视和无奈形成了鲜明对比,这事实上成为了全球互联网治理的"短板",也为网络犯罪及恐怖分子留出了可以利用的空隙。不仅如此,大国之间在互联网治理方面缺乏互信,更是为应对网络安全问题制造了障碍,而互联网问题上的缺乏互信,也恰恰是现实生活中大国之间缺乏互信的真实反映。②

(3) 各国政府互联网治理能力差异巨大。互联网全球治理与其他国际性问题一样,同样存在国际互信问题。互联网领域的技术水平发展

---

① 张国庆:《互联网治理的国际意义》,中国社会科学网 (http://gn.cssn.cn/hqxx/bw-ych/201512/t20151218_2788259.shtml)。

② 同上。

差异巨大,治理理念、治理措施、治理水平各不相同,因此,难以发挥国际治理的协同力量,易于造成治理的不平衡性,从而使得互联网的国际治理留下真空地带,或者薄弱地带,这给利用互联网违法犯罪的个人或群体留下了生存空间甚至是逃避打击的沃土。近十年来,互联网的迅速发展既带来了社会治理方面的挑战,也提供了运用互联网技术提高政府管理能力的机遇。但由于很多国家及地方政府缺乏互联网社会治理和全球治理的意识,未能抓住利用互联网及信息技术发展所带来的全面提升管理能力、减少管理成本、强化人际及国际沟通的便利与机会。从某种意义上说,中国领导人提出的"互联网+",不仅具有技术和经济意义,也具有管理和政治意义,更进一步地,还有加强国际合作与交流、推动公众外交的国际意义。

(四)互联网全球治理的思路与措施

1. 确立互联网生态治理理念

互联网生态治理比互联网治理这个词外延更大,内涵更为丰富。治理的要求也更高。正如对自然生态的修复和治理,我们需要将其置于一个大的生态环境中考量、决策,或者就某一区域进行综合治理、区域环评,而不是就其某一方面进行单纯的考量和评价。就互联网全球治理而言,从国别来看,需要各种协同治理;从技术来看,需要加强技术的交流与合作;从治理层面看,需要相互协调,治理层次同等;从治理时序安排上看,需要治理同步进行,等等。从互联网生态治理的理念出发,就某一国家或地区而言,我们需要将其置于全球互联网治理的生态位上,就某一治理领域而言,我们同样需要将其置于治理对象序列的生态位上,只有这样,我们才能清晰、明确、有效地治理。

2. 协同治理

在互联网治理领域,尽管存在网络主权之争,比如说主权问题一定会涉及信息的流动,而媒体的信息流动、信息自由流动以及信息自由有序流动就与网络主权问题有很大的关系,因为如果没有对所有权进行界定和保护,治理就无从说起。一些技术社群代表认为,互联网是无国界的,你讨论主权的时候会分裂互联网,这个是很多人的观点。另外一些国家如俄罗斯、塔吉克斯坦、乌兹别克斯坦等发展中国家一直坚持认为政策制定是国家主权问题,政策制定的主体只能是政府。印度、巴西、南非还组成三方合作组织(India, Brazil, South Africa Forum, IBSA)共同声明,互联网的治理应当交由联合国这样的政府间机构系统进行协调,实行一国一票的方式制定规则,以保证国际公共政策的统一。但是两次信息社会世界峰会都确立了"多利益相关方(multi-stakeholder)"的管理模式,代表了多数发达国家的观点。发展中国家也提倡"多边治理",但对具体的实施模式有不同看法。以世界经合组织(Organization for Economic Co-op-eration and Development, OECD)、八国集团(Group of Eight, G8)、欧洲理事会(European Committee, EC)为代表的主要西方国家同美国的观点一致,认为互联网的本质是开放的、无国界的,互联网使社会的各个层面都获得了发言权,该特质要求多利益相关方参与决策制定的管理模式。这些国家和利益团体以此为由,反对任何由政府单独主导国际互联网管理。具体表现为支持互联网名称与数字地址分配机构(Internet Corpo-ration for Assigned Names and Numbers, ICANN)这一非政府机构继续管理全球互联网域名。

3. 协商治理

互联网治理领域的很多争论,比如主权之争,模式之争等,核心在于我们是否可以平等地看待治理的各个主体以及用包容的心态看待治理模式的不同。不同治理领域之间、社群主体之间、主权国家之间是否可以相互借鉴、进行合作,这不是一个技术的问题,我们要能够平等包容地看待全球互联网治理领域产生的不同的思考和实践。未来我们能否像当年用开放、协作、共享的方式构建互联网一样,把全球不同的网络连接在一起？我们如果用同样的理念去构建一个 Internet of Governance，也就是一个有关互联网治理的互联网，姑且叫作"治理互联网"，这个治理互联网既能兼容不同的互联网治理模式，又能够相互合作解决问题，那么互联网才能够最终造福人类。

中国创造性地提出了"网络空间命运共同体"概念，遵循互联网国际治理体系的"多边、民主、透明"理念，但赋予了不同的含义。中国的关切点在于维护国家网络主权及国家平等参与政策制定，对三个理念的阐释集中于国际层面的应用。防止主权和国家利益减损，这是互联网尚不发达国家在争夺互联网话语权时必须面临的问题，这也是互联网全球治理的信任基础所在。由于这些不可避免的差异的存在，国际社会尤其是互联网大国更应积极推进互联网国际治理的协商性，积极关注并协调各国利益关切，以平等协商的方式推进互联网领域的全球治理。

4. 实践共识

从 2006 年互联网治理论坛建立到如今已十余年，互联网治理已经进入寻求解决方案并采取行动的第四个阶段。目前国内外互联网治理研究领域都在讨论如何形成行之有效的建议或者实践供各国使用。比如说反垃圾邮件问题，中国曾是垃圾邮件重灾区，一度中国的邮箱是发不出去的，因为中国邮件服务器的地址被认为是垃圾邮件的来源被国际社会封堵了。当时中国互联网协会牵头在国内做了很多反垃圾邮件的工作，逐渐让中国邮件服务行业生态变得健康起来，这才有了现在跟国际社会自由畅通的邮件沟通。这方面其实对中国而言已经有丰富经验，但对世界来说却是很多国家不具备的能力。我们知道全球互联网普及率仅为 55.1%（2018 年第二季度数据），全世界还有几十亿人没有联网，联合国互联网治理论坛的主题之一就是怎么把剩下的几十亿人接上网，这几十亿人如何面对曾出现过的那些问题，是不是会重复那些行业发展的伤痛，这是需要解决的。

(五) 互联网治理典型国家案例

1. 美国：基于分层治理模型的政策制定案例

2016年2月9日，奥巴马政府公布了《网络安全国家行动计划》（Cyber security National Action Plan，CNAP）。相比2011年发布的《网络空间国际战略》，CNAP更强调从宏观方面加强同世界各国的合作，共同应对互联网发展所面临的挑战。基于多曼斯基的四层互联网治理模型，CNAP的设计更加聚焦于美国网络威胁感知能力的提升和网络安全防护能力的增强，政策措施也更加具体：

在基础设施层，政府依然是网络基础设施最重要的保护者，通过加强与运营商、商业公司之间的合作来进一步提高基础设施的安全性和恢复能力。CNAP提出设立国家网络空间安全卓越中心（National Cyber security Center of Excellence）作为政府、企业的合作平台，研究制定网络安全技术解决方案。

在协议层上，技术社群通过加强技术设计来确保国家网络安全。CNAP提出与一些组织开展合作，确保技术能够满足安全需求。例如与Linux基金会（Linux Foundation）共同提出"核心基础设施倡议"来资助和保障常用的互联网应用工具，包括开源软件、协议和标准等。商业软件公司在软件应用层的网络安全政策中扮演着不可或缺的角色。为提升美国民众个人网络安全防护能力，政府将与商业公司、非营利组织加强合作，新成立的"国家网络安全联盟"（the National Cyber Security Alliance）将与处于行业领先地位的谷歌、Facebook、DropBox、微软以及一些民间团体合作。

在内容层上，CNAP呼吁民众在登录在线账户时要利用多种验证手段。政府与商业公司、非营利组织合作，加大宣传力度，帮助保护美国民众的网络信息安全。在面向公众提供的数字服务中，联邦政府正在加强多重身份验证和身份证明，确保公众在联邦政府部门办理事务时，其个人税收和福利信息可以得到最大限度的安全保障。

美国互联网治理的特色鲜明,强调多元共治,寻求利益主体动态平衡。多元共治是美国互联网治理机制最显著的特征,也是实现高效治理的关键环节。政府、法院、国会、企业、民间机构和用户等相关利益主体,基于各自的利益展开博弈与合作,进而实现互联网空间的良性构建和动态平衡。首先,在美国,互联网各大利益主体之间有着非常明确的职权分工,在均衡牵制下形成了多中心治理结构。其中,政府负责基础设施建设、法律法规完善、公共政策制定;法院负责相关诉讼,践行互联网法治精神;国会负责互联网法律法规的执行审查;企业负责技术创新,保持市场独立;用户负责使用和参与,拓展互联网发展空间;而民间机构负责对相关法律法规、行业行为等的全面监督。各大利益主体各司其职,为互联网高效治理创造了良好条件。其次,在美国互联网多中心治理结构中,不同的利益主体遵循着内在的权力逻辑,通过执行者、监督者和仲裁者的职能履行达到利益平衡,最终避免了互联网治理极端化问题的出现。其中,政府依法治网,扮演着执行者角色;对于不合理的法律法规、行业行为,民间机构有权向政府和国会表达不满,或通过法律诉讼维护权利,扮演着监督者角色;国会对政府制定的政策进行审查,法院对法规合法性和实用性展开权威裁定,扮演着仲裁者角色。再次,在美国的互联网治理中,国家加强与社会民众的沟通,关照各方利益,实现协商共治,开放共享,充分顺应了时代发展要求。比如,《爱国者法案》出台后,社会各个层面表达了强烈不满和批评,随后政府进行修订,通过增加公民权利保护条款、调整法案适用范围进行妥协。而美国政府公共支出开放网站的上线,也是协商共治的结果。最后,美国非常重视互联网治理的立法建设,有效构建了互联网治理基本防线,为互联网空间安全与秩序提供了坚实保障。2013年,斯诺登事件发生后,美国开始将立法重心转向网络安全方面,并出台了一系列法案,包括

《网络安全改善法》《联邦信息安全现代化法》《网络安全法》《网络安全信息共享法》《联邦网络安全工作评估法》等。因此，从2001年的战略转型到2013年的重心调整，美国互联网立法体系渐趋成熟，且内容非常完善。

近年来，美国政府开始成立专门的互联网治理专家团队，针对部分出台时间较长的网络法案进行修正，并劝谏国会采纳，以顺应时代发展潮流。两院议员也纷纷提出新议案，以适应日新月异的互联网技术，并试图快速解决新的网络问题，届时在第14届、第15届国会期间，很有可能出台新的《网络安全法》。就现状而言，美国互联网安全立法通过修订和新建的务实建设，在网络治理权威性方面发挥了至关重要的作用。

另外，随着大数据时代的到来，美国政府开始不断加强对个人隐私权的立法保护，如《隐私法》《电子通信隐私法》《消费者互联网隐私保护法》《儿童在线隐私保护法》等，都针对互联网个人隐私权进行了相关界定与规范。2007年，美国政府再次出台《信息自由法》，明确规定政府公开的信息中不得侵犯个人隐私权。因此，美国在互联网个人隐私保护方面，为民众构建了一道坚实的法律防线。同时，《计算机安全法》《国家信息基础设施保护法》等相关法律都明确了对美国互联网基础设施、软件系统和大数据等的法律保护。而《国土安全法》更是直接成立国土安全部，将互联网治理上升到国家安全层面，进一步增强了美国互联网基础设施管理的有效性。

美国的互联网治理亦强调柔性治理，维护互联网开放自由之精神。技术治理能够有效解决法律适用范围存在的问题，同时也非常契合互联网时代发展精神，技术治理辅以自律自治所形成的柔性治理，有效提高了美国互联网治理的社会认同度，为打造安全、开放、自由的网络空间奠定了坚实基础。

2. 日本：系统而全面的互联网法制化建设

日本非常重视法律在互联网治理中的作用，为此而制订了系统而全面的法律，几乎所有有关互联网问题都能找到法律依据、可以通过法律解决。日本互联网立法重点主要是对网络安全和网络犯罪立法、对互联网服务商行为的约束及规范。

第一，重视对网络安全和网络犯罪立法。日本政府严厉打击危害社会稳定、国家安全的网络行为。如早在1999年就颁布了《非法接入网络禁止法》，其主要目的是防止利用互联网进行犯罪，通过控制接入互联网来维持网络上的秩序。另外，日本还特别重视对未成年人的保护以及对个人隐私的保护，并制定了专门的法律。

第二，通过立法规定互联网服务商的法律责任。日本政府认为，让网民意识到对自己在网上的任何行为应负有法律责任、让互联网服务商意识到自己有责任清除互联网上的不良信息才是治理互联网的良策，因此日本政府特别重视网络服务商在互联网治理中的作用。颁布了《规范互联网服务商责任法》来规定互联网服务商的责任：①发现网络上不良信息应立即删除，并对信息发布者提出警告；②网络上信息如对公民个人造成侵害，有向受害者提供信息发布者信息的义务；③协助、配合执法部门开展互联网治理。该法律明确规定了网络服务商的法律责任，使服务商在治理互联网环境时有法律依据；并规定了对信息发布者及受害者的权利及义务，缓解了服务商在面对网络纠纷时的尴尬处境。

互联网治理涉及国家与个人的关系，政府对互联网进行治理的过程中难免会侵犯到个人隐私甚至个人自由，而日本是一个极度重视个人权利的民族，因此日本政府极力避免行政之手直接伸入到互联网治理之中。除通过法律来协调互联网安全与个人权利之间的关系外，互联网行业及民众也积极参与到互联网治理之中，通过自身的努力来维护互联网安全的同时也有效保护个人权利。日本在互联网发展之初就很少利用政

府权威进行治理。1996年，日本发布"关于互联网上信息的流通报告书"中明确指出互联网治理以行业自我管理为主，

"不应用法律做出新的规定"，日本的互联网治理就以这一法则为原则，基本上采取行业自律的方式。依据这一原则，日本成立了名目繁多的互联网协会，主要包括日本互联网信息中心，电气通信业者协会、电信服务业提供商协会等组织。为规范互联网，相关协会制订了一系列行业规范来保障互联网的健康发展。其中《互联网伦理事业准则》是日本的第一部行业自律法规，规定了互联网行业应遵循的基本原则。《关于互联网行业中有关伦理的自主指针》这是日本通产省与日本电子网络协会共同发布的，其中政府明确表达了对互联网治理的态度，即由行业自主制定规范、自主治理互联网。其他的如《电子运营中有关个人信息保护的指针》《互联网用户规则与方法》等都从不同方面规范了互联网企业的行为。同时互联网行业也利用其掌握的先进技术来规范互联网的发展。如日本电气公司（NEC）与通产省合作，共同研发"聪明芯片"（smart chips）的过滤软件，可以帮助未成年人自动过滤不健康内容，确保未成年人上网的安全。日本民间志愿者在互联网治理中发挥了无可替代的作用。比如，对互联网上不良信息的治理，日本有专门的志愿者主动监视互联网上的信息，一旦发现不良信息马上举报，为日本互联网营造了良好的环境。

3. 英国："国家热线"机制

互联网信息过滤几乎在任何国家都是一项会引起较大合法性争议的治理措施，而英国通过"国家热线机制"成功地获得了公众的认可并取得了良好的实施效果。英国的网络信息过滤系统由社会机构"互联网观察基金"（Internet Watch Foundation，IWF）负责实施。IWF的基本工作方式为：（1）向公众提供保密、安全的举报"热线"——网站、电话、电子邮件等。（2）审核被举报的网络信息，制定出应当受到删除

或屏蔽的网址清单。(3) 借助"告知和删除"政策,要求国内服务商限期删除或屏蔽相关信息。① "国家热线"机制最为突出的特点就是政府、社会机构、网民之间的明确分工和高度协作:(1) 政府不再直接负责处理互联网信息审查或过滤,而是由公信力较高的社会机构具体负责,这种方式减少了政府权力滥用的机会,降低了公众的抵抗力度。(2) 社会机构缺乏监管权威,而政府则依法规定:互联网服务商在接到有关违法和不良信息的"告知"后应当迅速采取"删除"措施,否则将承担相应法律责任,从而实现了对社会机构的赋权,提升了社会机构监管的有效性。(3) 服务商不得随意裁决或删除违法信息,必须在 IWF 的要求下才有权删除或过滤网络信息,借此避免了互联网信息过滤的随意性,减少了政府与服务商之间的共谋,最大限度地保护网民权益。

"国家热线"机制不仅提高了互联网信息审查工作的效率,而且大大提高了社会对该政策的认可度,政府的权威性、社会机构的中立性、服务商实施管理的高效性、网民参与治理的广泛性等方面都得到了充分调动。

4. 荷兰:"点滴自由"网民权利组织

网民权利组织在西方发达国家存在时间较长,开展工作形式多样,在有效督促政府和服务商、保障网民权利、提升网民的维权意识和能力方面发挥的作用日益得到社会各界的重视。以荷兰为例,"点滴自由"(Bits of Freedom) 是荷兰最有影响力的网民权利组织,成立于 2000 年,以保护网民的言论自由权与上网隐私权作为主要组织目标,是欧洲网民权利组织"欧洲网民权利促进会"的创始会员之一。

"点滴自由"的主要工作内容包括:(1) 对网民,通过宣传教育活动提升网民认识自身的权利、提高维权意识,通过法律援助、技术支持

---

① About US, https://www.iwf.org.uk/about-iwf, 2016 – 11 – 10.

和经费赞助等方式协助网民开展维权活动。通过宣传促进社会关注网络权利问题。(2) 对政府、服务商,通过评选"先进"奖项方式激励服务商和政府部门保障网民权利,通过公开点名批评方式施压有关机构采取改进措施。(3) 对社会资源,组织互联网技术专家和社会力量向政府、服务商提供互联网治理对策建议。①

网民权利组织在教育网民提高网络安全意识、向政府和企业提高专业性对策建议方面虽然有其独特优势,但是并非不可替代,科研机构同样可以起到这些作用。而网民权利组织的"对抗性"特点并非是毫无争议的:接受国际资金援助、接受国际性组织的领导等都存在削弱国家互联网主权、被操作利用的风险。

5. 澳大利亚:多管齐下从严监管

过去澳大利亚人总是手捧书籍津津阅读,而如今是看着膝上计算机如痴如醉。与其他发达国家一样,互联网正在改变澳大利亚人的工作和生活习惯,而对于随着网络的普及产生的各种问题,澳大利亚联邦政府从法制入手,保障互联网健康有序发展,多"管"齐下,对网络依法从严监管,毫不手软,使互联网行业步入良性发展轨道。

(1) 一管,专设机构引导方向

加强政府层面的管理,健全机制,引导并保持互联网健康的发展方向,是澳大利亚联邦政府在互联网管理中的第一"管"。据此,澳联邦政府决定将广播管制局和电信管制局合并,于2005年7月1日成立传播和媒体管理局,负责整个澳大利亚的互联网管理工作,并在首都堪培拉、墨尔本和悉尼设有办事处,已有690人的管理队伍,还组成了一个管理委员会。澳大利亚联邦政府做出的这一决策,使广播电视和电信、互联网管理结合在一起,更加有利于高效管理,得到社会各个方面的支

---

① About Bits OF Freedom, https://www.bof.nl/, 2016-11-10.

持和欢迎。

互联网是社会大众共有的虚拟世界，但不应是绝对的自由平台，如果管理不善，任其自由发展，国家信息安全、企业电子商务、大众个人隐私就会受到损害，网络谣言、网络色情和网络诈骗等违法犯罪就会泛滥。所以，传播和媒体管理局的主要职责是针对上述问题进行监管。在墨尔本，已着手对手机短信、网络传播中的违法内容加强管理，不留死角。

在行业协会层面，澳大利亚互联网协会作为社会组织协助联邦政府促进互联网有序运作也发挥着积极作用。该协会成员来自社会各界，有运营和信息传播机构，致力于在社会各部门形成合力，向政府提出规范互联网发展的合理化建议，规避各种弯路和风险，促进澳大利亚互联网快速发展。

（2）二管，建规立制依法管理

"没有规矩，不成方圆。"依法管理互联网目前是国际上的通行和必需的做法，明确在互联网管理中哪些要得到保护，哪些要进行限制、禁止，并让网民明确自己的权利与义务，互联网才能有序、安全地发展。建规立制、依法管理是对互联网管理最重要的环节，这是澳大利亚联邦政府管理互联网根本性的第二"管"。

澳大利亚是世界上最早制定互联网管理法规的国家之一，使互联网管理有章可循、有法可依。澳大利亚有关涉及互联网管理内容的法规及标准由传播和媒体管理局、行业机构和消费者共同制定。有关互联网管理的法规主要有《广播服务法》《反垃圾邮件法》《互动赌博法》《互联网内容法规》和《电子营销行业规定》等。

网络实名制管理在澳大利亚得到了社会舆论和民众的支持和拥护。传播和媒体管理局要求，互联网用户必须年满18周岁，并用真实身份登录；未成年人上网必须由其监护人与网络公司签订合同。这样增加了人们在使用网络时的信用,更利于自律和别人的监督。实名制限制并阻止一些人用虚假名字从事网络色情、网络诽谤和网络暴力等行为。

目前,澳大利亚政府正在推行互联网强制过滤计划,防范网络不良信息对国家安全、个人隐私和经济利益的威胁。传播和媒体管理局与各网络服务商签订协议,要求他们不得传播垃圾邮件、淫秽色情信息、暴力内容以及有害儿童身心健康的信息等违规内容,并向他们提供过滤软件。出现传播违法内容问题时,传播和媒体管理局可根据协议,要求网络服务商关闭受感染的服务器。同时,传播和媒体管理局设有专门的举报投诉热线,接报 24 小时内就会采取处置措施,并向投诉方作出回复。一年多来,澳大利亚全国有 22 万多人通过这一方式举报了 2800 多万封垃圾邮件。

澳大利亚打击垃圾邮件是很严厉的。根据澳大利亚遏制垃圾邮件的法律规定,凡是批量发送的邮件必须符合三个方面的规定:一是发送方须在传播和媒体管理局进行真实详细的备案登记;二是接收方同意接收;三是接收方如对邮件不满意可以退订。澳大利亚严格执行这些规定,对违者处以罚款。由于处罚得力,2004 年以来,世界排名前 200 位的垃圾邮件公司已有不少退出了澳大利亚市场。

(3) 三管,网上执法警方配合

开展网上执法,传播和媒体管理局与警方密切配合,共同严格查处网络各种违法行为。这是澳大利亚联邦政府落实到位的对互联网进行严厉的第三"管"。澳大利亚联邦和各州政府警署负责网上执法,并设有专门的互联网监控部门,对网络违法犯罪情况实施监控,特别是监控针对儿童的网络色情信息。

澳大利亚大多数民众支持政府规范互联网内容,家长对于网络上的色情信息非常担忧,呼吁政府采取有力措施查处各种涉及儿童色情、性暴力等内容的网络信息。

根据澳大利亚法律，任何网络服务商不得在网上传播淫秽色情和极端暴力等内容的信息。在网上发表亵童照片，最高可处罚11万澳元（约合77万人民币）和5年监禁；在网上出售色情内容信息的公司，最高可处罚22万澳元（约合154万人民币），涉案人可处以5—10年的监禁。按照法律，传播和媒体管理局与警方共同查处互联网的各种违法问题。对于澳大利亚境内网站的违法行为，传播和媒体管理局在接到举报后，通知警方前来查处。

(4) 四管，国际合作安全教育

澳大利亚的一家网络媒体有这样一个视频，报道一名吸毒者失去知觉的情形，展现了令人震惊的毒品危害场景，告诫人们要珍爱生命，呼吁停止毒品对城市的危害。通过国际交流合作，广泛开展互联网的安全传播和教育是澳大利亚联邦政府非常重视的第四"管"，是管理互联网的有效方法。

为保障网络安全，澳大利亚联邦政府拨出大量资金，包括向每个家庭提供过滤软件，开展网络安全教育。通过社区向公众进行正确使用互联网教育，在学校设立专门机构对学生传授正确的互联网启蒙知识。同时，澳政府还设立了专门的智能网络网站，以保障学生使用互联网的安全。

澳大利亚还建立了国家网络安全运行中心，目标是不断占领和掌握高新科技，追踪和瓦解复杂的网络攻击，在保护国家网络和信息安全方面发挥重要作用，为政府决策提供可靠的安全建议和协助。

开展国际合作，使互联网法律和管理方法与国际上取得协调。澳大利亚通过国际网络检举热线联盟，广泛开展国际合作，并与美国、加拿大、中国、日本、新加坡，以及欧洲国家进行了互联网发展和管理等方面的交流与合作。

通过规范有效地对互联网法制化管理，促进了澳大利亚互联网事业的发展和普及。在日新月异的当代互联网技术发展中，澳大利亚联邦政府部门、社会各界和民众依法安全高效地使用互联网，尽享互联网科技文明的成果，促进了澳大利亚经济社会的进步和发展。

6. 新加坡：国家安全置于首位

2005 年，一个法律判决在新加坡受到关注和热议。时年 17 岁的高中生颜怀旭，以"极端种族主义者"自居，在博客上发表数篇攻击其他族群的言论，甚至叫嚣要暗杀部分政治人物。当年 11 月，颜怀旭被新加坡法院依据《煽动法》判处缓刑监视 2 年，且必须从事 180 小时社区服务。指定的社区以其他少数族群人数居多，法院此举被认为可以促使颜怀旭从正面了解其他族群。这一判决得到多数人支持，但也有少数人认为这一判例可能影响言论自由。而新加坡当局毫不讳言《煽动法》适用于互联网，理由是新加坡存在多文化和多种族等特殊社会现实，需要及时避免一些言论可能给社会和谐和稳定带来危害。

事实上，以法治精神著称于世的新加坡，是世界上推广互联网最早和互联网普及率最高的国家之一，也是在网络管理方面最为成功的国家之一。该国在互联网管理中，将国家安全及公共利益置于首位，对一些不负责任甚至危险的言论，如果市场力量、公民自律和舆论"软约束"等均行不通的话，通过立法程序形成的"硬约束"便会发挥影响。颜怀旭案件便是例证。多年来，新加坡各类法律法规的有效执行保障了社会稳定和网络健康发展。

新加坡对互联网有影响的法律法规主要包括各种新制定的法规，以及适用于互联网的传统法规。早在 1996 年，新加坡就颁布了《广播法》和《互联网操作规则》。《广播法》规定了互联网管理的主体范围和分类许可制度，《互联网操作规则》明确规定了互联网服务提供者和内容提供商应承担自审内容或配合政府要求的责任。两部法规是新加坡互联网管理的基础性法规。根据这两部法规，威胁公共安全和国家防务、动摇公众对执法部门信心、煽动和误导部分或全体公众、影响种族和宗教和谐、宣扬色情暴力等都被规定为网站禁止播发的内容。

此外，新加坡政府还将《国内安全法》《煽动法》《维护宗教融合法》等传统法律，与《广播法》和《互联网操作规则》等互联网法规有机结合起来，打击危害国家和社会安全的行为。

对于个人而言，如果在互联网上肆意诋毁或发布违反法律的内容，有关部门将依法采取行动，或提出警告，关闭网站和个人网页，或提出诉讼。

在新加坡的互联网发展与管理中，政府一直处于主导地位。新加坡政府认为，作为国家利益和公众利益的代表，政府必须积极介入互联网管理。具体表现在促进立法和执法，促进行业自律和推动公众教育。

新加坡互联网管理主要由媒体发展局承担。互联网服务提供商和主要内容提供商必须在媒体发展局注册，并根据要求主动删除危害国家和社会安全的内容。

在加强立法执法和对从业者进行管理的同时，媒体发展局联合其他政府机构，积极构建互联网行业自律体系，鼓励互联网服务提供商和内容提供商制定自己的内容管理准则。有关部门还鼓励服务提供商提供带有过滤功能的设备供家庭用户选择，避免未成年人接触不良网站。学校服务器一般也会对网站内容进行过滤和限制访问，老师和学生有不同的权限。

当然，新加坡政府在促进互联网教育方面更是不遗余力，尤其重视对青少年和家长的教育宣传活动，早在1999年就成立了志愿者组织互联网家长顾问组，由政府出资举办培训班，鼓励家长指导孩子正确使用互联网，强调培养孩子的鉴别力。媒体发展局认为，有效管理互联网的长远之计在于加强公共教育。

第二节 伦理建构

在互联网这个虚拟的世界中,并不是所有的问题都严重到需要运用法律的制裁,其治理既要惩治道德失范行为,又要对线上线下不良行为的产生进行预防,这就不仅要靠法律的威慑力和行政管理的手段,而且更多的时候要靠互联网伦理对全体传播者和网站运营者起到道德自律的作用。① 习近平总书记在第二届世界互联网大会开幕式上的讲话中明确指出:"要加强网络伦理、网络文明建设,发挥道德教化引导作用,用人类文明优秀成果滋养网络空间。"②

一 互联网新媒体伦理建构的必要性

互联网在发展过程中越来越体现出它的社会性,随着新媒体的出现,互联网已发展成规模巨大的传播媒介,网络空间也已成为人们重要的社会活动空间,涉及数亿的使用者。③ 这使得我们也必须从整个社会的角度来看待互联网的发展。和现实社会一样,互联网的发展迫切需要道德的支撑。现实社会的发展离开道德的支持就会失去平衡,和中国转型期因道德滑坡出现的信任危机而致使整个经济难以建立起一个和谐稳定的体系一样,互联网缺失了伦理道德的支撑就难以成长为一个健康有序的"虚拟社会"。因此,建构互联网新媒体伦理道德已经刻不容缓。

(一)互联网领域道德失范问题突出

"虚拟社会"作为一种新生的社会组织形式,它给人们提供了一个

---

① 张咏华:《传播伦理:互联网治理中至关重要的机制》,《全球传媒学刊》2015 年第 2 期。
② 习近平:《习近平在互联网大会开幕式演讲》(全文),《凤凰网》2015 年 12 月。
③ 张昆:《拓展媒体伦理研究的新空间——〈全球媒体伦理规范译评〉读后的思考》,《新闻与写作》2017 年第 11 期。

极其广阔的活动空间。在为互联网所带来的自由、便利而欢呼之后,人们却不得不面对互联网里频繁发生的各种问题——或大的,或小的,或深层的,或表面的。每一个人都不得不面对垃圾信息、泛滥广告的骚扰,也几乎都有网购假货的切肤之痛,即使没有遭受过网络暴力,没被网络攻击、网络劫持,也难逃蠕虫病毒、后门木马、流氓软件、色情资源的入侵;在互联网分享经济的大背景下,又如何界定知识产权与技术创新的产权;信息成为越来越有价值的商品,商业机构的操纵,媒体追逐热的盲从,黑客的恶意发布,与隐私相关的各种内容充斥在网络的各个角落等。

现实生活中我们已经有了一套较为完整的伦理体系,并时刻规制着人们的行为。而在当下的互联网环境中,由于互联网中没有了统一的伦理规范,在面对一些道德选择时,人们自然倾向于利己的方面而行动,当每个人都肆无忌惮地沉迷于自己的利益和欲望,互联网的失范问题也随之产生。在多数情况下,人们在互联网社会中的一言一行是听从于自己的心意召唤,而道德对网民心意的产生起到很重要的作用。因此针对互联网新的传播环境达成新的伦理共识至关重要。

互联网技术不仅是远远高于蒸汽机器、电动机器的技术形态,而且它必将创造一个远远高于工业社会的新的智能社会形态。出现伦理问题并不奇怪,也并不可怕,但可怕的是遇到问题而无动于衷。问题往往意味着人类进步的方向将由此得到突破。因此,互联网伦理问题凸显出建构互联网伦理的必要性与迫切性。

(二) 互联网新媒体技术防范道德失范功能局限

互联网是高科技发展的产物。由此,一些人士认为互联网社会所出现的问题,都可以借助于科学技术,通过技术创新来解决。其实,通过人类和科技发展的过程看出,技术与反技术之间的较量,从来就是一个此消彼长、反复循环的怪圈。妄图仅以网络加密、网络防火墙、电子追踪等诸如此类的"反犯罪技术"就能达到净化、纯洁网络的目的只能是一厢情愿。

以反病毒为例,病毒编制技术常常比"反病毒"技术的发展速度更快,水平更高。计算机领域中的病毒与反病毒技术较量"用道高一尺,魔高一丈"来形容是最恰当不过的了。我国著名的反病毒专家王江民承认,反病毒专家没有病毒制造者的技术水平高。他说"编制病毒的人多,反病毒的人少,几个反病毒专家的思想怎么能够和数不胜数的编病毒人的思想相比。另外,编病毒在暗处,反病毒在明处,所以我们不可能超越他们,也无法知道他们正在琢磨什么怪招法。"[①] 另外,反病毒专家也很难预知病毒编制者在什么时候,什么地方施展他们的技术。还有,防病毒技术本身是一种被动的和反应性技术,他们总是在发现病毒的存在之后才想办法去进行查杀。总之,这些因素导致反、防病毒技术发展的滞后,反病毒技术的特点常常使它们处于被动状态,发展速度总是滞后病毒编制技术一步。

现代网络技术创造了互联网世界,要解决网络社会出现的问题,自然离不开技术的智慧和力量。但是,在技术与反技术"道高一尺,魔高一丈"的情形之下,要真正解决或避免网络空间出现的问题,仅仅依靠技术的进步,是远远不够的,还需要动员更多的社会力量和文化智慧。

(三) 互联网领域立法规制滞后

在法治社会中,法律自然是互联网治理的重要手段。但相比于传统现实社会道德和法律规范的实实在在的个体和组织,网络社会的主体是虚拟的数字化存在。这加大了互联网立法中法律主体界定的难度,如用

[①] 刘韧、张永捷:《知识英雄——影响中关村的个人》,中国社会科学出版社1998年版,第477页。

户相信了网站上的诈骗信息，网站需不需要承担相关责任？或者网站被黑客攻击，用户信息遭到泄露，用户受到的伤害该由谁来承担责任？这些问题都是有关互联网的法制建设中出现的法律难题。

此外，我们知道法律总是存在滞后性的，这是因为其制定和执行过程都要经过一系列严格的程序，需要长时间的调查和论证，使其具有绝对的稳定性和权威性。比如在徐玉玉事件中，没有从源头遏制和打击信息贩卖者和诈骗人员，而在徐玉玉被骗致死后才引起广泛重视并开始处理事件，可是生命已经无法挽回了。在这样的情况下，没有在技术管理、管理者职责及使用者义务上制定更明确的法律法规，便不可能为新媒体的使用者建立严格的行为约束。当软性道德失去效应，硬性法规又缺位的时候，便可能有人做出违反公共利益的不道德行为。

而互联网上一些行为并不是都涉及法律，有些行为虽然不妥当，但也没有上升到需要法律制裁的程度。在此情况下，法律就派不上用场，而通过互联网伦理道德约束，可起到使主体自觉避免不妥当行为的作用。对于互联网这一新生事物，伦理道德的构建可在互联网法律还不完善时，通过网上网下行为者的自觉配合，敦促网上所有行为主体以高度的社会责任感参与社会传播，进而自觉避免网络失范行为，免除对个人造成侵权和对社会造成的损害。

二　互联网新媒体伦理建构的作用与意义

和现实社会一样，互联网社会需要自己的伦理道德，需要一个人们在虚拟网络空间的行为所应该遵守的道德准则和规范，以营造出健康有序的现实空间和清朗的互联网空间。互联网新媒体伦理的建构有着非常重要的作用和意义。

(一) 互联网伦理构建能促进互联网主体自律性的提高

互联网主体是指与建设、管理、使用网络有关的自然人和社会组织。[①] 网络使用者——网民是互联网主体的主要组成部分。互联网主体是网络社会中的主导性和能动性要素，是互联网社会中其他诸要素的决定力量，互联网社会中的一切行为都是网络主体参与或实施的。

然而互联网社会具有后现代性特征，让互联网主体在虚拟社会生活中所呈现出来的价值判断，充满了模糊性和不确定性。道德相对主义观念在互联网社会中极为盛行，许多人认为，网络空间是人们充分展现自我的空间，任何的感性体验都是合理的。在互联网社会，"自己对自己负责""自己为自己做主""自己管理自己"的价值观念，使许多网民将互联网空间视为一个无政府主义的空间，从而彻底淡化了价值判断的重要性，使网络价值判断变得多元、相对和不确定。随着社会的进步和发展，现代科技对人文精神的漠视，经济全球化带来的道德多元化，使得今天许多人，尤其是青年一代在道德修养方面存在许多的问题。

通过对互联网社会中所出现的道德问题的特点、成因的分析，不难看出要解决或避免这些问题无疑是一项系统工程，既要重视技术的作用，更不容忽视伦理道德的功能。伦理道德作为一种对人精神、灵魂的内在的支撑力，对人的行为有着无可替代的导向作用，能够有效调整主体的权利义务和行为规范。不管对每一个网民而言，还是对每一个组织而言，互联网社会是充满温情还是充满欺诈，是处处垃圾还是让价值不断创新，其实，这个秘密武器的密码掌握在我们每一个人的手中和内心里。人类历史表明，进步和发展已经成为社会运动的一个基本趋向，道德更需以其激励进取功能为人的潜能建设性地释放与社会进步与发展提

[①] 严耕等：《网络伦理》，北京出版社1998年版，第157页。

供方向。网络伦理的建构，也将激励网络主体不断地进取，从而实现个人潜能的发挥以及个人素质的全面提升。加强互联网伦理建构，意义深远，势在必行。

（二）互联网新媒体伦理构建有利于虚拟网络社会秩序的和谐、有序与稳定

科技在人类进步中发挥了巨大的作用，但当科技被动机不纯者利用时，也可以造成对人类文明的破坏。人类文明进步的经验教训告诉我们，仅仅凭借科技并不能给人类带来一个和平稳定的环境和愉快舒适的心灵。"虚拟社会"里存在着的诸多问题更使人们认识到，即使在现今科技手段日新月异的情况下，也不能完全凭借科技来规范网络秩序，净化网络环境，弥补网络缺陷。伦理道德是人们对自己以及自己置身其中的各种关系的认识的结晶，是全社会一致生活所造就的共识，是帮助人们理解周围环境和人自身的一种特殊手段。人们在享受网络自由的同时，也感到了网络丑恶现象带来的道德上的不悦，必然会运用道德来进行抨击。此时，道德所具有的批判功能就显现出来。

当然，谁也不可能高明到预先将互联网中可能出现的问题完全掌控于股掌之上，事先制定的规则不可能将互联网出现的不规范行为"一网打尽"。但互联网主体起码能根据这些道德规范辨别出在这个虚拟世界里哪些是对的，哪些是错的，哪些是允许的，哪些是禁止的。构建出互联网伦理，提供网络行为合理性的根据，加强网络的规范与制度，有利于维持互联网秩序的和谐、有序和稳定。

（三）互联网新媒体伦理的建构体现了人类文明的进步程度

道德伦理是一种社会意识形态现象，它产生于一定的社会经济基础之上，反过来又对社会经济基础和现实社会生活产生巨大的反作用。托夫勒认为，人类文明发展至今已经经历了三次"浪潮"。"今天，所有的高科技国家，都被第三次浪潮和第二次浪潮那种陈旧、僵硬的经济和

制度之间发生的冲撞，搞得头晕目眩。"① 托夫勒所说的"第一次"和"第二次"浪潮是指人类的农业文明和工业文明，而"第三次浪潮"则是指"后工业文明"或者说是"信息革命"。从他的论述中我们可以看出，每一次技术革命都将带来整个社会生产、生活方式的变化，也必将导致政治制度和伦理道德的变化。同时，每两种文明之间在产生、转换和新文明确立过程中都会发生新旧文明之间的冲突。而今天，在第二次浪潮和第三次浪潮之间，也同样会发生剧烈的冲突，表现在政治、文化、思想观念和伦理道德等各个方面。

网络作为第三次浪潮的典型产物，它的出现不仅反映这个时代的变革，并且它本身作为一种具有极大独立性的力量而活跃于人类历史的舞台，深入人们的生活，走入人们的心灵。互联网所提供的"虚拟社会"使人们可以在其中"冲浪"畅游，正和现实世界的活动一样，人们在网络中的活动也包含着伦理道德的因素，伦理价值观的差异在这里碰撞。碰撞的结果就是网络秩序有序和无序的并存。从目前看来，网络这种技术并不成熟，或者说并不十全十美，人们无法防止黑客、计算机病毒等危险因素的干扰。换言之，网络不仅仅是一个技术问题，它更是一个负载伦理价值的技术问题。随着网络的发展，人们将进一步认识到，网络的本质是一个涂满技术伪装的伦理道德问题。网络需要自己的伦理道德，只有这样，网络才能体现对人的关怀，才能实现自己的价值。

因此，找出新媒体伦理缺失的原因，建立一个新的新媒体传播过程的伦理道德体系，是我们每个公民需要思考的重要问题。新空间、新结构、新模式下亟须新准则、新规则、新伦理的重建。在信息时代的道德、伦理重建过程中，共享、安全、融合、平衡等核心价值观不应该被

---

① ［美］阿尔温·托夫勒、海蒂·托夫勒：《创造一个新的文明》，陈峰译，生活·读书·新知三联书店1996年版，第148页。

扬弃，反倒应该得到强化。通过确立协同治理观念、不断发挥社会组织的作用、构建全产业链的伦理道德、确立社会主义核心价值观理念使得道德约束、责任引导、社会契约与法律多管齐下，创造出与实体物理空间无缝连接、融为一体的虚拟互联网新空间。

三 互联网新媒体伦理建构的核心价值

对现实社会来说，核心价值观是一个国家和民族价值体系中最本质、最具决定作用的部分，它支撑和影响着所有价值判断，是维护社会秩序、主导整个社会的理想信念与精神风貌的主要标尺。任何一个社会都会出于自己的需要，提出自己的核心价值观。同样，作为虚拟形态的互联网社会也需要建设自己的核心价值观。学者把互联网价值观是这样定义的，"互联网价值观是反映网络对于人的意义和价值，是人们基于网络化生存、网络享受和发展的需要对互联网一般价值的根本看法，是互联网文化的核心。"[①]

当前，整个互联网社会的价值观念正遭受巨大冲击，价值观念正逐渐偏离正确轨道，这必然会引发现实社会的政治、文化、道德的危机。因此，必须建构互联网新媒体伦理的核心价值，使其能够有效地引导和规范人们的行为，抑制网络社会价值缺失和偏离的现象。

（一）共享

共享，基本意思是分享，指将一件物品或者信息的使用权或知情权与其他所有人共同拥有，有时也包括产权。而作为互联网伦理建构的价值原则，共享是指在"虚拟社会"中，应该排除现有社会成员间存在的政治、经济和文化差异，为互联网社会交往的成员提供平等交往的机

---

① 刘江涛、李申：《论网络时代的价值冲突》，《上海社会科学院学术季刊》2001年第3期。

会，让互联网发展成果为所有成员所拥有并且服务于社会的全体成员。

1. 共享价值提出的意蕴

提出共享是互联网新媒体伦理建构的核心价值具有丰富的伦理意蕴。正如马克思所强调："人的本质并不是单个人所固有的抽象物。在其现实性上，它是一切社会关系的总和。"从这一点上来看，在互联网新媒体时代中，也不可避免地存在着人际道德伦理关系。恩格斯曾说过，使"所有人共享大家创造出来的福利"。共享核心价值正是基于互联网发展成果由全体人民共享的基本出发点，以平等主义为追求，推进有效化解互联网世界出现的通讯自由与社会责任矛盾、个人隐私和社会监督矛盾、电子空间和物理空间等矛盾，促进互联网社会的稳定和快速发展，体现出人人参与、人人尽力、人人享有的鲜明伦理指向。

提出共享作为互联网伦理道德建设的核心价值，不仅仅是出于道德的逻辑，另外，也是互联网发展本身的客观要求和内在合理性。首先，共享是互联网社会的基本要求。如果互联网只是为一部分人服务，成为一部分人的信息交往工具，那么这样的网络是不完整和不健全的。只有社会成员都参与到其中，任何一个网络用户和成员都能利用互联网与所想交往的人进行交往，这才是真正的互联网时代。其次，互联网技术为共享提供了可能性。现代计算机通信技术的发展，越来越考虑到各个阶层的需求，各种设备的价格越来越便宜，甚至不需要用户配置内存和硬盘等设备，只需一个手机就可以加入进网络的大家庭中。"互联网真正让世界变成了地球村，让国际社会越来越成为你中有我、我中有你的命运共同体。中国正在积极推进互联网建设，让互联网发展成果惠及13亿中国人民。中国更加愿意同世界各国携手努力共同构建互联网空间命运共同体。"[①]

---

① 习近平：《在首届世界互联网大会开幕式的贺词》。

2. 互联网共享的内容

共享显然是互联网本身的特色属性，那么，目前互联网共享都有哪些内容呢？

（1）资源共享。资源共享包含了众多内容。比如信息资源共享，它是指图书馆在自愿、平等、互惠的基础上，通过建立图书馆与图书馆之间和图书馆与其他机构之间的各种合作、协作、相互协调关系，利用互联网技术、方法和途径，开展共同提示、共同建设和共同利用信息资源，以最大限度地为读者提供便捷、快速、全面的信息，为地方读者服务；比如电子政务信息资源共享和空间数据共享等。（2）文件共享。是指不同的用户在互联的网络上共享自己的音乐、影视、图书、软件等信息资源。网络上比较常用的文件共享技术是 P2P 对等互联网络技术。大多数参与文件共享的人也同时可以下载其他用户提供的共享文件。有时是同步进行的。P2P，英文 Peer-to-Peer 的缩写，译为点对点技术。是用于不同 PC 用户之间，不经过中继设备直接交换数据或服务的技术，它允许 Internet 用户直接使用对方的文件。[①]（3）实体共享。是指运用互联网技术构建全要素资源共享。包括技术研发、供应链服务、营销推广等，并通过合伙创业机制，聚集创业者到平台上来，组成一个一个的创业单元，从而形成新的经济体，创造出巨大的价值。随着新媒体时代的到来，实体共享发展迅速。当下受年轻人喜爱的实体共享有共享单车、共享汽车、共享按摩椅、共享雨伞和共享纸巾等。

3. 构建互联网共享价值的意义

共享价值理念的提出，对互联网新媒体伦理建构有着重要意义。

首先，是让人们在虚拟社会中有一个享有平等资源的机会。随着经

---

① 张敏、马海群：《P2P 文件共享技术对网络知识产权的影响探讨》，《情报科学》2007年第 6 期。

济社会发展水平持续提高，人们对精神文化需求也在发生变化，既有量的增多，也有质的提高，既有形式的需求，也有内容的需求。同时，经济发展决定了人们对实现包括互联网文化在内的精神文化的共同进步、共同提升和共同发展的呼声不断增加。共享价值观的提出，对人们特别是生活在革命老区、民族地区、边疆地区、贫困地区的人民有重要作用，使他们也可以分享到现有的互联网文化建设成果。

其次，只有做到共享才能充分发挥互联网信息潜在的价值，极大地降低全社会信息生产的费用。在互联网社会中，信息是最重要的社会资源，谁能更有效地搜集信息、掌握信息、加工信息、使用信息，谁就能够在社会中发挥更大的作用并处于更有利的地位。因此，从社会共同进步、缩小国家间、地区间的贫富差距、创造一个每个人都能充分发挥其潜能的环境来看，信息应当共享。

最后，在互联网新媒体伦理建设过程中，全面贯彻落实共享价值观，是促进我国互联网伦理文化繁荣和发展的现实需要，也是推进社会主义文化事业和文化产业健康发展的必然要求。必须高度重视共享机会、能力、水平建设，将发展型共享和补偿型共享相统一，从差异共享发展为均衡共享。重点解决我国互联网伦理建设过程中的共享机会不平等、共享能力缺失或不足等问题。让每个互联网用户和社会成员享有平等的社会权利和义务。网络所提供的一切服务和便利他都应该得到，而网络共同体的所有规范他都应该遵守并履行一个网络行为主体所应该履行的义务。让网络对每一个用户都应该一视同仁，它不应该为某些人制定特别的规则并给予某些用户特殊的权利。作为网络用户，拥有与别人一样的权利和义务，自然也不能强求网络给自己与别人不同的特殊待遇。使人们真正共建、共享互联网文化。

（二）安全

安全，基本意思是没有受到威胁、没有危险、危害、损失。国家标准（GB/T28001）对安全给出的定义是：免除了不可接受的损害风险的状态。而作为互联网伦理建构的价值原则，安全是指在"虚拟社会"中，应该使互联网系统的硬件、软件及其系统中的数据受到保护、不因偶然的或者恶意人为原因而遭到破坏、更改、泄露，系统可连续可靠地运行，互联网主体的信息隐私得以保护。

1. 安全价值理念提出的意蕴

提出安全是互联网新媒体伦理建构的核心价值具有丰富的意蕴。第一，互联网作为新的独立变量，给世界各国的发展带来许多正能量，但其本身一些无法克服的技术上的漏洞和人为的破坏，造成互联网作为信息的载体存在较为严重的安全隐患，严重地威胁着整个国家和社会的经济、政治以及军事的安全。因此必须重视互联网的安全问题。第二，我国互联网安全问题是长期以来的一大难题。一方面由于我国互联网起步较晚，网络基础设施不够完善，互联网本身存在的一些不可控性，导致网络安全难以保障；另一方面我国是世界上最大的发展中国家，国家经济、军事、政治在国际社会都有较强的竞争力，也成为遭受网络攻击的最大受害国。在互联网信息安全上遇到技术威胁和发达国家方面的挑战，尤其是在新媒体快速发展的今天，我国许多传统伦理道德受到威胁。民族文化是一个民族特定身份和其价值理念的体现，是经历了岁月的洗礼得以传承下来的，不仅代表了一个民族的精髓，也代表着国家的核心价值利益。因此我们必须构建自己的互联网安全观，建立健全网络安全体系。

2. 互联网安全的主要内容

习近平在中共中央网络安全和信息化领导小组第一次会议中明确了当前我国网络安全战略，他指出：我国互联网和信息化工作取得了显著发展成就，网络走入千家万户，网民数量世界第一，我国已成为网络大国。同时也要看到，我们在自主创新方面还相对落后，区域和城乡差异比较明显，特别是人均带宽与国际先进水平差距较大，国内互联网发展瓶颈仍然较为突出。① 通过对习总书记的网络安全战略谈话的解读，现将我国互联网安全观内容归结为国家和国际两个层面：

（1）国家层面

习总书记在第一次中央网络安全和信息化小组会议时强调："网络安全和信息化对一个国家很多领域都是牵一发而动全身的。"② 互联网安全已经成为国家安全的另一个代名词，没有网络安全就没有国家安全。互联网安全是我们当前面临的新的综合挑战。他不仅是安全本身，而是关涉到国家安定和社会稳定，是国家安全在互联网空间的具体体现。因此必须树立科学互联网安全观，保障国家互联网安全。第一，借鉴欧美发达国家和网络强国在互联网安全立法领域的成功经验，在结合我国实际情况制定我国网络法律法规的同时，应特别注意与现有的国际法律法规相互协调来制定相关法律；第二，我国政府应将互联网技术发展的根基建立在自主研发的基石之上，大力加强互联网技术人才队伍建设，提高互联网核心技术自主研发能力，打造出被世界认可的中国品牌。第三，提升网民素质，提升法律素养，增强道德自律意识，培育全体社会成员、网民的社会责任感。虚拟的互联网需要社会上每一个个体对其进行维护，只有提高网民的素质，才能保持互联网社会的和谐健康发展。

（2）国际层面

维护互联网安全是国际社会的共同责任。全球互联网是一个互联互通的网络空间，互联网的开放性必然带来网络的脆弱性。各国是网络空

---

① 中央网络安全和信息化领导小组第一次会议召开 习近平发表重要讲话，中共中央网络安全和信息化领导小组办公室（http://www.cac.gov.cn/2014-02/27/c_133148354.htm）。
② 中央网络安全和信息化领导小组会议内容，中国中央网络安全和信息化领导小组办公室。

间的命运共同体，网络空间的安全需要各国多边参与，多方参与，共同维护。正如习近平总书记所指出的，网络安全是全球性挑战，没有哪个国家能够置身事外、独善其身，维护网络安全是国际社会的共同责任。[①]第一，完备网络信息基础设施，形成实力雄厚的信息经济。不断扩展仪器设备，将大量有价值的信息内容通过政府的各个机构以数据、影像、图书档案等多媒体的形式体现，使多种应用软件依靠网络传输标准和传输编码形成信息的交互式利用。第二，在信息技术层面，大力推进国产化战略。培养高素质的网络安全和信息化人才，国家在政策上着力鼓励企业发展企业创新。互联网安全战略支持企业发展成为技术创新和信息产业发展的主体。国家在原有的单纯通过政府的行政手段对现有资源进行分配等方式进行转变，通过政策引领来鼓励企业创新。第三，积极开展双边、多边的互联网国际交流合作。中国政府始终支持并积极开展互联网领域的国际交流与合作，重视在维护互联网安全方面的区域合作，积极推动建立互联网领域的双边对话交流机制。通过学习借鉴其他国家互联网发展与管理的有益经验，将相关国家的成功经验应用到中国互联网发展与管理的实践之中。

3. 构建互联网安全价值理念的意义

互联网安全观是人类价值观在互联网时代的新发展，是安全文化在互联网时代的丰富，树立互联网安全观对互联网安全起着重大的作用，对构建互联网伦理有着重大的意义。

互联网安全观有利于促进网络安全。互联网安全对保障网络中人的安全、信息安全、设备安全有着重要意义。树立安全观可促使人们采用更安全的网络行为，极大地减少互联网安全事故的发生及其导致的损

---

① 《中央网络安全和信息化领导小组第一次会议召开 习近平发表重要讲话》，中共中央网络安全和信息化领导小组办公室（http://www.cac.gov.cn/2014-02/27/c_133148354.htm）。

失；互联网安全观有利于网络的持续、健康、快速发展，而最终推动社会进步。更安全的网络将产生更大的吸引力，使得网络的应用将越来越广泛，网络的进一步发展必将进一步推动生产效率的提高，而最终推动社会发展；互联网安全观有利于网络安全技术的进步。它鼓励从各个方面推动网络安全，包括使用更先进、更安全的技术，而技术本身就是一种社会化的文化。在优秀的互联网安全观的激励下，越来越多的先进技术将不断涌现。

因此我国要在军事上善于利用互联网的优势，严把技术关，尽可能降低网络安全方面的风险；在经济上，保障经济产业正常、健康发展；政治上做好网上舆论工作是一项长期任务，要创新改进网上宣传，运用网络传播规律，弘扬主旋律，激发正能量，大力培育和践行社会主义核心价值观，把握好网上舆论引导的时、度、效，使网络空间清朗起来。①

（三）融合

融合，物理上的意思是指熔成或如熔化那样融为一体。心理意义上指不同个体或不同群体在一定的碰撞后或接触后，认知、情感或者态度倾向为一体。而作为互联网伦理建构的价值原则，融合是指在这个复杂多变的"虚拟社会"中，不同国家、民族、不同团体的各种道德、价值观念的融合。

1. 融合价值理念提出的意蕴

随着科学技术的进步，世界一体化特征越来越明显，可以说，互联网给全球化插上了翅膀，把地球这个人类居住的星球变成了一个名副其实的"地球村"。提出融合价值观的重要意蕴在于它的实施有利于促进

---

① 《中央网络安全和信息化领导小组第一次会议召开　习近平发表重要讲话》，中共中央网络安全和信息化领导小组办公室（http://www.cac.gov.cn/2014-02/27/c_133148354.htm）。

网络主体间行为方式的相互认同。首先，互联网开辟了人类一切社会活动的第二空间，互联网的自由环境在很大程度上给了每个人宣泄自我的空间，因此它汇集了绝大多数人最真实的思想和情感。我们需要构建价值观来避免个人在上网期间接触到不利于个人思想塑造的有害信息，同时规范个人的言行举止，形成社会正能量。其次，在互联网社会，网络构成成分非常复杂，不同国家、民族、不同团体的各种道德融合在一起，产生了强烈的碰撞与冲突，并导致互联网社会秩序一定程度的混乱。为了避免这种混乱局面，就必须走融合之路。最后，在改革开放的进程中，大量的西方思想文化涌入中国，随着社会转型和变革的不断深入，各种思想文化相互交织，催生了人们价值取向的多元化。这种价值取向多元化给社会主义核心价值体系的构建带来了新的问题，传统意义上的主流价值观，如真善美、诚信、孝道等，在整个社会大风气的影响下，随着人们对多元价值倾向而逐渐被弱化。在互联网这个更为复杂的大环境下也如此。因此要构建适合中国国情的互联网伦理，就必须使共同价值与中华民族文化相融合。

2. 互联网融合理念的主要内容

当今时代是传统与现代交融的时代，是创新与革命的时代，运用互联网理念及互联网思维来改进思想舆论工作，使之更加开放透明，实现更为广泛的群众参与。习近平强调我们要"强化互联网思维，坚持传统媒体和新兴媒体优势互补"。[①] 互联网发展的实践创新就在于思维方式的创新，在新媒体广泛应用的今天，人们的思维方式也会呈现出新的特点，而互联网思维正是实践探索中形成的不同于以往的全新思维方式，其作为第三次科技革命的先导理念，是现代先进科学技术与文化、教育

---

① 习近平主持召开中央全面深化改革领导小组第四次会议，《人民日报》2014年8月18日。

等跨界融合的创造性思考，不断地推进我们思维方式的变革以及理念的更新，改变着人们的生产方式，生活方式和行为方式。

融合发展包含两个方面的内容：

（1）共同价值与民族文化的融合（国际）

共同价值与民族文化的融合，一方面是要充分重视全球共同价值，积极借鉴国外网络伦理建设的成功经验，互联网诞生于美国，西方的道德资源赋予网络伦理以丰富的内容，其影响同样是不言而喻的。西方国家特别是美国，由于具有资金和技术等方面的优势，在互联网建设方面起步较早，相应在网络伦理建设方面也有许多的成功经验值得我们借鉴，我们应努力学习他们的成功经验。如可借鉴国外通过课程教学对青年学生进行网络伦理教育的做法。目前，互联网伦理已成为一些发达国家高等院校的教育课程。美国杜克大学对学生开设了《伦理学和国际互联网络》课程，使互联网伦理教育和网络技术教学置于同样重要的地位，使居网民多数的青年学生能自觉遵守各种网络道德规范的要求，培养大学生网民的社会责任感，使网络世界处于有序状态。

（2）本土文化资源与传统伦理的融合（国内）

我国作为传统文化大国，拥有两千多年的悠久历史。历史作为绵延的过程，注定互联网道德伦理的建设离不开传统道德文明的基础。民族文化对规范人们的行为和维护社会秩序是行之有效的。任何一种伦理都根植于本土文化的土壤之中，没有本土文化的滋养，虚拟世界的互联网伦理就会缺乏根基。中国传统文化中德治思想涉及了如何对待义与利、公与私、美与丑、善与恶等各种矛盾关系，在人生观和价值观等方面的诸多警示，包含着可为互联网伦理所汲取的合理因素，在今天的网际交往活动中仍然发挥着积极的规范作用，为我们构建新型的互联网伦理提供了基本的参照和积极的借鉴。因此在构建互联网伦理时，也应汲取中国传统伦理的本土资源，从本土文化中挖掘有利于网络伦理生成的合理因素与世界互联网共同价值紧密融合。

3. 构建互联网融合价值理念的意义

互联网经济蓬勃发展，融合实现了低成本差异化的消费新模式；互联网对于重构政治生态也是一种有效手段，使得现行体制更加开放透明，实现平等参与；互联网与文化产业深度融合，让优秀的传统文化与现代文化通过网络传播深入人心，是弘扬社会主义先进文化的重要平台，凝聚共识的主要媒介。尤其是推动教育的变革和创新离不开互联网思维的支撑，新媒体的应用作为传统课堂的补充手段，使得课堂更加具有吸引力，线上线下的互动沟通使得学生能够及时地反馈给老师，也让教师更好地掌握学生的学习动态，使课堂教学收到更好的效果。

社会主义道德是我国互联网伦理道德建设的重要伦理根源，然而互联网是无国界、超地域的，因此，我们在建构互联网伦理时，既要坚持立足我国现实国情，又要坚持批判和吸收的原则，努力汲取别国的先进经验。在未来的互联网社会中，只有尽快制定出全体认同的价值判断标准，并与中国特色民族文化相融合。以义务伦理、责任伦理为基础，以商谈伦理、权利伦理为手段，以公正伦理为落脚点，以中国传统道德伦理为目标，才能构建一个和谐的互联网虚拟社会。

（四）平衡

平衡，通常指的是对立的各方面在数量上相等或者表示事物在量变阶段所显现的面貌，是绝对的、永恒的运动中所表现的暂时的、相对的静止。而作为互联网伦理建构的价值原则，平衡是指在这个复杂多变的"虚拟社会"中，我们所面对的机遇与挑战之间的动态平衡问题。

1. 平衡价值理念提出的意蕴

开放、共享是互联网的基本特征。在互联网新媒体时代，微博、微信等 App 用户爆炸式地增长推动了互联网上的信息公开。网络传播的快捷性、广泛性、渗透性尤其是互动性，在给信息公开带来便利的同时，也给信息隐私安全带来了挑战,这是互联网背景下隐私与公开的矛盾。而为了应对这一挑战,人们构建各种互联网治理体系,以对网络社会中道德失范行为进行规范、约束和治理。然而,任何规约从本质上说都是对人类的自由限制。这又是另一大矛盾,治理与自由。

人们一方面会因为自己在网络空间里的作为在现实中有反馈而感到兴奋;另一方面因为不愿意受到约束而强行忽略网络与现实之间的关联。这种矛盾的心理最后会变成一种恶性的循环。而事实上,无论是在网络的虚拟空间里,还是在现实社会生活中,自由与秩序之间的博弈都不是无解的。人们所向往的自由必然要有秩序和规则的调整作为保障,才能够保证人们在私域之外的地方也不会因为他人的肆意妄为而受到伤害,而无序的自由最终只会导致矛盾冲突丛生,最后所有人都思自由而不得自由。网络社会若是始终处在无序的状态,那么它不仅会对现实社会的发展产生负面影响,同时也会令其自身渐渐走向毁灭。因此我们需要使两者达到动态平衡,构建一个公开和隐私、治理和自由平衡的体系。

2. 互联网平衡价值理念的内容

(1) 隐私与公开的平衡

隐私,指隐蔽、不公开的私事。隐私是一种与公共利益、群体利益无关,当事人不愿他人知道或他人不便知道的个人信息,当事人不愿他人干涉或他人不便干涉的个人私事,以及当事人不愿他人侵入或他人不便侵入的个人领域。公开,顾名思义,指面向大家或全球(世界),不加隐蔽;把秘密公布出来。而在虚拟世界中,公开信息给人们带来了极大便利,同时带来了隐私安全的挑战。

现代信息技术使得信息的收集和传播都变得更加容易,无论是一首歌还是一个社会保障代码,信息已经变成一个有价值的商品。随着计算机数据库的发展,我们每天的生活也都会留在我们日常活动的电子记录上,其中又会留下公共记录。比如说出生证明、结婚证、机动车行驶证明、犯罪记录、财产证明等。政府记录的公开是促使政府机关对其行为负责以及帮助保障所有公民都被公平对待的一个有效途径。有时候人们也会经常自愿地向私人组织公开自己的信息，以得到自己想要获得的网络服务。也有很多人会自愿地在微博、微信等社交网站上通过发消息或者上传照片分享一些有关自己活动的消息。

从信息公开和信息安全的辩证关系来看，公开是原则，不公开是例外。在信息传播的过程中，信息流的及时、畅通与公开，有助于消除人们的随机不定性，减少风险和消除不稳定，只有真实信息的及时公开，才能遏制虚假信息的传播，实现公民知情权，维护政府公信力，从而达到安全的目的。另一方面，如果信息在网上不当公开，有可能导致一些涉及国家安全和秘密的信息被公开，或是一些涉及个人隐私的私人领域演化为公众注目的社会产品。

网络问题不仅仅是一个技术问题，它还是一个复杂的系统工程。仅仅靠网络主体的自律与技术手段还不能解决现存的网络空间的问题，也不能解决互联网上信息公开和信息安全之间的平衡问题。在互联网时代，为了保障公民的知情权，同时又为了防止信息不当公开带来的安全问题，应当构建一个信息公开和信息安全的网络平衡体系。

互联网时代信息公开和隐私安全之间的平衡，其实就是互联网环境下信息自由和信息监管之间的平衡。网络世界是一个虚拟社会，但这个社会里的成员都是现实中活生生的有血有肉的个人，虽然这些成员在网络世界中常常是匿名或是运用假名，但是他们的行为难以逃脱现实社会法律的规范。信息社会的政治权威们绝不允许根植于现实社会的网络虚拟社会恣意发展而不受其管制。各国政府历来重视对互联网的法律监管。如果缺乏法律规范的权威性与强制性，网络世界的安全就缺少强有力的保障。对网络安全技术和管理人员来说，法律是一种刚性约束。到目前为止，我国相继颁布了八十多部网络方面的法律、法规、司法解释和其他规定,为我国网络安全的保护起到了法律保障作用,也为规范网络空间的行为提供了法律依据。因此,作为整个平衡系统的主导者,全国人大可考虑对互联网信息管理进行调研,并加快对个人信息安全的立法,国务院及相关部门应该修订和完善信息公开和安全,以及互联网管理的相关法律法规。

除了法律法规的强行制约,我们还可以通过计算机物理把关和人为把关来平衡互联网中出现的公开与隐私之间的矛盾。物理把关是指通过网络防火墙,确保网络客户端的信息安全。作为计算机内部网络与外部网络之间的第一道安全屏障,网络防火墙技术是一种用来加强网络之间访问控制,防止外部网络用户以非法手段通过外部网络进入内部网络,访问内部网络资源,保护内部网络操作环境的特殊网络互联设备。人的把关是指通过网站编辑过滤非法和不良信息,确保信息的良性流动。目前我国大部分网站都建立起了一套以自治性机制来保障信息安全的应对手段。比如在论坛、博客等设立关键词过滤,在微博上成立一些专门辟谣的自治组织,专业人员对谣言进行自纠,促进信息的自我净化。如新浪专门推出了官方微博账号"微博辟谣"。其他许多网站也在微博上设有错误信息曝光区等。这些都是作为网站建立自治机构进行信息鉴别的有效尝试。这些自治机构也可尝试相互沟通、相互交流,从而形成更大的合力,规范微博传播秩序。

(2) 治理与自由的博弈

治理是政府的治理工具,是指政府的行为方式,以及通过某些途径用以调节政府行为的机制。自由是指没有外在障碍而能够按照自己的意志进行的行为。为了遏制互联网带来的一些社会乱象和危机,人们制定了多种法律法规以及各种互联网社会伦理道德规范,这必然和互联网自由的特点有所冲突。

自由与治理,更多是其相互之间的博弈,不治不行,治理过头,同样不行，过犹不及都是对互联网的伤害，这就需要我们在两者之间进行平衡调和。联合国互联网治理论坛多利益相关方咨询小组成员、香港中华能源基金会常务副主席兼秘书长何志平在"2016年亚太地区互联网治理"论坛[①]上表示，数字革命不仅带来技术上的变革，在文化层面上同样有影响，在互联网治理中需将区域体制、价值观和社会规范等因素纳入考虑，以此在自由和责任中找到一个平衡点，这是一个由下自上而非由上自下的过程，且不仅是利益相关者要思考的事宜，亦是全人类需共同面对、携手解决的问题。

来自于真实世界的常规之举——实名制让习惯于匿名、隐身的网民感觉诸多不习惯，新浪网在举行互联网实名制大讨论中间，81.9%的网友认为"网络实名制"会限制网民在网上的自由发言权，73.1%的网民认为中国实行实名制会制约互联网未来的发展。这归根到底是网络自由与互联网治理之间的博弈。自由的、无国界的互联网世界真的不需要政府的管辖？真的不需要相关公约和法律的约束？2013年，"雾霾"成为热门话题，国内媒体对雾霾天气进行了全方位、多层次的报道，试图在稳定社会秩序、凝聚社会共识中发挥积极作用；与此同时，微博讨论如火如荼，一则"吃青菜防雾霾"的微博一天内转发量超过11万、跟评超过700万，"核雾染""十面霾伏"等网络用语纷纷出现，"PM2.5中碳纳米颗粒致孕妇流产率达70%""雾霾可使鲜肺6天变黑肺"等谣言更是层出不穷。微博、微信等新媒体平台成为舆情信息的首要载体，为全民参与营造了自由公共空间，但是这也能让我们意识到自由离不开制约，没有制约，在虚拟社会中会形成不良影响并辐射到现实社会中，将产生极大的破坏力。

显然，治理是必需的，互联网治理尤其需要政府主导下的治理，而

---

① 何志平：《"2016年亚太地区互联网治理"论坛发言》。

不是政府包揽。而且，这种治理有别于传统意义上的治理和管理，与单向性的管理相比，互联网治理是多向的、互动的，需要政府主导、企业自律和公民自觉参与。要从互联网大国走向互联网强国，中国互联网治理还需要走一段政府主导、企业自律、公民自觉参与的全民总动员之路。

3. 构建互联网平衡价值观的意义

平衡价值观是互联网伦理的核心价值观之一，在它体现的道德含义中包含了许多人类所一直崇尚和追求的行为准则。平衡价值观的提出更是让我们认识到如何面对互联网社会中的机遇与挑战，如何行使我们的权利，履行我们的义务。在互联网社会中，机遇与挑战总是相伴相生、相互依存的。这就需要我们正视问题，以平衡的观念来处理遇到的各种挑战。不治不行，治理过头，同样不行，过犹不及都是对互联网的伤害，这就需要我们在两者之间进行平衡调和。既要尊重互联网的自由特性，也要对其进行一定程度的约束，不能让新媒体传播散漫化。也就是说，要用平衡的价值观念，处理好矛盾，以达到整个"虚拟社会"的和谐与进步。

四 互联网新媒体伦理建构的基本思路与路径选择

但丁曾经说过，道德常常能填补智慧的缺陷，而智慧却永远填补不了道德的缺陷。如何应对互联网道德失范？目前，构建互联网伦理已成为伦理学研究的热点问题。互联网新媒体伦理作为互联网空间的道德规范体系，对解决互联网道德失范问题起到自己独特的作用，能填补互联网技术的缺陷。建立互联网新媒体伦理，就当前情况而言，我们应做好以下几方面的工作。

（一）以社会主义核心价值观为伦理引领

价值观是文化的最深层的内涵。社会主义核心价值观是衡量我国文化软实力的重要指标，是我们建设社会主义现代化强国必须坚持的行为准则。社会主义核心价值观引领和指导着社会生活的方方面面，新媒体作为传播社会主义核心价值观的重要载体，自然也离不开社会主义核心价值观的引领和指导。

社会主义核心价值观的内容包括三个方面，集中体现了中国优秀传统文化精髓中的和谐思想，即国家、社会、个人三者的和谐。对于国家而言，需要制定政治诉求帮助人民树立正确的世界观、人生观和价值观，增强理论自觉和理论自信，始终坚守精神高地；对于社会而言，需要发挥共同理想凝聚人心、统领和规范的作用，为实现中华民族的伟大复兴提供有力的思想支撑；对于个人而言，需要良好的道德规范来武装头脑、指引行动，人生才有正确的方向。社会主义核心价值观对新媒体引领和指导的内容要以这三个层面为依据。

1. 国家政治诉求的表达

社会主义核心价值观指明了党在社会主义初级阶段的奋斗目标，体现了国家层面的价值追求和准则，包含了对我国政治、经济、文化、社会等方面的要求。当前，用最优的方式表达国家政治诉求是社会主义核心价值观对新媒体引领和指导的重要内容。长期以来，我国的政治诉求表达上多以文字为主，形式比较单一。新媒体的超媒体功能实现了信息的多元化表达，这种方式可以改变政治诉求在公众眼里的刻板印象。在政治诉求表达上，要综合运用多种手法和形式，确保政治信息充满吸引力，同时便于民众理解记忆。要积极发挥新媒体门户网站的传播作用，用全新的视角，用动画、影像、音频等综合手法，直观、立体地展示国家政治诉求，引发公众的关注和思考。除了门户网站，还要积极利用微博、微信等新媒体平台解读，让公众明确其蕴含的深刻意义。此外，媒体工作者要积极探索和使用新媒体技术手段，为国家政治诉求的表达和推广贡献力量。

2. 互联网社会价值观的确立

互联网社会价值观的确立是社会主义核心价值观对新媒体引领和指导的核心内容。互联网社会的价值观实质上是现实社会的价值观在网络社会的具体反映，现实社会的价值追求应该体现在网络社会的价值观内涵当中。目前网络社会的价值观存在着价值观复杂化、价值取向多元化等问题，需要用社会主义核心价值观辨析、引导和整合。网络社会作为互联网发展产生的新的社会形态，对现实社会的思想体系和价值观念造成了强烈的冲击，深刻地影响着社会主义核心价值观的建设。网络社会的价值观和社会主义核心价值观具有内在的统一性。在现实社会中，国家和社会并非与人对立的存在体，而是人的价值诉求的对象化。① 在网络社会中，其主体依然是现实社会中的人，即网民，因此网络社会的价值观也集中体现为网民的价值观。网络社会的价值观和社会主义核心价值观二者的出发点和归宿点具有一致性。因此，社会主义核心价值观社会层面的价值取向"自由、平等、公正、法治"同样适用于网络社会，是网络社会价值观的核心内容。

3. 个人道德规范的倡导

社会主义核心价值观的"爱国、敬业、诚信、友善"反映了个人道德规范的内容。个人道德规范是个体生存和发展的价值基础，它是中国传统道德在个人行为上的集中体现，也是当前社会对个人的现实要求。其中爱国体现了个体与国家的价值关系，敬业体现了个体对工作的态度，诚信体现了个体处事的标准，友善体现了个体与个体之间的和谐。倡导个人道德规范是社会主义核心价值观对新媒体引领和指导的重要内容，新媒体时代人与人的交往大多使用网络，虽然人际圈更为广

---

① 徐海峰：《社会主义核心价值观研究需要深入探讨的几个问题》，《社会主义研究》2014年第4期。

阔，但是容易以自我为中心，淡化责任感，再加上新媒体监管的相对缺失弱化了个体的道德意识，加剧了道德失范的发生。在新媒体时代，缺乏道德规范的个人在面对复杂的网络信息时，难免会丧失理性分析或无法对事件作出清晰判断，很可能会出现盲目跟风、在不经意间诽谤或者伤害他人。从尔玛公司到"秦火火"，他们精心策划的"郭美美事件""雷锋的皮夹克""张海迪移民贪腐"等话题都受到民众的关注讨论，许多民众甚至沦为网络推手炒作的"帮凶"。可以说，新媒体时代出现的许多社会问题，其深层原因是个人道德规范的弱化。新媒体的快速发展，迫切需要强化普通个体的价值理念，培养个体的责任意识，倡导个人道德规范，实现个人对自我行为的控制力和约束力，维护社会的正常秩序。

（二）以协同治理为理念，确立伦理、法治与技术三位一体的治理之道

互联网技术的发展给人们的生活带来了诸多便捷，与此同时，也带来了诸多问题和挑战，对互联网治理的研究亟待发展。互联网发展过程中出现问题的原因主要集中于法律法规不完善、技术发展不成熟和伦理道德缺失。因此，在面对这些问题和挑战时，需从法律、技术、伦理三个层面三管齐下，进行协同治理，探索出一条适应我国国情，符合我国体制，促进我国发展的互联网绿色治理道路。

1. 法制完善——互联网治理的基本条件

互联网的快速发展在促进社会发展的同时，互联网本身所具有的及时性、全球性、海量性、碎片性、互动性等特点使得信息安全面临着巨大的挑战。因此，法律对互联网的规制已成为必然要求。由于科学技术的不断发展，云技术、物联网随之而来。诸多新形式的参与导致互联网法律问题更为复杂。[①] 同时，解决信息安全问题的能力、效率和效果是

[①] 高宏村、于正：《感知国家话语下市场话语的脉动：我国网络新媒体管理政策的宏观思考》，《汉江大学学报》2010年第6期。

由法律在互联网中地位的高低所决定的。因此,互联网法治建设显得尤为重要。

互联网从产生到全球范围内普遍应用的时间较短,加之互联网技术发展速度之快、更新时间之短,使得我们很难在短时期内形成一套完善的法律体系对其进行规范。总的来讲,全球范围内在互联网中的立法与实践都处于初期阶段。① 但由于各国之间的差异,使得起步相对较早的国家或组织在互联网立法方面已取得一定的、值得我们研究和借鉴的成果。

在立法方面主要从三方面入手。第一,成立专门的互联网立法机构,实行统一的领导与调控。一方面,随着技术的发展,互联网的应用将广泛涉及政治、经济、文化、教育等方面,对互联网的管理是一个系统的工程,各部门自立规章的模式无法保证管理的系统性。另一方面,同样是由于互联网应用广泛,对互联网的管理将牵动方方面面的利益,各部门单独行动的模式难以保证法规的执行效果。这就要求成立一个专门机构,对互联网的立法和管理实行统一的管理和调控。第二,完善法规的制定和实施程序。可以从两个方面入手。一是建立独立的法律、法规制定机构。目前我国用户互联网治理的法规,几乎都是由其执行部门所制订的。这种既当裁判员又当运动员的模式使现行法规缺乏客观性和公正性。要改变这一现象,应建立独立与管理部门之外的法律、法规制定机构,专门负责法律、法规的制定。二是应加强分析调研工作。科学的分析和调研是任何法律、法规制定的基础。充分的分析和调研能有效减少法规出现偏差的可能,使法规的执行得到良好的效果。第三,充分参考发达国家的立法经验。在制定与互联网治理相关的法律时,我国应

---

① 于建华、李霞:《新媒体管理中存在的问题及对策》,《华北水利水电学院学报》2009年第2期。

该充分参考发达国家的经验,从而快速提升我国的立法水平。在参考发达国家经验的同时,还应该注重与我国的实际情况相结合。互联网的发展和应用是建立在各国的政治、经济、文化等基础之上的,在这些方面,我国都与发达国家有很大的不同。在借鉴发达国家经验的时候,不能照搬,应明确差异,注重与我国的实际情况相结合。

2. 技术规约——互联网治理的技术支持

技术的发展在给人们带来诸多方便的同时,也可能带来一定消极的影响,网络技术也不例外。互联网治理过程中不仅需要法律的约束,还需要对其本身的技术做出相应的规范。因此,在对新技术进行不断研发的同时,我们也要对其进行一定的限制和约束。

关于技术规约与伦理规范的关系存在两种观点:技术中性论和技术价值论。技术中性论认为:技术本身只是一种手段抑或是工具,其本身并不具有伦理属性和政治属性,以此设置技术禁区是不合理的,应该允许进行技术的自由研究。此种观念以狄德罗、梅塞纳为代表。他们将技术本身与此种技术的应用进行区分,认为技术本身并不会产生什么后果,而其消极作用是因为技术工具的使用者所导致。而技术价值论则认为,技术本身具有伦理属性,二者紧密相关。技术本身承载着研究者的价值取向。此种观点以卡尔·米切姆为代表,他认为技术专家在技术的研发过程中本身受到外部法律和内心道德准则的影响。基于此种观念,非常有必要对技术进行伦理规约。然而此种必要性不转化为可能性,则技术伦理规约也只是局限于学术研究层面,而无法成为实际的行动。

对于技术的规约主要从两方面入手,一方面是新技术的研发者;另一方面是政府有关部门。这部分在本章第三节会有详细论述。

3. 伦理建设——互联网治理的道德准则

互联网发展的过程中,互联网中的道德问题已呈现出区别于现实社会的新的特点,同时产生了很多伦理道德问题。因此,在重视互联网法治建设的同时，也要加强互联网道德建设，从而促使互联网能够更好地为社会发展所服务。

在伦理建设方面主要从三方面入手。首先，培养网民的网络道德自律意识。网民自身道德素养的提升是制止网络伦理失范的根本所在。网民必须遵循网络社会的基本道德准则。与此同时，针对网络中的海量信息，引导网民进行正确的选择和取舍，培养和强化网民的网络整体价值观念和群体意识。其次，加强网民伦理道德约束，抵制低俗之风。网络伦理失范的现象不仅要从技术层面予以保障，同时要在道德层面加以引导和约束，提升网民的自身道德素质，使其自觉抵制网络低俗之风，达到标本兼治的目的。个体在网络社会中应该遵纪守法，遵守网络的基本道德准则，严格约束自身，对于网络上的低俗内容自觉抵制，营造网络社会的良好道德氛围。最后，加强互联网道德规范建设，强化网民的道德意识。在互联网构建的虚拟社会中，由于其自由性和开放性特征，用道德准则对个体的行为进行约束尤为必要。目前各国都对网络道德规范建设予以充分的重视。美国在20世纪90年代起就针对互联网的特性制定了相应的伦理规范，其经验值得借鉴。① 我国应根据互联网发展的实际情况，制定出符合国情的道德规范体系，同时完善相应的法律法规。

（三）全产业链的伦理建构

随着新媒体产业的发展，新媒体产业链的分工正在变得越来越清晰，是以现代传媒技术为基础、满足不同受众需要而建立的跨领域相互衔接的共同获取利润的产业链条。即上游环节向下游环节输送产品或服务，下游环节向上游环节反馈信息，产业链中大量存在着相互价值交换、信息共享和上下游关系。其中内容提供商、技术提供商、网络运营

---

① 张成琳：《网络吐槽现象的舆论引导策略研究》，《西部广播电视》2016年第11期。

商、终端提供商和受众在整个产业链中发挥着极为重要的作用,他们的行为一环紧扣一环,因此要想构建互联网新媒体伦理就必须从每一个环节抓起。

1. 内容提供商

内容提供商是在新媒体产业链中为用户提供内容。在新媒体高速发展的当今社会,在内容供应中后者所占的比重越来越高。在全民发声的微时代,信息的传播和共享带给人们生活很多趣味和便利的同时,任意炒作的负面舆情、丧失伦理准则的任意言论,以及恶意的鼓动和炒作、扩散虚假信息等现象在自媒体平台上也并不少见。因此新媒体时代伦理的建构必须从信息源头做起。

中国互联网协会已经借鉴国内外已有的经验,结合中国实际,形成了《中国互联网行业自律公约》。该公约要求网络内容提供商在自觉遵守国家有关互联网信息服务管理的规定的基础上,还应该有一定的职业伦理操守。不制作、发布或传播危害国家安全、危害社会稳定、违反法律法规以及迷信、淫秽等有害信息,依法对用户在本网站上发布的信息进行监督,及时清除有害信息;不链接含有有害信息的网站,确保网络信息内容的合法、健康;制作、发布或传播网络信息,要遵守有关保护知识产权的法律、法规;引导广大用户文明使用网络,增强网络道德意识,自觉抵制有害信息的传播。

2. 技术提供商

技术提供商是指在新媒体产业链中,为其他各个环节提供技术资源支持的技术支持者和提供软件平台来帮助相关环节进行管理的软件提供者。网络漏洞的发生就技术原因而言是软件的"后门"(在计算机里设置一个后门程序,通过这个程序可以随意控制计算机),而决定此技术原因的就是实践人员的素质。

道德准则提出的道德基准是团队中个人和整个团队都应遵守的。道德准则明确了对软件工程师个人或团队提出的合乎道义的要求。

该准则经过专家的一致认可,是教育公众和立志成为专业软件工程师道德义务的方式。软件工程师道德准则和专业实践内容有如下八项原则:公共利益、客户和雇主、产品、判断、管理、专业、同行和自身。

3. 网络运营商

网络运营商拥有最核心的网络基础硬件设施,他们利用自身的硬件基础优势,为内容提供商和渠道供应商提供最基本、最底层的网络支持和网络平台。我国目前的网络运营商有:中国电信、中国移动、中国联通。对网络运营商这个环节的伦理道德管理最好的办法就是利用政策法规,有效地发挥政府监管作用。

4. 终端提供商

终端提供商作为新媒体产业链中的一个环节,它的发展对整个新媒体产业链的发展起着至关重要的作用。新媒体环境下,不同类型终端的创新拓展了新媒体产业链的发展空间。新媒体(互联网、手机、移动电视等)与传统媒体(电视、报纸、广播、杂志等)的内容资源、技术资源、终端资源逐渐融合,实现了互联网资源共享,互联网、手机、移动电视具有更集中的专题直播、强大的新闻采集力量、巨大的传播影响力和庞大的传播力量。

在2011年中国互联网协会发布的《互联网终端软件服务行业自律公约》中明确规定了网络终端提供商的道德规范。公约指出终端服务商要遵守社会道德规范,遵守互联网行业规范,诚实守信,合法经营,公平竞争,维护互联网行业声誉和利益。

终端服务商要保护用户个人信息安全。用户个人信息包括个人身份信息、个人网上通信内容、个人上网行为日志、个人在终端上创建或者保存的文件和数据,以及其他能够据此直接或者间接识别出用户个人身份或者其他与用户个人利益相关的信息。

终端服务商还应尊重用户知情权和选择权。收集、使用和保存用户个人信息时应当明确告知用户，包括告知用户收集、使用和保存的目的及范围；未经用户同意，不得擅自收集、使用和保存用户个人信息，不得超越目的和范围收集、使用和保存用户个人信息；除用户明确同意或者法律另有规定外，不得以任何理由向第三方提供用户个人信息；终端软件安装、运行、升级、修改默认设置等，应当明确提示用户，不得违背用户意愿修改用户已确认的选择或者设置；终端软件在运行过程中，如执行系统修改、扫描、信息收集和数据回传等操作，应事先提示用户，由用户选择继续或者停止相关操作。提供安全服务的终端软件，为使用户信息安全免受病毒或者木马等严重安全威胁，可在用户服务协议中做出明确约定的前提下，直接采取安全防护操作；终端软件运行中发现异常情况可以提示用户，但不得替用户做出操作选择。用户忽略提示而选择进一步操作的，应当尊重用户的选择；不得以输入验证码或者多次确认等方式故意加大终端软件卸载难度；不得以任何形式欺骗或者误导用户使用或者不使用其他合法终端软件。

5. 互联网用户

新媒体时代，用户是最终受益者。他们不仅是信息的接受者，同时也扮演着传播者、制作者的角色。新媒体的使用者相对于传统媒体使用者更加年轻化，观念更新潮，创新能力更强，需求在随时转变，这也加速了新媒体产业链的发展。

因此，想从源头解决互联网新媒体时代伦理缺失的问题，必须提高公众的基本媒介素养。网民必须遵守的道德规范有：

正确使用网络工具。要遵守网络法规，遵守职业道德，尊重民族感情，遵守国际网络道德公约。包括：不涉足不良网站，不浏览不良的内容；不用计算机去伤害他人；不干扰别人的计算机工作；不窥探别人的文件；不用计算机进行偷窃；不用计算机作伪证；不使用或拷贝没有付钱的软件；不未经许可而使用别人的计算机资源；不当黑客；不得利用网络偷窥他人隐私；不在网上发布虚假信息，实施坑、蒙、拐、骗、敲诈勒索等行为；不对英雄人物和红色经典作品恶搞；不修改任何网络系统文件；不无端破坏任何系统，尤其不要破坏别人的文件或数据。

健康进行网络交往。网络已成为一种人际交往的媒介和工具。人们可以通过网络收发邮件、实时聊天、视频会议、网上留言、网上交友等。网络交往要做到诚实无欺，不应该通过网络进行色情、赌博活动，更不能在BBS或论坛上侮辱、诽谤他人。应通过网络开展健康有益的交往活动，在网络交往中树立自我保护意识，不要轻易相信、约会网友，避免受骗上当。

自觉避免沉迷网络。适度的上网对学习和生活是有益的，但长时间沉迷于网络对人的身心健康有极大损害。现实中存在着一些人上网成瘾，沉迷于网络而不能自拔，进而导致耽误学业、甚至放弃学业或家庭破裂的现象。值得人们警惕的是，沉迷于网络尤其是游戏已成为近年来青少年刑事犯罪率升高的重要原因之一。人们应当从自己的身心健康发展出发，学会理性对待网络。

养成网络自律精神。网络的虚拟性以及行为主体的匿名隐蔽特点，大大削弱了社会舆论的监督作用，使得道德规范所具有的外在压力的效用明显降低。在这种情况下，个体的道德自律成了维护网络道德规范的基本保障。"慎独"是一种道德境界，信息时代十分需要，在网络生活中培养自律精神，在缺少外在监督的网络空间里，自觉做到自律而"不逾矩"。

（四）发挥社会组织在互联网新媒体伦理建构中的作用

社会组织是指非国家或非政府的公民组织，又称为"第三部门"，包括非政府组织、公民志愿性社团、协会等。社会组织以社会的公共需求为宗旨，具有非政府性、非营利性、公益性、志愿性等特征。现阶段网络社会组织的发展无论从数量还是质量，即从网络社会组织所开展活动的影响力，在配合党和政府开展各项工作以及有效化解互联网舆情、维护社会稳定、净化网络空间、建构网络空间秩序时与政府互动的效果来看，都有值得在全国推广的价值。因此，在互联网新媒体伦理建构中，社会组织的力量不容忽视。

1. 互联网社会组织现状

作为互联网大国，中国网民规模已突破8.02亿（截至2018年6月），互联网普及率超全球水平2.6%。加强互联网社会组织建设，是构建网上网下同心圆的重要手段。在社会各界的共同努力下，中国网络社会组织发展迅速，年均增长量稳步上升，内容涵盖行业规范、电子商务、网络文化、网络联谊、网络技术、网络公益、网络安全等多个领域，为党和政府、互联网企业、广大网民搭建了一大批能力强、水平高的服务平台。面对持续向好的发展态势，借力新时代的东风，网络社会组织迎来了大有可为的历史机遇期。目前在互联网社会中发挥作用的社会组织主要包括以下两种：

第一种是现实社会中的社会组织在虚拟社会中不断扩大影响，如一些社会组织相继建立了自己的官方网站、官方论坛、官方微博及微信公众账号等，这些"跨界"的社会组织利用互联网便利性和及时性的特点，进一步提升社会管理与社会服务的职能。

第二种是完全依托虚拟空间建立起来的虚拟社会组织"。这种组织大多依赖于成员的兴趣爱好或志愿精神临时组建而成，组织相对松散，也相对灵活，地理上的分布也十分广泛，成员可在内部进行交流与沟通，分享自己的经验，形成共同的行动。"虚拟社区""虚拟团队""虚拟朋友圈"等是这种类型组织的代表。有研究表明，虚拟的非正式的社区机构，人们之间更易沟通与交流。近些年来，"虚拟社会组织"的增长速度十分迅猛。

国家互联网信息办公室对全国现有的网络社会组织进行了统计，结果显示，目前全国共有546家互联网社会组织。此次统计的互联网社会组织，是指以网络安全和信息化建设为主要业务，在各级民政部门登记的基金会、民办非企业单位和社会团体。①

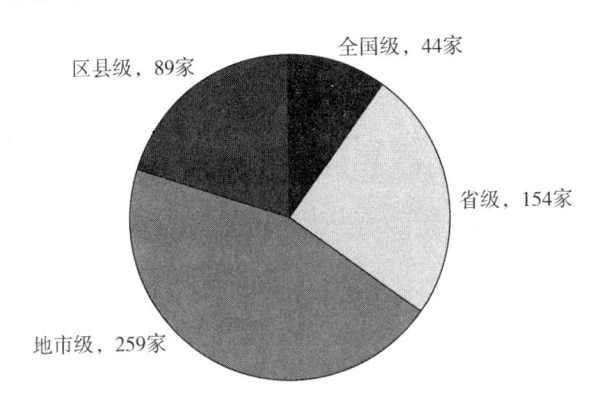

图1 全国网络社会组织分布图

如图1所示，在546家互联网社会组织中，全国性网络社会组织44家、省级154家、地市级259家、区县级89家；从地域分布看，建有40家以上网络社会组织的有5个省，建有11—40家的有10个省，其他的省、自治区和直辖市分别建有1—10家不等；网络社会组织在京津冀、长三角、珠三角地区较为集中，约占全国总量的近40%。②

如图2所示，各类网络社会组织中，基金会2家，民办非企业单位54家；各种协会、学会、促进会等社会团体共490家，是全国网络社会组织的主要形式，占总量的近90%。

目前，相当一部分互联网社会组织已建立官方网站、开通了官方微博、开设了微信公众账号，不少网络社会组织还开发了APP应用。

---

① 中国产业发展研究网（http://chinaidr.com/trade/it）。
② 中国网信网。

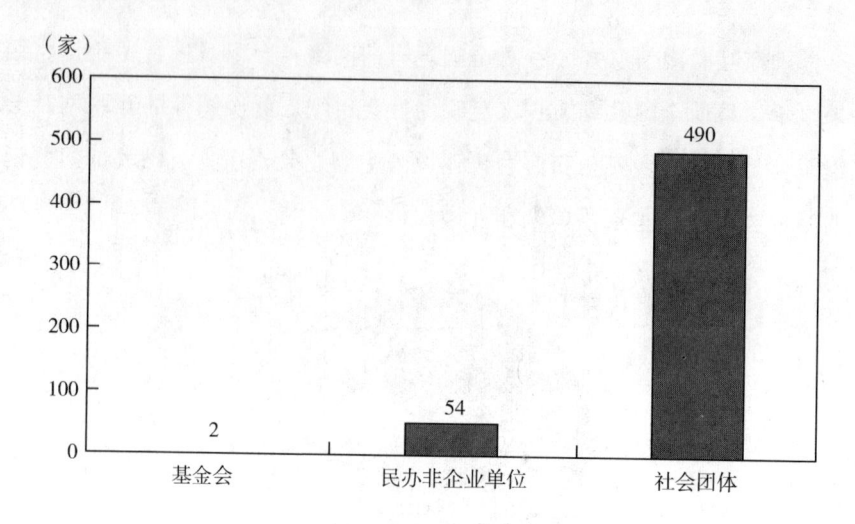

图 2　各类网络社会组织分布图

2. 社会组织在互联网新媒体伦理建构中的作用

习近平总书记强调，要构建网上网下同心圆，更好凝聚社会共识，巩固全党全国人民团结奋斗的共同思想基础。① 网信事业代表着新的生产力，社会组织是党委政府工作职能和管理手臂的有效延伸，当社会组织与互联网事业相加相融，将有力助推网络综合治理、网络文化、网络公益、舆论引导、网络素养教育、网络安全、信息化发展等各项事业大发展。近年来，全国各互联网社会组织发挥自身优势，从不同的角度参与互联网伦理的建构比如中国网络社会组织联合会、中国互联网协会、中国电子商务诚信联盟等。

（1）服务网民需求，发挥监督作用

我国互联网社会组织在服务网民需求的同时，发挥着重要的监督作用，成效显著。现列举我国互联网社会组织的部分项目。

---

① 全国网络安全和信息化工作会议，习近平发表重要讲话，中共中央网络安全和信息化领导小组办公室。

2009年1月6日，由中国互联网协会主办的首届中国网民文化节活动（以下简称"网民节"，www.wangminjie.cn）启动典礼在北京隆重开幕。这次"网民节"启动仪式围绕"推广健康网民文化，共建和谐网络新风"的主题开展，围绕中国企业信息化建设，强化企业的规范邮件营销意识，建立健全企业信息化服务体系等问题展开深度讨论。

2010年4月26日，中国互联网协会网络版权工作委员会与中国电影著作权协会、中国广播电视协会电视制片委员会联合签订了《互联网影视版权合作及保护规则》。

2011年5月16日，由中国互联网协会发起制定的《中国互联网协会关于抵制非法网络公关行为的自律公约》正式发布，中国140家网站代表在北京签署公约，谴责非法网络公关行为，倡议互联网从业单位和广大网民营造文明诚信的网络环境。

2016年1月，为加快推进我国电子商务健康、有序、可持续发展，大力培养电子商务人才梯队和从业队伍，营造电子商务发展良好环境，切实贯彻落实《国务院办公厅关于加快电子商务发展的若干意见》，中国电子商务协会决定，成立中国电子商务协会人才服务中心，推进"全国电子商务人才认证服务工程"在全国各区域深化开展。

2018年8月，为推动传统商贸流通产业与信息化、电子商务深度融合，加快实现流通现代化；促进实施改革驱动战略，发挥创新与融合的引领作用，深化流通机制、流通模式、流通方式的改革创新，构建高效、畅通、开放的新时代商贸流通体系，中国电子商务协会设立流通产业促进会。

2018年8月21日上午，中国互联网协会与阿里巴巴集团、蚂蚁金服、阿里云共同主办的2018网络安全生态峰会在京开幕。会议围绕"共建安全防线、共治安全环境、共享安全生态"主题，邀请政府部门领导、国内外知名网络安全专家、产业领袖、网络安全从业者共同分享和探讨安全领域研究和实践成果，畅谈网络安全生态体系建设。

(2) 制定行业规范，强化行业自律

百余家网络社会组织着眼于快速发展的互联网金融、电子商务、移动互联网等领域，倡导网络诚信、加强行业自律。社会组织有利于团结互联网行业相关企业、事业单位和社会团体，向政府主管部门反映会员和业界的愿望及合理要求，向会员宣传国家相关政策、法律、法规；也可以制订并实施互联网行业规范和自律公约，协调会员之间的关系，促进会员之间的沟通与协作，充分发挥行业自律作用，维护国家信息安全，维护行业整体利益和用户利益，以促进行业服务质量的提高；互联网社会组织也在不断地办协会网站、刊物，组织编撰出版中国互联网发展状况年度报告，为业界提供互联网信息服务。开展我国互联网行业发展状况的调查与研究工作，促进了互联网的发展和普及应用。

(3) 倡导网络公益，传递正能量

文化类网络社会组织数量最多、分布最广，主要通过举办文化活动、生产文化产品、倡导网络公益等形式在网上传递正能量。我国社会组织正在不断加强正面引导和规范管理，弘扬主旋律、传播正能量，大力推动互联网行业的健康有序发展，为广大网民特别是青少年营造一个积极健康、营养丰富、正能量充沛的互联网空间。

当前，随着移动智能手机的发展，互联网已进入可视化、碎片化传播时代，网络短视频已成为广大人民群众特别是青少年上网浏览信息最主要载体之一。国家网信办组织召开多个网络短视频正能量内容建设座谈会，推动中央主要新闻单位新媒体平台加大权威正面内容的供给力度，充分运用好短视频可视化表达方式，深刻阐释习近平新时代中国特色社会主义思想和党的十九大精神，生动宣传改革开放40年来取得的历史性成就，转变观念，顺应形势，加大建设力度，积极主动占领网络短视频等新兴舆论阵地。据了解，团中央在抖音开设"青微工作室"官方账号，从2018年3月创立至4月底，迅速收获近90万粉丝和超过1400万点赞量，这种经验值得鼓励和借鉴。

3. 壮大互联网社会组织力量的主要措施

（1）加强人才队伍建设

希望通过培训的方式加强人才队伍建设，是参与调研的各网络社会组织提出来的共同诉求。这里的培训是广义上的培训，既指各级网信部门对网络社会组织开展的培训，也包括肩负有培训职能和职责的网络社会组织对其服务对象做的各类培训，还包括网络社会组织之间开展的培训。

网络社会组织的发展有跟不上其服务对象发展步伐的态势。这主要表现在一些自愿提供服务的网络社会组织，尤其是依靠志愿者提供服务的网络社会组织，在解决关键问题方面——如组织专门的政府项目申报，接受政府税务、审计部门的审核——缺乏专业人才，导致其难以申请到政府的项目，通过政府相关部门审核的代价也太大，从而影响到自身的发展。

网络社会组织在营运过程中还面临着另外一项重要的需求，即不断根据政府政策的变化和行业发展的新情况、新业态更新自己的服务技能、提升自己的服务能力。大多数网络社会组织在这方面时常会出现服务能力的短板和重要服务任务难以完成的情况，这也需要网络社会组织借助社会各方面的力量，通过不断培训和学习来提升服务能力，完善服务体系。

（2）加强引领和激励机制建设

网信部门应通过其自身掌握的媒体渠道加强对网络社会组织的宣传，以提升整个社会，尤其是政府各相关职能部门对网络社会组织的了解和认知，提高网络社会组织的社会存在感及其工作人员的职业自豪感,提高网络社会组织队伍的稳定性。

网络社会组织的存在价值,在很大程度上取决于其所开展活动的数量和质量。网络社会组织开展活动的数量越多、质量越高,存在感就越强,就能够更好地得到锻炼,打造更优秀的服务队伍,提升自身服务能力和服务水平。组织地区甚至全国性的评比活动也是一种重要的激励机制。将网络社会组织的各项活动尽可能多地纳入到网信部门组织的各项评比活动当中,并根据工作成效对其予以一定的肯定或奖励,也有助于网络社会组织提升积极性、改进工作。

(3) 建立规范运营体系

对于网络社会组织,尤其是拥有众多会员单位的网络社会组织,需要建立一个具有普遍指导意义的基本规范运营标准,以使这类网络社会组织在成立条件、运营要求、成员管理、淘汰机制等方面做到有章可循、有法可依。

网络社会组织要严把入会审核关,在接收新会员的时候,应认真审核其入会资格及过往表现,将记录良好、组织体系完善的协会或个人吸纳为会员。网络社会组织还应对已入会会员进行严格管理,将规范运营作为对会员的基本要求,并建立奖惩机制和优胜劣汰机制,促使会员间形成良性竞争,促进协会良性发展。

政府相关部门,尤其是各级网信部门应通过自身职能的发挥,帮助网络社会组织优化对其会员的管理,形成统一的行业标准,促进行业规范体系的建立。

第三节 技术规约

一 互联网技术发展概况

互联网技术是通信技术和计算机技术相结合的产物,它以网络协议为基础,是连接全球内独立且分散的计算机的集合。在连接过程中,双绞线、电缆、光纤、载波、微波或通信卫星都是其连接介质。[①] 互联网技术不仅可以实现软件、硬件及数据资源的共享,而且还能集中管理、处理和维护共享的数据资源。

(一) 互联网技术的发展过程

1. 技术准备阶段(1950—1970)

20世纪50年代至70年代初,是互联网技术的准备阶段,它作为单元技术萌发于作为群体技术的计算机技术与通信技术共同作用的土壤之中。计算机技术与通信技术的首次结合出现在50年代初,在当时,美国的地面防空系统通过通信线路把测控仪器和远程雷达连接在了一台主控制计算机上,这为互联网技术的出现打下了基础。此后不久,美国航空公司将其分布在全美境内的2000多台计算机连接到一台中央主控计算机上,这便是以计算机为中心的联机系统。真正意义上的互联网技术的诞生实际上是分组交换理论的出现。1969年,美国国防部基于分组交换理论,建立了举世闻名的"阿帕网",这是互联网发展史上的一个里程碑式的标志。分组交换理论作为互联网技术在秩序意义上的重要技术建制,为其日后的发展起到了至关重要的作用。

2. 标准化形成与竞争加剧阶段(1970—1993)

在每一项技术中,其技术标准都是该技术的重要组成部分,某一技术的标准化也是这一技术走向成熟和稳定的标志。同样的,对于互联网技术来说,其技术标准化也是在发展过程中不能缺少的重要环节。经过了二十年的发展,人类社会对网络标准化的需求越来越强烈。在这一阶段,各类科学研究团体都建立起了属于自己的网络体系,但这些体系之间的差别很大,无法融合成为一个整体的体系结构。此时,在世界范围

---

① 冬泳:《计算机网络基础知识》,《数据》2001年第1期。

内存在的两个矛盾日益严重,一个是互联网技术的蓬勃发展,使欧洲的众多国家都意识到了它在军事、科学、经济等方面存在的不可估量的前景,各国都想夺取互联网技术发展先机的矛盾;另一个则是新型的计算机网络产业和传统的电信行业之间相竞争的矛盾。这种混乱且剧烈的竞争局面催生了互联网技术标准化的形成——TCP/IP 传输协议的诞生。每一个可以进行传输数据分组的系统在 TCP/IP 协议中都被当作成为一个独立的物理网络,它们在协议中的地位是平等的。这种对等的特性大大简化了对异构网的处理,为设计开发者提供了极大的方便。正是这种自由性和灵活性,使 TCP/IP 网络协议最终成为全球统一的网络标准。这为互联网络日后的发展提供了保障,也为计算机网络技术的飞速发展打下了坚实的基础。

3. 改变世界的万维网时代(1994—2008)

随着互联网技术的全球标准化,它的技术建制不论在秩序上还是制度上都实现了突破性的发展,万维网的道路由此展开,毫无疑问,此时的 IP 技术必然是该技术最核心的组成。美国走在了世界各国的前面,对计算机网络技术投入了大量的商业资本,于是 IP 技术的发展飞速前进,转入社会化应用时期。而该时期又具体的分为两个阶段:初级阶段与发展阶段。在初级阶段,互联网刚离开实验室走入社会商用,它以扩大网络、扩充用户和增加网站作为其发展的主要手段,在电子邮件的处理与网页的浏览方面被广泛应用。然而互联网刚被用于商业,还没有有效的盈利模式让各企业得以遵循,再加上投机行为的泛滥,导致了 20 世纪末与 21 世纪初的网络经济泡沫。社会化应用发展阶段是从 2001 年开始的,之前的网络经济泡沫并没有成为计算机网络技术发展的障碍,因为宽带、无线移动通信等级技术的相继出现及发展,展现在互联网面前的是一条无限宽广的道路。用户群体和网络规模不断地扩大,在此基础上第二代万维网新技术出现了,它在现阶段主要以社交网络为代表,具有自组织的个性化特征。普通用户成为这种互联网新应用中的内容提供者，激发了公众参与的热情，同时因为拥有庞大数量的内容提供，网络内容必然日益繁荣，为互联网今后的进一步发展提供了巨大的空间。也是这个阶段让网络真正走进人们生活成为人们日常生活中不可替代的一部分的重要原因。其对社会、政治、经济、文化、科学、教育、军事都在这个阶段产生了巨大而深远的影响。以人为本的先进技术理念；技术的标准性和开放性，各种开源软件的大力支持；以市场为驱动力支持的应用创新；美国政府的大力支持和资本市场的追捧都是这阶段网络技术迅速发展的原因。

4. 新形势下互联网技术发展及展望（2009—至今）

每一次国际金融危机都会带来一场科技革命，一场大的变革。2009年的金融危机使其成为网络技术的转折年。在这一年，各国通过应对金融危机，更加深刻地认识到互联网的战略性地位。一方面，世界各国纷纷将网络基础设施建设纳入经济刺激计划之中，提供更多就业机会和工作的同时还大力提高网络覆盖率，推动网络基础设施升级。如美国奥巴马政府为支持国内宽带发展设立了72亿美元的专项资金，欧盟也拟提供10亿欧元来推动欧盟各国的宽带发展。另一方面，互联网与其他产业的深度融合导致的直接结果，就是新一轮产业革命的出现。如美国奥巴马政府宣称要将美国打造成"世家宽带灯塔"；欧盟发布"数字红利"和未来物联网络发展战略；日本推出"i-japan"计划，推动公共部门信息化应用等。在中国，信息网络产业已成为推动产业升级、迈向信息社会、推进两化融合的重要力量。网络信息产业将成为全球范围内未来战略性新兴产业之一。

（二）互联网技术的应用及其特点

1. 互联网技术的应用

互联网技术的应用不仅让我们的生活更加丰富多彩，还极大地推动了社会经济的发展，促进生产力的变革。互联网技术在以下几个方面得到了广泛的应用：

电子邮件。电子邮件是 Internet 的一个基本的、使用最多的服务。通过电子信箱，用户可以方便、快速地交换电子邮件、查询信息，加入有关的公告、讨论和辩论组，获取有关信息。

远程登录。远程登录是指在互联网通信协议 Telnet 的支持下，用户的计算机通过 Internet 成为远程计算机终端的过程。使用 Telnet 可以共享计算机资源、获取有关信息。

文件传输。文件传输服务允许 Internet 上的用户将一台计算机上的文件传送到另一台上。使用 FTP 几乎可以传送所有类型的文件如：文本文件、二进制可执行文件、图像文件、声音文件、数据压缩文件等。

浏览。通过浏览器，用户轻点鼠标就可以得到来自世界各地的文档、学士学位论文当代中国以共网技术的伦理审视图片或视频等信息。在网站内容日益丰富、服务日趋完善的今天，上网浏览比通过报刊等新闻媒体所获得的信息更及时，内容更广泛。

查询。由于 Internet 上的网站越来越多，要从中寻找符合要求的信息无异于大海捞针，因此人们需要使用搜索引擎来帮助查找，常见的搜索引擎有百度、google 等。

网上聊天。网上聊天是当前互联网的一大热点，人们频繁使用 QQ、微信、微博等聊天工具作为日常工作、生活的沟通工具。它允许用户使用虚拟的身份在网上畅所欲言，其魅力有时远远大于面对面聊天。

BBS 论坛。BBS 是电子公告板系统之英文缩写，是用于上网的一种电子信息服务系统。它提供一块公共电子白板，每个用户都可以在上面书写，可发布信息或提出看法。有的时候 BBS 也泛指互联网论坛或互联网社群。用户在 BBS 站点或论坛上可以获得各种信息服务，发布信息，进行讨论、聊天等。

博客。是基于个人信息的发布平台，近年来逐渐成长为一种新的媒体发布形式。Blog 的出现，使得出版成为个人行为，实现了个人出版的自由。简单一点的 Blog 记载了日常发生的事情和自己的兴趣爱好，把自己的思想和知识和他人分享、交流，而越来越多专业知识的 Blog 出现，也让人们看到了 Blog 所蕴含的更多更巨大的信息价值。

互联网游戏。互联网游戏其实是一种电子游戏，它与人们通常所玩的一般电子游戏所不同的是，它是人们通过互联网而进行的一种对抗式的电子游戏。在游戏中，你的对手不再是单一的由程序员编制的电子动画，还可以是藏在电子动画后面的人即所谓的玩家。互联网游戏的乐趣是人与人之间的对抗，而不仅是人与事先设置的各种程序的对抗，所以互联网游戏比普通的电子游戏更具有生命力，更具有诱惑性。

电子商务。指在网上进行商务活动。其主要功能包括网上的广告、订货、付款、客户服务和货物递交等销售、售前和售后服务，以及市场调查分析、财务核计及生产安排等多项商业活动。

2. 互联网技术的特点

互联网技术的特点是由其独特的技术特征所决定的，这些特点可归纳为以下四点：

一是数字化。互联网技术几乎对任何信息都能进行数字化处理，经过数字化处理后的信息具有高保真、易传输、低成本、有利于再创造等优势，因而互联网通过数字化手段，可以为人们提供巨大的信息资源和资源共享服务，通过使用互联网，全世界范围内的人们既可以互通信息，交流思想，又可以获得各个方面的知识、经验和信息。

二是网络化。互联网技术形成了网络化的信息高速公路，从而打破了传统的时空观。世界各地的任何人，无论在任何地方、任何时候，在互联网上进行信息交流,都让他们真正体验到"天涯若比邻"。

三是高速化。互联网技术的传输速度几乎以光速运行,对信息的处理是在瞬间完成,因而可以产生巨大的存储能力和处理能力。

四是海量化。互联网技术具有信息量大、信息更新快的特点,同时具有很高的带宽,能够为信息洪流提供必要的快速通道。

(三)我国互联网技术的发展现状

1. 现阶段我国互联网技术的发展

20世纪80年代以来,在世界范围内蓬勃兴起的新技术革命对人类影响之广阔之深刻超过了历史上任何一次科技革命。在雨后春笋般不断涌现的高科技群体当中,以互联网技术突破及迅猛发展处于最核心、最先导的地位,可以说互联网技术是现代科技革命浪潮的标志和核心。现阶段来看,互联网技术更新速度更加迅速。从20世纪60年代开始,新产品、新服务、新技术的出现呈指数级增长,由此很多观察家把20世纪下半叶称为"第二次工业革命"时代。蒸汽机从发明到应用用了80年左右的时间,电话用了55年、无线电用了35年,半导体用了5年,激光只用了2年,同时企业产品的研发时间也大大缩短,惠普打印机的开发时间由过去的4.5年变成现在的22个月,计算机芯片的微处理器的运算能力每隔十八个月更新一遍。而且互联网技术已不仅仅是一门独立的技术,它更是一门渗透性极强并且囊括多种单元技术的综合性高科技。就目前阶段来看,其他高科技及其产业化,例如,生物技术、海洋技术、空间技术、航天技术的开发和应用,无不以先进的计算机网络技术为基础,依靠互联网技术对其进行改造和升级。现阶段我国互联网技术的发展成果主要集中在:

一是高性能计算技术。我国超级计算机综合技术水平取得历史性突破,进入世界领先行列。在2010年11月世界超级计算机TOP500中,中国研制的高效能计算机系统"天河一号"排名第一,"曙光星云"位居第三。建成了具有300万亿次以上聚合浮点计算能力和1000万亿字节以上存储能力的中国国家网络服务与应用环境，在能源、机械制造、飞机设计、气象预报、新药研发等领域得到成功应用。

二是通信技术。全球最大规模的新一代网络与业务试验床成功实施，可重构路由交换平台等关键技术取得突破，技术水平达到世界前列。完成了基于"北斗"的移动通信试验系统的设计与开发，支持短消息、语音业务和数据广播业务，为现阶段在应急状态下采用自主技术开展通信服务提供了重要技术手段。研制的无线宽带快速组网系统已在上海世博会和广州亚运会安保获得应用，并推广至公安、电力、交通、水利和地震等众多领域。在网络通信领域，向国际标准化组织提交标准建议提案文稿超过100项，其中8项被批准成为国际标准，31项被国际标准化组织采纳。

三是虚拟现实技术。研制成功虚实融合的协同工作环境支撑技术与系统，建成了面向飞机驾驶舱设计和面向飞机关键部件拆装维护及训练两个应用示范系统，为中国虚实融合技术在相关领域的发展奠定了坚实基础。研制了具有自主知识产权的虚拟现实的绘制内核和物理引擎系统并实现了初步应用。在三维显示新机理、基于肌电传感器和加速计的手势交互设备等方面取得了创新性成果。

四是信息安全技术。研制成功网络安全事件监控系统，采用了新型网络安全监控体系结构，显著提升了大规模突发事件的协同分析与应急处置、网络安全态势分析及预测能力，有效降低了网络安全事件带来的危害，为网络与信息系统提供了安全保障。在网络认证授权、反网络垃圾信息、安全操作系统、防伪等方面的关键技术取得重要进展。部分技术修订了相关国家标准，形成了国家标准草案及国际标准草案，完成了适用于计算型、事务处理型和服务型信息系统等级保护模拟平台，为信息系统安全建设提供了示范环境。

2. 我国互联网技术发展存在的问题

就目前互联网技术的发展现状而言，既有值得人们发扬的一面，也有人们必须改进的一面。

在互联网技术的专业内容方面，更加需要相关工作者对其进行持续完善与改进。移动互联网技术中低网络资源的使用率也会严重影响互联网移动设备的准确识别和有效连接，而在数据中的传输速度也会逐渐减弱，这些现象都会影响移动互联技术的发展。在技术控制方面的主要问题是技术不成熟，可靠性低。就像黑客技术、病毒编制的技术不论正统技术发展的速度多快和水平多高时都会略高于正统的技术。"中国科技大学网络中心曾经对25000个网络服务账号密码进行了简单的穷举攻击测试，结果仅用一台高级PC在短短数小时之内就破解了其中18496个账号。对于网址和网页文字等固定内容的过滤技术，虽然已应用较长时间，但还是无法做到智能地判断。例如对已过滤掉的网站，可以通过代理网站或软件进行访问；对于文字的过滤，则可以通过变换关键词来规避。此外图像过滤、视频过滤技术仅仅是刚起步，不仅过滤准确度低，还对计算机和互联网性能存在较大负影响。移动互联网技术的定位准确度、定位的效率、智能化，以及自动化等都需要不断的改进。

除此之外，我们更应该关注到互联网技术的不断发展会导致的伦理问题。根据中国互联网络信息中心发布的调查报告显示，截至2017年6月，中国网站普及率达到54.3%。[1] 2017年中国手机网民数量相比2016年增长2830万人，总量达到7.24亿。[2] 随着中国网站的激增与手机的普及，"微观化"成为网络时代的主要趋势，"微时代"成为普遍

---

[1] 中国互联网络信息中心：《中国互联网络发展状况统计报告》，2017年1月22日，2017年8月15日。

[2] 中国互联网络信息中心：《第40次中国互联网络发展状况统计报告》，2017年8月3日，2017年9月20日。

承认的现实。人类进入了新媒体时代。随之而来的是，人们之间直接的社会交往关系逐步被人对网络的依赖关系取代，人与人之间的感情交流越来越少，群体纽带越来越松弛，导致人与人之间的感情日益淡漠。同时网络侵犯行为增多，垃圾邮件、虚假信息、网络欺凌、网络色情、泄露隐私、欺诈、黑客等有违道德和法律的垃圾文化，也在网上大肆泛滥。人们不得不承认，在互联网技术的应用过程中，人类正面临着在现实世界中前所未有的伦理挑战。

二 技术规约之道

互联网是技术的产物，互联网治理也是基于技术的治理。基于技术所产生的问题，最终还是得依靠技术的进一步发展来解决和应对。正如习近平总书记所说："要以技术对技术，以技术管技术，做到魔高一尺、道高一丈。"[①] 互联网治理需要依赖于互联网技术，技术规约是通过技术的约束与规范，来实现网络环境的和谐安全。

（一）技术控制

在新媒体治理上，技术手段永远是最为直接有效的规制方法，能够有效填补法律滞后性的不足。从当前世界各国对互联网信息传播规制的发展趋势来看，很多国家都开始重视起技术手段在互联网中的作用。比如美国早在1966年就启用了PISC系统（因特网内容选择平台），通过将网络信息分成5级，内容危害程度由低到高递增，其通过内容分级区别公私言论、软硬色情；通过受众分类区别成人及儿童，进行级别限制，较为有效地控制了色情暴力等信息对未成年人的影响。[②]

我国工信部在2009年也曾下发过《关于计算机预装绿色上网过滤

---

① 习近平：《习近平在网络安全和信息化工作座谈会上的讲话》，2016年4月19日。
② 张化冰：《网络空间的规制与平衡——一种比较研究的视角》，中国社会科学出版社2013年版，第140页。

软件的通知》，拟在我国推行一款名为"绿坝——花季护航"的内容过滤软件，但由于当时的技术条件还不够成熟，且受到社会各界的舆论压力而暂未实行。[①]

到目前为止，我国还没有形成自主可控的计算机技术、软件技术和电路技术体系，重要信息系统、关键基础设施中使用的核心技术产品和关键服务还依赖国外，我国政府部门、重要行业的服务器、存储设备、操作性以及数据库主要是国外进口。因此，我们必须掌握自主可控的安全技术，充分发挥互联网核心技术的作用，保证国家和人民信息的安全性。目前我国的技术控制手段有以下几种：

1. 防火墙技术

防火墙技术是网络安全技术的一种。网络安全技术即以控制为目的，通过技术手段确保网络运行安全以及信息安全。而所谓的防火墙是对确保网络安全而构建软硬件系统的一种形象说法。该技术是一种用来加强网络之间访问控制，防止外部网络用户以非法手段通过外部网络进入内部网络，访问内部网络资源，保护内部网络操作环境的特殊网络互联设备。防火墙主要由服务访问政策、验证工具、包过滤和应用网关四个部分组成。它对两个或多个网络之间传输的数据包如链接方式按照一定的安全策略来实施检查，以决定网络之间的通信是否被允许，并监视网络运行状态。

自从1986年美国Digital公司在Internet上安装了全球第一个商用防火墙系统，提出防火墙概念后，防火墙技术得到了飞速的发展。国内外已有数十家公司推出了功能各不相同的防火墙产品系列。

2. 加密技术

数据加密是确保信息传输安全的常用方法，通常由算法和密钥两个

---

① 李喆：《互联网内容分级管理制度研究》，《东南传播》2015年第11期。

元素构成。算法将待传输的信息与密钥相互结合,从而构建难以理解的密文,而密钥则是通过一定的算法对数据进行编码和解码。在信息的安全传输中,可使用密钥加密技术确保信息传输的安全。加密技术包括四种类型,如表1所示。

表1　　　　　　　　　　加密技术类型

类型	说明
无客户端 SSL	SSL 的原始应用。在这种应用中,一台主机计算机在加密的链路上直接连接到一个来源(如 Web 服务器、邮件服务器、目录等)。
配置 VPN 设备的无客户端 SSL	这种使用 SSL 的方法对于主机来说与第一种类似。但是加密通讯的工作是由 VPN 设备完成的,而不是由在线资源完成的(如 Web 或者邮件服务器)。
主机至网络	主机运行客户端软件(SSL 或者 IPsec 客户端软件)连接到一台 VPN 设备并且成为包含这个主机目标资源的那个网络的一部分。
网络至网络	有许多方法能够创建这种类型加密的隧道 VPN. 但是,要使用的技术几乎总是 IPsec。

加密技术的应用是多方面的,针对不同的业务要求可以设计或采取不同的加密技术以及实现方式。目前最为广泛的还是在电子商务和虚拟专用网(VPN)上的应用,深受广大用户的喜爱。

3. 内容监控技术

信息内容安全的问题主要表现在有害信息利用互联网所提供的自由流动的环境肆意扩散,其信息内容或者像脚本病毒那样给接收的信息系统带来破坏性的后果,或者像垃圾邮件那样给人们带来烦恼,或者像谣言那样给社会大众带来困惑,从而成为社会不稳定因素。内容监控技术主要分为两类:

一是行为监管技术。行为监管技术是为了防范风险,对行为的输入、过程与输出、行为产生的环境、行为特性和其他内容与行为关联性进行综合研究、分析、监控、管理并发现问题点的技术。该技术包括行为隐蔽技术、行为踪迹消除技术、行为可信性技术、行为输入条件满足性判定技术、行为分类技术、网络定位技术、网络跟踪技术、网络远程控制技术等。

二是内容监管技术：是为防范风险、对内容本身、内容产生的环境、内容变换过程、相关行为特性和其他内容与行为关联性进行综合研究、分析、监控、管理并发现问题点的技术。内容监管的对象包括：格式内容、字符文档内容、图形内容、加密信息内容和隐藏信息内容等。该技术包括：内容保密性技术、内容完整性技术、内容可信判定技术、内容分类技术、内容摘要技术、内容过滤技术、键盘记录技术、屏幕抓取技术等。

内容监控技术可实现对新闻信息进行过滤处理，对含有敏感词汇的内容进行收集；对于贴吧、论坛等网络社区以及各个类型的网站信息采用的技术进行监控；对网民的聊天行为、内容以及邮件内容进行监控；识别色情、暴力等信息，同时予以拦截和屏蔽，针对网络色情、暴力等不良信息进行监测和预警；还能够对网络用户的上网时间、聊天交友等进行监控。此技术实现的主要产品及解决方案表现在：

一是舆情监测分析软件。它整合互联网信息采集技术以及信息智能处理技术，通过对互联海量信息自动抓取、自动分类聚类、主题检测、专题聚焦、实现用户的网络舆情监测和新闻专题追踪等信息需求，形成简报、报告、图标等分析结果，为客户决策层全面掌握舆情动态，做出正确舆论引导，提供分析数据。

二是互联网舆情监控分析系统。它是专门为政府网络信息监测部门量身定做的一款海量信息进行自动分拣、热点识别、长效监控的检测工具。该系统采用了 Autonomy 基于概念的算法，可支持海量的信息检索和自然语言检索，能够自动识别海量信息中的概念，并自动实现上下文摘要、检索结果自动分组、信息分联等操作。现列举部分软件系统如表2。

表 2　　　　　　　　部分互联网舆情监控软件与分析系统

系统名称	过滤位置	过滤内容	主要具体实现
爱思绿色网景软件	网络接入：客户端工具	色情、邪教、暴力、毒品、赌博等信息	URL过滤；关键词过滤
绿信上网卡	网络接入	色情、暴力、毒品、赌博等不良信息	URL过滤；关键词过滤
西安交大捷普公司Jump安全审计系统	网关出口	WWW、BBS、Email等不良内容过滤	关键字过滤；服务所对应的端口监视等
任子行互联网信息安全审计管理系统	客户端专用工具	色情、反动等不良信息	集中控制；分级管理
美萍网站过滤专家	网关出口	色情、暴力、反动等不良信息	正常网站列表；受限网站列表；权限管理
卓尔内容过滤系统Info Gate V 2.0	网络入口	病毒过滤、垃圾邮件、网页过滤	病毒模式匹配；关键词过滤
美讯智邮件安全网关	网关	病毒扫描、垃圾邮件过滤、反动邮件等不良信息	关键词扫描，规则过滤

(二) 建议与思考

1. 互联网信息监控部门需要不断更新技术

案例分析：长沙市岳麓区共有11所高校20余万学生，其年龄分布正好符合电信网络诈骗受害人主体18—25岁这个年龄区间，在该区三年来诈骗案件发生以每年35%左右大幅上升的情况下、在打击成效有限的情况下，积极防控尤为迫切。为此，岳麓区一边研究案发规律，一边到阿里学习并开展技术合作之后推广使用钱盾APP（阿里为此投入70名员工花了整一年时间，其当前已经成为一个重要的公益性反诈骗平台工具），并对师生等专门进行了用前培训。钱盾APP投入使用以后，相关统计显示，整体电信网络诈骗案件呈稳步下降的趋势，2017年比2016年下降了18.5%，其中通讯诈骗案件下降更为明显，下降幅度达41%。具体来看，根据钱盾APP开放平台的拦截数据显示，2017年下半年对比上半年电话诈骗下降幅度达15%、短信达25%，各种病毒木马受害者下降达19%，钓鱼链接影响用户量下降91%。

互联网新媒体伦理生态及治理研究

除钱盾 APP 外，互联网技术还提供了智能风控系统、生物识别技术、伪基站打击平台、反欺诈智能预警平台等，这些可以从事前、事中、事后全程提升公众安全保障，并协助打击违法犯罪。就每一项来说，其中体现了相当的技术能力，如蚂蚁金服目前的最新一代智能风控引擎能在 0.1 秒内对所有用户行为进行超过八个维度的风险异常检测，其中有 100 多个机器学习模型，数百个风险策略，以及六千多个风险变量，对每天几亿笔的交易进行实时的风险扫描。此外，目前人脸识别应用到了登录和支付场景后，准确率达到 99.9%。

思考：技术的提升是把双刃剑，一方面，信息监管部门可以利用新技术对互联网上的不良信息进行更好的监管；另一方面，不法分子也可以利用高技术逃过监管，更加方便、安全地传播不良信息。要有效地限制互联网上的不良信息，监管部门必须不断的更新技术，保证自己的技术优势。

政府应当高度重视并加强相关领域的科研投入，优化技术过滤手段以减轻对网民言论自由的影响，同时实现保护未成年人，维护网络健康和谐的目标。在传播内容分级上来看，我们可以借鉴其他国家的一些成功经验，通过账户权限层级设置，区分儿童与成人，实现分层上网；通过鼓励与倡导分级过滤软件安装，为有需求的家庭提供不良信息过滤服务等。其他一些技术的出现，例如对关键字的和谐使得贴吧、评论版骂作一团的氛围有所缓解；图片审核技术的出现，节省了各大网站对网络图片的人工审核成本，使得每日数以千万计的上载图片能迅速筛选发布，截流色情、暴力、不雅信息等。可以看出，新技术对于新媒体传播的治理是迅速而有效的。黑客技术与互联网防护技术的发展是此消彼长的，我们可以充分利用技术手段的有效特质，大力发展培养尖端网络技术人才，充分利用新技术带来的便利条件，在法制及自律机制下对互联网技术规制进行完善与补充。

2. 鼓励企业参与相关技术和产品开发

案例分析：2017 年 1 月拥有世界最大互联网客户群体的腾讯公司推行了颠覆传统互联网模式的互联网营销工具——微信小程序。企业使用微信小程序解决方案能够实现用户"唾手可得"。打造属于自己的"App Store"，微信小程序具有入口浅；开发成本低；无须下载，扫一扫或搜一下即可使用；兼容性好，省流量，不占手机内存空间，方便客户使用的特点。微信借小程序打通线上线下，成为全场景集中化入口。小程序的价值并非简单的流量汇集和变现，而是将微信线上高频高黏性延伸到线下场景，服务、支付、互动、传播等环节均在微信体系内实现，使微信成为贯通 9 亿用户线上线下生活场景的超级入口。微信之父张小龙预言：未来 2 年内，小程序将取代 80% 的 App 市场。

思考：为了获得更大的市场份额，企业往往会积极地改进其产品和服务，使消费者得到更好的体验。比如由于 163 邮箱与 263 邮箱的竞争，我们得到了更好的免费邮箱服务；由于淘宝、拍拍、京东等电子商务网站之间的竞争，人们的网购体验不断被改善；由于谷歌和百度的竞争，搜索引擎的搜索变得更加公正——不再全是竞价排名之后的结果。因此，在相关技术和产品的开发上，应引入市场机制，鼓励企业参与，利用企业之间的竞争来提升产品质量。维护互联网的安全，防止网上的不良信息对青少年造成危害，不仅是政府的责任，更是全社会的共同愿望。截至 2017 年 12 月，我国网民总数达 7.51 亿[1]，对任何企业来说，这都是一个巨大的市场。只要形成充分竞争，互联网安全技术和内容过滤技术都必将得到极大的提升。

---

[1] 中国互联网络信息中心：《第 40 次中国互联网络发展状况统计报告》（http://www.cnnic.net.cn/hlwfzyj/hlwxzbg/hlwtjbg/201708/t20170803_69444.htm）。

3. 实现互联网技术与政府治理模式的深度融合

案例分析：徐玉玉，女，山东临沂罗庄区高都街道中坦社区人。2016年8月21日，因被诈骗电话骗走上大学的费用9900元，伤心欲绝，郁结于心，最终导致心脏骤停，虽经医院全力抢救，但仍不幸离世。此案经公安部全力侦查，于8月28日将全部涉案嫌疑人缉拿归案。但案件背后揭露了电信行业及互联网上非法个人信息买卖这一现象。9月5日，工信部回复称，"基础电信企业不会将垃圾信息和骚扰电话作为其发展客户、提升业绩的途径，但也不排除个别基层电信企业为追求短期经济效益而罔顾社会责任。"

"e租宝"是"钰诚系"下属的金易融（北京）网络科技有限公司运营的网络平台，2015年12月8日，因涉嫌违法经营接受调查。深圳经侦于2016年1月11日发文通报对e租宝事件调查进展，称已对"e租宝"网络金融平台及其关联公司涉嫌非法吸收公众存款案件立案侦查。2016年2月1日，CCTV1"朝闻天下"报道，"e租宝"95%的项目为虚构。2016年8月16日，北京市人民检察院官网发布公告称，"e租宝"实际控制人钰诚国际控股集团有限公司涉嫌集资诈骗罪，董事长、董事局主席丁宁、总裁张敏等11人涉嫌集资诈骗罪，党委书记、首席运营官王之焕等15人涉嫌非法吸收公众存款罪一案，由北京市公安局侦查终结移送审查起诉，北京市人民检察院第一分院于2016年8月15日依法受理。

思考：随着"互联网+"时代的正式到来，大数据、云计算以及移动互联网等多项技术的应用将会变得更加广泛，而且还会产生大量的新产业，建立在信息基础设施的基础上，政府治理技术和治理环境都有很大程度的改变。我国《国务院关于积极推进"互联网+"行动的指导意见》提出，未来需要重视"互联网+"新硬件工程的建设，不断建立和完善信息时代下的基础设施，尤其是要将各种高新技术有效地应用在治理过程中,有效地将互联网和政府治理融合在一起,提高政府治理能力。2016年国务院发布《国务院关于加快推进"互联网+政务服务"的指导意见》,强调"2020年底前,实现互联网与政务服务深度融合,建成覆盖全国的整体联动、部门协同、省级统筹、一网办理的'互联网+政务服务'体系,大幅提升政务服务智慧化水平,让政府服务更聪明,让企业和群众办事更方便、更快捷、更有效率。"①

国家对网络进行监管的主体遍及很多部门,主要分为接入监管部门、安全管制部门、内容管制部门以及其他有关部门。接入监管部门主要是指工信部和工商部,负责审批、备案和管理;安全管制部门主要是指公安部门与国家安全部门,负责监控和封堵;内容管制部门主要是指中央和地方新闻办公室以及国新办,主要负责非营利性互联网信息的备案和新闻媒体;其他有关部门指的是文化部门、新闻出版部门以及广电部门,主要负责互联网版权管理和视听管理。因此,政府相关部门可以从源头对不良信息、垃圾文化、虚假新闻进行拦截,还可以在出现问题时进行及时控制,防止事态扩大。②

---

① 国务院:《国务院关于加快推进"互联网+政务服务"的指导意见》,2016年9月29日,2017年10月11日。
② 王嘉琦:《互联网背景下我国网络群体性事件防范和处置对策研究》,硕士学位论文,苏州大学,2016年。

参考文献

安丽梅：《从网络暴力谈网民道德培育》，《思想教育研究》2016 年第 2 期。

卜建华：《极端网络民族主义倾向的表现及其批判》，《中共银川市委党校学报》2011 年第 2 期。

曾来海：《新媒体概论》，南京师范大学出版社 2015 年版。

陈建金、孙东、刘智勇：《网络新媒体发展现状及问题分析》，《新闻研究导刊》2016 年第 14 期。

陈万求：《网络论题难题和网络伦理建设》，《自然辩证法研究》2002 年第 4 期。

陈显来：《保护计算机网络安全及防范黑客入侵措施》，《信息与电脑》（理论版）2010 年第 10 期。

程丹：《网络新媒体发展现状及问题分析》，《科技创新与应用》2016 年第 12 期。

戴永明：《传播法规与伦理》，上海交通大学出版社 2009 年版。

单行本：《中共中央关于全面深化改革若干重大问题的决定》，人民出版社 2013 年版。

丁媛媛：《计算机网络病毒防治技术及如何防范黑客攻击探讨》，《赤峰学院学报》（自然科学版）2016 年第 4 期。

段伟文：《技术的价值负载与伦理反思》，《自然辩证法研究》2000 年第 8 期。

樊承瑛：《网络色情对青少年犯罪的影响及预防对策》，《法制博览》2016 年第 17 期。

樊浩：《伦理精神的价值生态》，中国社会科学文献出版社 2001 年版。

付玉辉：《新媒体研究：聚焦传播秩序与传播治理——2013 年中国新媒体传播研究回顾》，《中国传媒科技》2014 年第 3 期。

高宏村、于正：《感知国家话语下市场话语的脉动：我国网络新媒体管理政策的宏观思考》，《汉江大学学报》2010 年第 6 期。

葛素华：《网络民族主义的表现形式与影响》，《厦门特区党校学报》2016 年第 2 期。

龚庞夔：《关于网络知识产权的伦理思考》，《山东省农业管理干部学院学报》2009 年第 6 期。

龚志伟、兰月新、张鹏、苏国强：《基于案例分析的网络谣言传播规律研究》，《中国公共安全》（学术版）2016 年第 3 版。

桂亚平：《新媒体时代网络谣言公共治理研究》，硕士学位论文，湘潭大学，2016 年。

郭良：《互联网创世纪从阿帕网到互联网》，中国人民大学出版社 1998 年版。

郭庆光：《传播学教程》，中国人民大学出版社 2011 年版。

郝凤英：《网络信息资源管理问题探讨》，《四川图书馆学报》2002 年第 5 期。

何正玲：《黑客攻击与网络安全防范》，《内蒙古科技与经济》2011 年第 11 期。

胡百精、李由君：《互联网与对话伦理》，《当代传播》2015 年第 5 期。

胡静：《网络伦理的反思与构建》，硕士学位论文，郑州大学，2016年。

黄传武：《新媒体概论》，中国传媒大学出版社2013年版。

黄东桂：《关于网络社会的伦理思考》，《学术论坛》2000年第6期。

黄寰：《建设新型的网络伦理》，《社会科学家》2004年第5期。

黄健、王东莉：《数字化生存与人文操守》，《自然辩证法研究》2001年第10期。

姜方炳：《"网络暴力"：概念、根源及其应对——基于风险社会的分析视角》，《浙江学刊》2011年第6期。

蒋宏、徐剑：《新媒体导论》，上海交大出版社2006年版。

蒋华超：《论网络知识产权侵权纠纷中的保全证据公证》，硕士学位论文，华东政法大学，2013年。

蒋弦：《网络黑客的攻击方法及其防范技术研究》，《数字技术与应用》2015年第2期。

鞠立新、张建华：《新媒体产业发展的制约因素与发展策略》，《新闻与写作》2011年第12期。

兰志文、詹扬龙：《网络淫秽色情传播治理——以网络直播为例》，《东南传播》2017年第9期。

黎慈：《国外网络社会治理的实践与启示》，《宁夏党校学报》2016年第3期。

黎勇、陈丽霞、李维康：《中国互联网发展与治理研究报告》，《汕头大学学报》（人文社会科学版）2017年第11期。

李德智：《互联网治理之初探》，《河北法学》2004年第12期。

李钢：《中国互联网低俗内容监管的博弈分析》，《管理评论》2011年第10期。

李兰芬：《论网络时代的伦理问题》，《自然辩证法研究》2000年第7期。

李林、容李珮：《新媒体对传统媒体生态影响初探》，《中国出版》2015

年第 3 期。

李伦：《鼠标下的德性》，江西人民出版社 2002 年版。

李伦：《虚拟社会伦理与现实社会伦理》，《上海师范大学学报》（社会科学版）2002 年第 2 期。

李伦：《中国语境下网络内容规制的伦理问题》，《井冈山大学学报》（社会科学版）2010 年第 1 期。

李娜：《世界各国有关互联网信息安全的立法和管制》，《世界电信》2002 年第 6 期。

李希光：《习近平的互联网治理思维》，《人民论坛》2016 年第 2 期。

李肖南：《大数据时代网络隐私权问题研究》，硕士学位论文，西南政法大学，2015 年。

李英姿：《对科技时代伦理问题的思考》，《理论探索》2003 年第 2 期。

李永刚：《我们的防火墙：网络时代的表达与监管》，广西师范大学出版社 2009 年版。

李育红：《网络伦理的层次性、根源与对策》，《科学·经济·社会》2005 年第 1 期。

梁涛：《试论网络暴力对青少年的负面影响及应对策略》，《山西青年职业学院学报》2016 年第 1 期。

凌小萍、钟苹、郑勇杰：《论网络伦理问题产生的根源》，《南宁职业技术学院学报》2003 年第 1 期。

刘秉镰：《全球"互联网＋"发展现状与展望》，《国际经济分析与展望》2016 年。

刘大椿、段伟文：《科技时代伦理问题的新向度》，《新视野》2000 年第 1 期。

刘行芳：《新媒体概论》，中国传媒大学出版社 2015 年版。

刘环宇：《浅析网络暴力的诱因及防治对策》，《视听》2018 年第 1 期。

刘江涛、李申:《论网络时代的价值冲突》,《上海社会科学院学术季刊》2001年第3期。

刘俊英、刘平:《网络伦理难题与传统伦理资源的整合》,《烟台大学学报》2004年第1期。

刘奇葆:《加快推动传统媒体与新媒体融合发展》,《党建》2015年第5期。

刘韧、张永捷:《知识英雄——影响中关村的个人》,中国社会科学出版社1998年版。

刘同舫:《加强网络道德教育》,《上海大学学报》(社会科学版)2001年第4期。

刘文莉:《社会治理视角下新媒体作用的发挥》,《焦作大学学报》2017年第2期。

刘先根、彭培成:《移动互联网时代新媒体治理体系的构建》,《新闻战线》2014年第11期。

刘湘毅:《我国网络色情类型与治理研究》,《视听》2016年第1期。

刘映花:《新媒体环境下个人隐私的保护》,《青年记者》2015年第13期。

刘云章:《网络伦理学》,中国物价出版社2001年版。

鲁强:《内容共享网络中的关键问题》,《通信学报》2016年第10期。

[瑞士]罗尔夫·韦伯:《互联网环境中的伦理》,《信息安全与通信保密》2017年第1期。

罗昕:《全球互联网治理:模式变迁、关键挑战与中国进路》,《社会科学战线》2017年第4期。

[美]卡兹:《20世纪末的法律、法庭与法律实践》,树理、刘进译,《现代外国哲学社会科学文摘》1999年第4期。

[美]凯斯·桑森坦:《网络共和国——网络社会中的民主问题》,黄维

明译，上海人民出版社 2003 年版。

［美］劳伦斯·莱斯格：《代码》，李旭等译，中信出版社 2004 年版。

［美］迈克尔·J. 奎因：《互联网伦理：信息时代的道德重构》，王益民译，电子工业出版社 2016 年版。

［美］尼葛洛庞帝：《数字化生存》，胡泳译，海南出版社 1997 年版。

［美］西奥多·罗斯托克：《信息崇拜计算机神化与正的思维艺术》，苗华健、陈体仁译，中国对外翻译出版公司 1994 年版。

［美］詹姆斯·N. 罗西瑙：《没有政府的治理》，张胜军、刘小林等译，江西人民出版社 2001 年版。

马传谊：《"人肉搜索"的伦理困境及反思》，《重庆邮电大学学报》（社会科学版）2012 年第 6 期。

马骏：《中国的互联网治理》，中国发展出版社 2011 年版。

马舲：《浅议大数据时代下的个人隐私保护》，《天水行政学院学报》2017 年第 4 期。

孟娟娟：《新媒体舆论治理策略研究》，《科技传播》2016 年第 5 期。

孟祥远、刘雯雯：《生态文明视角下新媒体时代互联网企业的伦理失范及理性构建》，《"决策论坛——管理科学与经营决策学术研讨会"论文集（下）》2016 年。

牛静：《新闻传播伦理与法规：理论及案例评析》，复旦大学出版社 2015 年版。

彭本红：《产业生态学视角下移动互联网产业链治理》，《管理现代化》2016 年第 1 期。

钱人瑜：《网络治理的研究综述与理论框架创新》，《商业经济研究》2015 年第 2 期。

沈月娥：《新媒体伦理缺失及其体系构建》，《甘肃社会科学》2012 年第 2 期。

世界银行：《治理和发展》(Governance and Development)，世界银行，华盛顿特区，1992年。转引自皮埃尔·卡莫兰《破碎的民主——试论治理的革命》(La Dmeocartei en Miettes)，生活·读书·新知三联书店2005年版。

舒华英：《互联网治理的分模型及其生命周期》，《通信发展战略与业务管理创新学术研讨会集》2006年。

隋巍：《网络色情的政府治理研究》，硕士学位论文，山东大学，2015年。

谭天、曾丽芸：《伦理应该成为互联网治理的基石》，《新闻与传播研究》2016年增刊。

谭志敏：《网络文化与伦理概论》，重庆大学出版社2015年版。

唐守廉：《互联网及其治理》，北京邮电大学出版社2008年版。

唐涛：《中国互联网内容治理现状与对策研究》，《中国网络空间安全发展报告》，社会科学文献出版社2015年版。

唐绪军：《中国新媒体发展报告》，社会科学文献出版社2016年版。

陶茂丽、王泽成：《大数据时代的个人信息保护机制研究》，《情报探索》2016年第1期。

陶月娥：《论侵犯网络知识产权犯罪》，《辽宁警专学报》2005年第6期。

王东、王昭慧：《互联网产业链和产业生态系统研究》，《现代管理科学》2005年第6期。

王功名：《我国社会转型期媒体行为的伦理审视》，硕士学位论文，广西师范大学，2014年。

王冠楠：《网络社会治理的法治化》，硕士学位论文，东南大学，2015年。

王海婴：《浅谈网络共享资源课程开发》，《学术纵横》2016年。

王建磊：《新媒体研究的理论困境与现实冲突》，《新媒体产业国际研讨会论文集》第四集。

王逊志：《互联网背景下传统传媒产业转型路径研究》，硕士学位论文，北京邮电大学，2016年。

吴满意：《试论网络伦理》，《电子科技大学学报》（社会科学版）2001年第1期。

吴秀娟、徐骁：《浅析黑客攻击与网络安全技术的防范》，《电脑知识与技术》2013年第17期。

吴阳、李晓红：《网络直播中的伦理失范及其治理》，《南昌师范学院学报》2017年第5期。

吴则成：《美国网络霸权对中国国家安全的影响及对策》，《国防科技》2014年第1期。

吴忠民：《不应忽视互联网对社会矛盾的积极缓解效应》，《甘肃理论学刊》2015年第10期。

吴忠民：《不应忽视互联网对社会矛盾的积极缓解效应》，《光明日报》2015年8月19日。

伍沽婷、谌茹悦、王可欣、魏学斌、柏月：《"网络暴力"成因及对策研究》，《商》2016年第31期。

习近平：《习近平谈治国理政》，外文出版社2014年版。

《习近平主持召开网络安全和信息化工作座谈会强调在践行新发展理念上先行一步让互联网更好造福国家和人民》，《人民日报》2016年4月20日。

肖洁、袁崇、谭天：《大数据时代数据隐私安全研究》，《计算机技术与发展》2016年第5期。

谢平：《计算机网络信息安全中防火墙技术的有效运用研究》，《通讯世界》2016年第19期。

邢彦辉、叶烨：《新媒体产业链的培育与整合》，《中国出版》2016年第6期。

徐佩：《世界互联网大会首次面向全球发布互联网领域最新学术研究成

果》,《嘉兴日报》2017年12月5日。

闫宏强、韩夏:《互联网国际治理问题综述》,《电信网技术》2005年第10期。

严耕:《网络伦理》,北京出版社1998年版。

杨阳:《网络色情的现状及其伦理学批评研究》,《东南传播》2015年第7期。

于建华、李霞:《新媒体管理中存在的问题及对策》,《华北水利水电学院学报》2009年第2期。

于柳箐:《美国网络霸权浅析》,《信息安全与通信保密》2014年第10期。

于孟晨、王苏喜:《法律伦理技术互联网治理的三重路径》,《教育观察》2017年。

于志强:《我国网络知识产权犯罪制裁体系检视与未来建构》,《中国法学》2014年第3期。

喻国明:《加强网络传播伦理建设——网络伦理规范构建的着眼点和着手处》,《青年记者》2017年第12期。

喻晓马、程宇宁、喻卫:《互联网生态:重构商业规则》,中国人民大学出版社2016年版。

张成琳:《网络吐槽现象的舆论引导策略研究》,《西部广播电视》2016年第11期。

张怀民、尚晶晶:《全球化视阈下新媒体的伦理规范》,《学术交流》2014年第4期。

张昆:《拓展媒体伦理研究的新空间——全球媒体伦理规范译评读后的思考》,《新闻与写作》2017年第11期。

张丽霞、缪斯薇:《银行黑客大案接连发生金融安全成焦点》,《江苏通信》2016年第6期。

张敏、马海群：《P2P 文件共享技术对网络知识产权的影响探讨》，《情报科学》2007 年第 6 期。

张明仓：《科技代价的人文沉思》，《自然辩证法研究》1999 年第 7 期。

张平、郭凯天：《互联网法律法规汇编》，北京大学出版社 2012 年版。

张涛甫：《互联网巨头的伦理困境》，《新闻与写作》2017 年第 9 期。

张文杰、姜素兰：《网络发展带来的伦理道德问题》，《北京联合大学学报》1998 年第 3 期。

张晓冰、周静、邱晏：《网络伦理道德失范的原因和对策》，《新闻界》2009 年第 3 期。

张燕：《风险社会与网络传播：技术·利益·伦理》，社会科学文献出版社 2014 年版。

张燕：《论网络表达自由的规制》，《法学论坛》2015 年第 6 期。

张咏华：《传播伦理：互联网治理中至关重要的机制》，《全球传媒学刊》2015 年第 5 期。

张志安、卢家银、曹洵：《网络空间法治化的成效、挑战与应对》，《新疆师范大学学报》（哲学社会科学版）2016 年第 5 期。

张志安：《互联网与国家治理年度报告》，商务印书馆 2016 年版。

张志丹：《论伦理生态——关于伦理生态的概念、思想渊源、内容及其价值研伦理学研究》，《伦理学》2010 年第 2 期。

赵国良、胡引生：《网络建设发展中的非道德现象及对策研究》，《开封大学学报》2000 年第 4 期。

赵若瑜：《"互联网＋"电子信息技术发展研究》，《科技与创新》2018 年第 1 期。

甄西垒：《校园网络安全管理中的黑客入侵与防范》，《中国新通信》2015 年第 4 期。

郑健：《浅析新媒体语境下的传播伦理困境及其对策》，《今传媒》2011

年第 4 期。

郑洁：《网络伦理问题的根源及其治理》，《思想理论教育导刊》2010 年第 4 期。

郑洁：《网络社会的伦理问题研究》，中国社会科学出版社 2011 年版。

郑荣：《网络暴力的伦理批判与规制研究》，硕士学位论文，暨南大学，2016 年。

郑永兰：《网络治理的三重维度技术场景与话语》，《哈尔滨工业大学学报》2018 年第 1 期。

支振锋：《互联网全球治理的法治之道》，《法制与社会发展》2017 年第 1 期。

中国国际经济交流中心课题组：《互联网革命与中国业态变革》，中国经济出版社 2016 年版。

钟瑛、张恒山：《论互联网的共同责任治理》，《华中科技大学学报》（社会科学版）2014 年第 6 期。

左伟志、曾凡仔：《校园网络安全管理中的黑客入侵与防范技术研究》，《企业技术开发》2014 年第 1 期。

Adam, Thierer, *Who Rules the NetInternet Govern and Jurisdiction*, CATO Institute, 2003.

Jennifer L., Bayuk, *Cyber Security Policy Guidebook*, John Wiley & Sons, Inc., 2012.

Jeremy Malcolm, *Multi-Stakeholder Governance and the Internet Governance-Forum*, Terminus Press Preth, 2008.

John Mathiason, *Internet Governance: The New Frontier of Global Institutions*, Routledge Global Institutions, 2009.

Jovan, Kurbalija, *An Introduction to Internet Governance*, Diplo Foundation, 2010.

Lee A. Bygrave, Jon Bing, *Internet Governance: Infrastructure and Institutions*, Oxford University Press, New York, 2009.

WGIG, *Report of the Working Group on Internet Governance* (Chateau de Bossey, June 2005).

后　　记

可以肯定的是，互联网必将更加深刻地影响到我们每一个人。我们或迟或早、或多或少必将与互联网产生交集。我们既是互联网的使用者，也是互联网的生产者；我们既是互联网的受益者，也可能是互联网的受害者；互联网既是虚拟的，也是现实的；互联网带给我们便利，也带给我们烦恼。

从互联网诞生到现在的几十年时间里，其迅猛发展、日新月异，逐步经历了从无序到基本有序的发展过程。互联网法制化水平不断提高，管理不断规范，但是互联网领域的伦理失范问题始终难以得到有效解决，面对超过8亿（截至2018年6月为8.02亿）的我国网民规模，如何治理不仅是现在的难题，也是将来我们依然需要面对的困境。

本项目在陕西省社科基金（互联网新媒体伦理生态与治理研究，2016年陕西省社科基金重点项目2016M001）的支持下，以此问题为逻辑起点，从生态学的视角出发，将互联网视为一个生态系统展开研究，详尽分析了在此生态系统中处于不同生态位的各部分的伦理困境、原因分析及治理之道。历经三年的时间，除作者外，许多同仁和学生都提供了积极有益的帮助，付出了辛苦的劳动。西安工业大学马克思主义学院硕士研究生黄美霞、张娇、刘思瑞、李惟瀚、张莉以及西安工业大学人文学院硕士研究生王悦琳同学在前期承担了大量工作。中国社会科学出版社王莎莎编辑承担了文字校对、编辑等工作，在此一并表示感谢！

梁华平
2019 年 3 月于古都西安